Move for Life

T0175199

Walter Zägelein

Move for Life

Gesund durch Bewegung

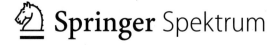

Walter Zägelein
Fakultät für Maschinenbau und Versorgungstechnik
Technische Hochschule Nürnberg
Nürnberg, Deutschland

ISBN 978-3-642-37642-9   ISBN 978-3-642-37643-6 (eBook)
DOI 10.1007/978-3-642-37643-6

Die Deutsche Nationalbibliothek verzeichnet diese Publikation in der Deutschen Nationalbibliografie; detaillierte bibliografische Daten sind im Internet über http://dnb.d-nb.de abrufbar.

Planung und Lektorat: Marion Krämer, Martina Mechler
Redaktion: Andreas Held
Zeichnungen: Stefanie Krüger (www.chilla-art.de)

Gedruckt auf säurefreiem und chlorfrei gebleichtem Papier.

Springer Spektrum ist eine Marke von Springer DE. Springer DE ist Teil der Fachverlagsgruppe Springer Science+Business Media
www.springer-spektrum.de

Das Buch ist meiner bezaubernden Frau Patricia und meinen Kindern
Stefanie, Andreas und Kevin gewidmet.

Vorwort

„Bewegung ist Leben" – diese Beobachtung ist uralt, die wissenschaftliche Bestätigung jedoch relativ neu. Noch in den 1950er-Jahren stieß man sogar bei Lehrstuhlinhabern für innere Medizin an deutschen Universitäten auf eine teilweise totale Ablehnung der Vorstellung, dass Bewegung und körperliches Training der Gesundheit dienlich seien. Gelegentlich wurden Forschungen auf diesem Gebiet als „vertane Lebenszeit" bezeichnet. Noch im November 1976 schrieb mir ein führender US-amerikanischer Epidemiologe, Bewegung und Training förderten die Leistungsfähigkeit; Leistungsfähigkeit habe aber nichts mit Gesundheit zu tun. Nachdem viele experimentelle Forschungsergebnisse über gesundheitliche Nachteile durch Bettruhe und Bewegungsmangel vorlagen, die speziell ab der zweiten Hälfte der 1970er-Jahre durch epidemiologische Befunde bestätigt wurden, setzte sich die Lehrmeinung von der Gesundheitsförderung durch körperliche Bewegung durch.

Bis 1966 bestand die routinemäßige Behandlung des Herzinfarktpatienten in einer vier- bis sechswöchigen absoluten Bettruhe, die sogar den Gang zur Toilette untersagte. In den USA ging man so weit, solchen Patienten die Extremitäten mit Tüchern zu fixieren, um jede Bewegung sogar im Bett zu vermeiden. Das änderte sich durch eine Initiative des Weltverbandes für Sportmedizin, der im Hinblick auf die vorliegenden sportmedizinischen Untersuchungen Frühmobilisation, Bewegungstherapie und Rehabilitation mittels Treppentraining verlangte. Es dauerte allerdings bis 1977, dass ein WHO-Symposium in Luxemburg letztere Auffassung anerkannte.

Heute kann man feststellen: Gäbe es ein Medikament, welches wie ein körperliches Training dessen Konsequenzen hinsichtlich Stoffwechsel, Kreislauf und Strukturen in sich vereinigen würde – es würde als das „Medikament des Jahrhunderts" bezeichnet.

Mit den physiologischen Grundlagen und den klinischen Konsequenzen körperlicher Bewegung befasst sich dieses Buch. Es will das Wissen vermitteln, dass nicht primär nach der Tablette des Arztes verlangt wird, sondern Gesunderhaltung oder Gesundung durch eigene körperliche Aktivität unterstützt werden kann. Schon Demokrit erklärte im 5. Jahrhundert v. Chr.: „Die Menschen erbitten sich Gesundheit von den Göttern. Dass sie aber selbst Gewalt über ihre Gesundheit haben, wissen sie nicht."

So kann man dem Leser dieses Buches nur wünschen, es nicht beim theoretischen Wissen zu belassen, sondern körperliche Bewegung für sich selbst in seinen Tagesplan einzubauen.

Univ.-Prof. mult. Dr. med. Dr. h. c. mult. Wildor Hollmann

Lehrstuhlinhaber für Kardiologie und Sportmedizin (em.) der Deutschen Sporthochschule Köln
Ehrenpräsident des Weltverbandes für Sportmedizin
Ehrenpräsident der Deutschen Gesellschaft für Sportmedizin und Prävention

Vorwort des Autors

Liebe Leserinnen und Leser,

Bewegung ist für mich schon seit meiner Jugend ein wichtiger Faktor. Ich erinnere mich besonders an ein Ereignis, welches mich im zarten Alter von etwa 19 Jahren ereilt hat. Durch eine ungeschickte Bewegung während des Bückens nach einem Gegenstand musste ich anschließend etwa eine Woche das Bett hüten. Ich konnte mich kaum noch bewegen. Die Ursachen konnten seinerzeit nicht abschließend geklärt werden. Das Ganze zog aber eine mehrjährige ärztliche Behandlung nach sich, wobei regelmäßig Massagen im Vordergrund standen. Diese linderten die Sache eigentlich nur vorübergehend. Nach einiger Zeit merkte ich, dass nur eines nachhaltig half. Und das war Bewegung beziehungsweise Sport. Während und nach der sportlichen Bewegung war der Schmerz im Rücken wie weggeblasen. Ich musste nur aufstehen, ein bisschen Sport machen, und der Schmerz verzog sich sofort.

Viel später, als mich Beruf und Karriere fest in den Klauen hielten und das obige Problemchen weitgehend als geheilt betrachtet werden konnte, musste mein Sport in der zweiten oder gar in der letzten Reihe Platz nehmen. Ich denke, dass ich hierbei kein Einzelfall bin. Es dürfte auch vielen von Ihnen zumindest so ähnlich gehen. Die Fitness schwindet still vor sich hin. Hinzu kommt, dass ich zwischenzeitlich als Hochschullehrer immer mit sehr vielen Menschen zu tun hatte. Die Folge war, dass Schnupfen, Husten, Heiserkeit jährlich mehrmals auf der Tagesordnung standen. Mit anderen Worten, mein Immunsystem hat mir meinen inzwischen träge gewordenen Lebensstil etwas krumm genommen. Da hilft nur, dass man anfängt, wieder zur Besinnung zu kommen. Aufgeschreckt davon war ich plötzlich auf der Suche nach einem neuen bewegten Leben und nach Sportarten, die in meinen aktuellen Lebensrhythmus passten.

In dieser Situation hatte ich das Glück, auf Gert von Kunhardt zu treffen. „Bewegung ist Leben" war und ist nach wie vor seine Devise. Als ehemaliger Leistungssportler war er es, der die gesundheitlichen Aspekte des Sports und der Bewegung im Allgemeinen in den Vordergrund stellte. Der Funken seiner Begeisterung und Hingabe für diese Dinge ist seinerzeit sofort zu mir übergesprungen und hat meinem Lebensweg eine neue sportliche Richtung gegeben.

Hierfür möchte ich mich an dieser Stelle sehr bei ihm bedanken. Ohne das Zusammentreffen mit ihm wäre das vorliegende Buch wahrscheinlich nie geschrieben worden.

Dann ging es Schlag auf Schlag. Mein Interesse galt fortan sportmedizinischen Problemstellungen mit dem Schwerpunkt Gesundheitssport. Dabei fesselten mich besonders die Bücher und Veröffentlichungen von Wildor Hollmann. Speziell sein großes Lehrbuch *Sportmedizin* habe ich obwohl es nicht die leichteste Kost ist, fast wie einen Krimi verschlungen. Für einen Techniker wie mich war das eine pure Bewusstseinserweiterung. Das war dann der Start für eine Reihe von Weiterbildungsmaßnahmen, die mit einigen Trainerlizenzen abschlossen. Schließlich wuchs daraus langsam auch die Idee, das zusammengetragene Wissen weiterzuvermitteln. Sozusagen von einem Betroffenen für andere Betroffene. Das Ergebnis liegt nun vor Ihnen und hat den Titel *Move for Life*.

Ganz herzlich möchte ich mich bei Prof. Hollmann für seine positive Einschätzung und seine einführenden Gedanken im Rahmen eines Vorworts für dieses Buch bedanken.

Ein großer Dank gebührt auch Stefanie Krüger, die äußerst liebevoll und sehr kreativ die zeichnerische Gestaltung des Buches übernommen hat. Es war eine allzeit angenehme und wunderbare Zusammenarbeit mit ihr. Es war ihre erste Buchillustration, aber sicherlich nicht ihre letzte. Hierzu ihre Internetseite: www.chilla-art.de.

Bedanken möchte ich mich auch bei meiner Lektorin, Marion Krämer, die mir beim Abenteuer „Buchschreiben" stets hilfreich zur Seite stand. Nicht zuletzt möchte ich mich noch bei meiner Familie bedanken, die mich während der ganzen Zeit des Schreibens nicht nur ertragen, sondern auch immer unterstützt hat.

Schließlich möchte ich Sie noch auf die Webseite zum Buch aufmerksam machen. Diese finden Sie unter www.move-for-life.de. Nun wünsche ich Ihnen viel Spaß beim Lesen.

Ihr Dr. Walter Zägelein

Einleitung

Noch ein Buch! Es gibt doch schon so viele. Dies gilt natürlich auch für Sportbücher. Viele davon beschäftigen sich mit einer bestimmten Sportart oder dienen als Ratgeber für das richtige Ausüben dieser Sportart. Andere haben mehr die Gesundheit und die Fitness im Fokus. Man kann über Sport und Gesundheit heutzutage auch in diversen Illustrierten, Nachrichtenmagazinen, TV-Zeitschriften, in der Apotheken-Umschau und dergleichen vielerlei lesen. Es ist offenbar ein modernes Thema. Der Tenor ist immer, dass Sport treiben gesund sei. Wofür brauchen wir dann noch das vorliegende Buch? Als Autor bin ich natürlich felsenfest davon überzeugt, dass speziell dieses besonders wichtig und einzigartig ist. Aber das denkt wohl jeder von seinem eigenen Werk.

Deshalb will ich im Rahmen dieser Einleitung einmal versuchen darzulegen, was mich speziell zu den vorliegenden Inhalten von *Move for Life* getrieben hat und welche Vorteile der Leser aufgrund des Studiums dieses Buches gewinnen wird oder zumindest sollte.

Dass Sport gesund ist, wissen wir bereits. Ich möchte deshalb zu Beginn anhand einer Reihe von Beispielen und durchgeführten Studien die positiven Wirkungen der Bewegung aufzeigen. Man muss sich das alles selbst einmal näher anschauen. Sie sollten sich danach ein Bild machen können, wie groß die Möglichkeiten und der Einfluss von sportlicher Betätigung auf das menschliche Wohlbefinden wirklich sein können.

Weiterhin werde ich Ihnen erläutern, wie die Muskeln als menschlicher Antrieb arbeiten, woher diese ihre hierfür erforderliche Energie nehmen und welches die wichtigsten Energieträger sind. Es wird genau dargelegt, wann was verbraucht wird, wann der Körper im sogenannten Fettverbrennungsmodus arbeitet und wieso wir so große Leistungen wie die Marathondistanz oder den Triathlon überhaupt bewältigen können. Ein wichtiger Faktor ist hierbei auch der uns zur Verfügung stehende Sauerstoff, was dann zu Begriffen wie „aerobe und anaerobe Glykolyse", „aerobe Schwelle" und „anaerobe Schwelle" führt. Dies wird alles genau erklärt. Und dann gibt es auch noch den Nachbrenneffekt. Was passiert nach der körperlichen Belastung? Fettverbrennung beim Nichtstun, das wäre es doch, oder? Nach dem Lesen des 3. Kapitels sollten Sie in der Lage sein, selbst abschätzen zu können, was während körperlicher Belastung in Ihrem Körper abgeht. Sie kennen auch alle Stellschrauben, an denen Sie drehen können, um zum Beispiel einen Marathon laufen zu können. Sie wissen auch, was Sie tun müssen, um Speck zum Schmelzen zu bringen, und Sie wissen zum Teil auch schon, was Sie tun müssen, wenn Sie unbedingt als Erster durch das Ziel wollen. Hierfür aber brauchen wir noch das 4. Kapitel.

In diesem geht es um die wunderbare biologische Anpassungsfähigkeit des Menschen. Ohne diese gäbe es keinen Trainingseffekt. Sie lernen, wie Sie selbst Ihre persönliche Fitness langsam nach oben schrauben können, aber es wird ihnen auch gesagt, wo die Grenzen liegen. Sie können damit nun schon viele Dinge selbst abschätzen, ohne dass Sie einen Trainer benötigen.

Wir wissen auch, dass alles seine zwei Seiten hat. Neben den unverkennbaren Wohltaten des Sports gibt es natürlich auch dessen Schattenseiten. Um alles für sich richtig beurteilen zu können, sollte man diese auch kennen. Ein Blick über den Tellerrand kann nicht schaden und dient meist zur Bewusstseinserweiterung. Dazu dient das 5. Kapitel.

Mit *move for life* soll genau die Bewegung verstanden werden, die man zu seiner persönlichen Gesunderhaltung benötigt. Nicht mehr und nicht weniger. Sie erfahren in diesem Kapitel etwas über die Funktion einiger Regelkreise in unserem Körper. Technische Regelungen wirken daneben eher stümperhaft oder zumindest sehr simpel. Die großen Zauberworte lauten Stoffwechsel und Homöostase. Dahinter verbergen sich letztendlich auch die Selbstheilungskräfte des Körpers, die es zu stärken gilt. In der Regel betreiben wir in unserem Tagesablauf – ohne es natürlich zu wollen – meist nur die Schwächung dieser „Zauberkräfte". Die segensreiche Wirkung auf unser Wohlbefinden wird durch die sogenannten Myokine hervorgerufen. Das ist eine ziemlich neue Erkenntnis im Rahmen der Sportmedizin. Wenn Sie wissen wollen, was das ist, müssen Sie nur Kapitel 6 lesen. Dort steht auch, was Sie tun sollten, um in den Genuss all dieser Wohltaten zu kommen.

Wenn Sie es nun bis zum 7. Kapitel geschafft haben, dann wissen Sie inzwischen auch, dass Ihre Wohltäter Ihre eigenen Muskeln sind. Diese zu behalten, muss deshalb für Sie aus ganz egoistischen Gründen eine sehr hohe Priorität haben. Alles hierzu notwendige, habe ich im Kapitel „Muscles for life" für Sie zusammengefasst. Sie finden dort die wichtigsten Trainingsprinzipien und verschiedene Tipps für ein Krafttraining. Dazu brauchen Sie nicht einmal ein Fitnessstudio. Das geht auch zu Hause und dazu noch ganz umsonst. Wenn Sie dennoch in ein Fitnessstudio gehen wollen, so brauchen Sie das dortige Personal nur noch, um sich die Geräte zeigen zu lassen und wie man diese wo einstellt, dass es für Sie am besten passt. Alles Weitere wissen Sie inzwischen selbst. Sie sind inzwischen Ihr eigener Trainer, und da Sie die Hintergründe kennen, wissen Sie auch, wann was für Sie vorteilhaft ist.

Zu wenig Fitness, aber zu viel Gewicht. Das Problem kommt vielen von uns irgendwie bekannt vor. Nichts gegen eine Diät, aber wenn das Ganze langfristig von Erfolg gekrönt sein soll, muss man die Sache richtig angehen. Sie werden nach dem Lesen von Kapitel 8 vielleicht einsehen, dass nicht nur die Kilos das Maß aller Dinge sind, sondern ein gut geformter Körper mit Muskeln auch seinen Charme hat. Leider sind diese Muskeln nicht ganz gewichtslos.

Die Koordination ist im Leistungssport von besonderer Bedeutung, da damit die letzten Feinheiten, die zwischen Sieg und Niederlage entscheiden, mobilisiert werden können. Aber nicht nur dort. Auch im Altersgang, wenn gewisse Dinge auf einmal nicht mehr so wie gewohnt von der Hand gehen, muss man für die Koordination etwas tun. Das Gleiche gilt auch für die Beweglichkeit. Diese ist ebenfalls sowohl im Spitzensport als auch in reifen Jahren von großer Bedeutung. Hierbei gilt es, den durch die Anatomie gegebenen Bewegungsspielraum auszubauen und zu erhalten. Sie erfahren im Buch viele Praxistipps, die Sie für sich nützen können, aber auch wieder die Hintergründe dieser Thematik.

Jetzt können Sie entspannen. Wenn Sie nicht wissen, wie das geht, brauchen Sie nur weiterzulesen. Sie erhalten hier einen fundierten Einstieg in diese Materie. Die kleinen „Geschichtchen" am Ende von Kapitel 10 sollen Ihnen dann noch ein wenig die Augen öffnen.

In Kapitel 11 erhalten Sie einen Tipp für ein Trainingsgerät, mit dem Sie auf moderate Weise Ausdauer, Kraft und Koordination gleichermaßen trainieren können. Hinzu kommt, dass dieses auch noch eine entspannende Wirkung hat. Schauen Sie sich die Sache einmal in Ruhe an.

Zum Abschluss folgt natürlich noch ein Fazit mit einigen Tipps. Auch werde ich Ihnen dann verraten, was ich selbst für meine Gesundheit mache. An dieser Stelle gleich das Fazit des Fazits: Meiden Sie die allerorts angebotenen Bequemlichkeiten, bewegen Sie sich und bleiben Sie locker und entspannt.

Das Buch will Ihnen einerseits eine Reihe von nützlichen Praxistipps für ein neues bewegtes Leben geben, andererseits will es aber auch eine Art Aufklärer sein, in dem das nötige Hintergrundwissen mit allen erforderlichen Zusammenhängen erläutert wird.

Jetzt aber los, das 1. Kapitel wartet bereits auf Sie.

Inhaltsverzeichnis

1   Lebenserwartung gestern, heute und morgen   1

2   Bewegung und Gesundheit   11

3   Das Betriebsverhalten des menschlichen Antriebs   35

4   Der Trainingseffekt – immer höher, immer weiter, immer schneller   77

5   Sport ist Mord   93

6   Move for life   103

7   *Muscles for life*   151

8   Das liebe Gewicht   193

9   Koordination   211

10   Entspannung   241

11   Sanft, aber hocheffektiv   259

12   Fazit des Ganzen   281

Literatur   293

1

Lebenserwartung gestern, heute und morgen

Betrachtet man die geläufigen Statistiken, dann erhöht sich die Lebenserwartung von uns Menschen offenbar unaufhaltsam weiter. Einer Lebenserwartung in der Steinzeit von durchschnittlich 20 Jahren und einer Lebenserwartung in der Mitte des 19. Jahrhunderts von 35 Jahren steht heute eine Lebenserwartung von 79,5 Jahren im Mittel gegenüber.

Den Altersrekord hält immer noch eine Französin, die im August 1997 verstarb und über 122 Jahre alt wurde. Die Top-100-Liste der ältesten Menschen enthält 90 Frauen und zehn Männer, die alle älter als 113 Jahre alt wurden (Stand 2011). Daraus lässt sich schon mal ein erster Unterschied zwischen Männlein und Weiblein ableiten. Aber aus den Zahlen drängt sich auch die Frage auf: Wo ist das Ende der Fahnenstange? Wie alt können Menschen prinzipiell durch ihren biologischen Aufbau überhaupt werden? In der Wissenschaft ist man sowohl bei den Ärzten als auch bei den Altersforschern weitgehend übereinstimmend der Meinung, dass der Mensch biologisch gesehen 120 bis 125 Jahre alt werden kann.

Nimmt man das Buch der Bücher, die Bibel, zur Hand, so kann man lesen, dass Adam im Alter von 930 Jahren starb. Sein Sohn Set erreichte das Alter von 912 Jahren und dessen Sohn Enosch wurde 905 Jahre alt. Auch dessen weitere Nachfahren erreichten alle ein biblisches Alter in dieser Größenordnung. Aber dann: Im 1. Buch Mose, Kapitel 6 „Gott entschließt sich zum Eingreifen" steht im Vers 6.3 geschrieben: Der HERR aber sagte: „Ich lasse meinen Lebensgeist nicht für unbegrenzte Zeit im Menschen wohnen, denn der Mensch ist schwach und anfällig für das Böse. Ich begrenze seine Lebenszeit auf 120 Jahre."

Damit ist – zumindest für einen Christen – alles gesagt.

Zurück zu der früheren und momentanen statistischen Lebenserwartung. Der größte Sprung der Lebenserwartung erfolgte in der Zeit des ausklingenden 19. Jahrhunderts bis zur Mitte des 20. Jahrhunderts. In diesem Zeitraum nahm diese von ca. 40 auf etwa 70 Jahre zu. Danach ging es wieder deutlich langsamer. In den folgenden über 50 Jahren bis heute stieg die Lebenserwartung dann auf den momentan aktuellen mittleren Wert von 79,5 Jahre. Die seinerzeitige deutliche Zunahme ist durch den medizinischen Fortschritt und durch die verbesserten hygienischen Bedingungen relativ leicht erklärbar. Die

W. Zägelein, *Move for Life*, DOI 10.1007/978-3-642-37643-6_1,
© Springer-Verlag Berlin Heidelberg 2013

dominierende Todesursache, die Infektionskrankheiten, wurde deutlich zurückgedrängt. Insbesondere aufgrund von Infektionskrankheiten war früher auch die Säuglingssterblichkeit sehr hoch. 40 Prozent aller Neugeborenen starben bis zum fünften Lebensalter. Weitere Einflussgrößen auf das Lebensalter waren die Trinkwasserqualität, aber auch die damalige Ernährungssituation.

Heutzutage sind diese Verhältnisse zumindest bei uns in Europa auf einem akzeptablen Niveau. Einflüsse, die sich heute auf die Lebenserwartung auswirken, sind Rauchen, Alkoholkonsum, Übergewicht, Bluthochdruck, Diabetes, mangelnde regelmäßige Bewegung, der Cholesterinspiegel und dergleichen. Lebensweise und Umwelt gehen somit maßgeblich mit ein. Gemäß der Daten aus der privaten Rentenversicherung aus den Jahren 1995 bis 2002 liegt die Sterbewahrscheinlichkeit für Bezieher hoher Renten um bis zu 20 Prozent niedriger als für Bezieher geringer Renten, was gleichbedeutend damit ist, dass man sich einen gesunden Lebensstil offenbar auch leisten können muss. Es lässt sich auch feststellen, dass höherer sozialer Status, verbunden mit besserer Ausbildung, angesehenerem Beruf und höherem Einkommen, mit einer höheren Lebenserwartung korreliert.

Nicht unterschätzt werden darf aber der Einfluss der Gene. Die Gene bilden letztendlich den Rahmen, der die maximale Lebensspanne beim Menschen festlegt. Ob diese voll ausgeschöpft werden kann, hängt wiederum von der Umwelt und der Lebensweise des Einzelnen ab. Man geht heute davon aus, dass die Lebenserwartung zu einer Größenordnung von etwa 50 Prozent genetische Ursachen hat.

Weiterhin gibt es noch zwischen den beiden Geschlechtern signifikante Unterschiede. Die oben genannte mittlere Lebenserwartung von 79,5 Jahren ergibt sich aus der Lebenserwartung der Männer von ca. 77 Jahren und der der Frauen von rund 82 Jahren. Wo liegt hier der Unterschied? Hierzu gibt es eine Unmenge von Untersuchungen. Einerseits wird behauptet, dass die Körpergröße eine Rolle spiele. Bei jeder Säugetierart leben die kleineren Exemplare im Schnitt länger als die großen: Kleine Hunderassen können 16 und mehr Jahre erreichen, während große Hunde meist schon nach neun Jahren sterben. Weiterhin wird dem männlichen Geschlechtshormon Testosteron eine lebensverkürzende Wirkung zugeschrieben: Eunuchen leben im Schnitt länger als nicht kastrierte Männer, allerdings neigen sie zu Übergewicht, was das Leben wieder verkürzt. Ein weiterer Erklärungsansatz für die höhere Lebensspanne bei Frauen ist, dass bei der zyklischen Menstruationsblutung Schadstoffe aus dem Körper geschwemmt werden, was insgesamt gesehen einen reinigenden Einfluss haben soll. Diese These wird schon nicht mehr von allen Ärzten geteilt. Als weitere Ursache für die unterschiedliche Lebenserwartung wird von Wissenschaftlern das geringere Gesundheitsbewusstsein von Männern genannt. Diese gehen bei Krankheitssymptomen seltener zum Arzt, rauchen mehr und trinken mehr Alkohol. Auch die höhere Risikobereitschaft und die höhere Morbiditätsrate bei typischen Männerberufen werden als Ursachen angeführt. [1–3]

Interessant ist in diesem Zusammenhang die sogenannte Klosterstudie, die die Sterblichkeitsunterschiede der beiden Geschlechter zum Thema hat. Der Ansatz der Studie besteht darin, die geschlechterspezifischen Sterblichkeitsunterschiede in der bayerischen Klosterbevölkerung mit derjenigen der deutschen Allgemeinbevölkerung zu vergleichen. Da es sich bei der Klosterbevölkerung um eine klar abgegrenzte Personengruppe handelt, bei der man davon ausgehen kann, dass Frauen und Männer ein nahezu identisches Leben führen, lassen sich verhaltens- und umweltorientierte Erklärungsfaktoren ausschließen. Sollten die letzteren Faktoren für die männliche Übersterblichkeit verantwortlich sein, dann dürften sich bei den Männern und Frauen der Klosterbevölkerung keine Unterschiede zeigen. Liegen die Unterschiede hingegen im biologischen Bereich, dann müssten diese auch bei den Nonnen und Mönchen zu sehen sein.

Wie das Ergebnis der Studie zeigt, besteht zwischen der Sterblichkeit der Frauen der Allgemeinbevölkerung und der Nonnen kein messbarer Unterschied. Die Sterblichkeit der Männer der Allgemeinbevölkerung liegt jedoch deutlich über der der Mönche. Bis zur Sterbetafel 1955/1985 ist der Unterschied zwischen Frauen der Allgemeinbevölkerung (identisch der Nonnen) und der Mönche sehr klein und liegt bei maximal einem Jahr zugunsten der Frauen. Erst in jüngerer Zeit wurde bei den Nonnen eine um bis zwei bis drei Jahre höhere Lebenserwartung festgestellt. In der Allgemeinbevölkerung liegt diese Differenz jedoch bei über sechs Jahren zugunsten der Frauen. Der Grund wird im Rauchverhalten der Nonnen und Mönche vermutet. Der Nikotinkonsum wurde in den Männerklöstern in der Zeit nach dem Zweiten Weltkrieg gestattet, während das Rauchen in Frauenklöstern nach wie vor verboten ist. Angesichts dieser Daten lässt sich letztendlich folgern, dass die biologischen Faktoren zugunsten der Frauen letztendlich nur etwa bei einem Jahr zusätzlicher Lebenserwartung liegen. Bei absolut gleichen Lebensgewohnheiten ist der Unterschied zwischen beiden Geschlechtern kleiner, als man gemeinhin denkt. Unter idealen Bedingungen vielleicht sogar bei null? [4]

Was sagt uns das, meine Herren? Auch wenn es schwerfällt, Sie können zumindest ein bisschen Einfluss auf die Dinge nehmen.

Wie sieht es mit der Zukunft aus?

Es mehren sich in letzter Zeit Berichte, dass die Lebenserwartung plötzlich im Sinken begriffen sein soll. Im Rahmen der 44. Jahrestagung der DDG

(Deutsche Diabetes-Gesellschaft) sagte Professor Matthias Blüher von der Medizinischen Klinik des Universitätsklinikums Leipzig: „Adipositas wird dazu führen, dass erstmals seit 50 Jahren die Lebenserwartung sinkt." Ausschlaggeben hierfür ist, dass mehr als 20 Prozent der deutschen Frauen und Männer stark übergewichtig sind. Zu den Folgen dieses starken Übergewichts gehört ein deutlich erhöhtes Risiko, einen Diabetes Typ 2 zu entwickeln. Ähnliches wird auch aus den USA gemeldet: Die amerikanischen Wissenschaftler prognostizieren, dass die Lebenserwartung der US-Bevölkerung aufgrund der Zunahme übergewichtiger Personen bereits bis zum Jahr 2050 um zwei bis fünf Jahre abnehmen wird. Schon jetzt stellt das „Zuviel an Pfunden" in den USA die zweithäufigste durch Vorbeugung vermeidbare Todesursache dar. [5, 6]

Muss man das alles persönlich nehmen?

Natürlich nicht, denn alles sind nur statistische Aussagen und mathematisch gewonnene Schätzwerte. Es ist auch so, dass mit zunehmendem Alter der noch lebenden Individuen desselben Geburtsjahrgangs deren Lebenserwartung steigt. Betrachtet man beispielsweise einen 60-Jährigen, so ist bei diesem Alter ein Teil seines Jahrgangs bereits verstorben. Die noch lebende Gruppe muss nun zwangsläufig eine höhere Lebenserwartung haben, sodass sich der vorab errechnete konstante Mittelwert der Lebenserwartung ergibt. Erlebt unser 60-Jähriger dann eines Tages seinen 80. Geburtstag, so hat er immer noch eine erfreuliche Lebenserwartung, obwohl er statistisch bereits tot sein müsste. Ähnlich seltsame Ergebnisse kann es auch bei der Lebenserwartung bestimmter Berufsgruppen geben. So ist die Lebenserwartung von Bischöfen deutlich höher als von Automechanikern. Dies liegt nicht an deren gesünderen Lebensweise, sondern daran, dass Bischöfe schlichtweg nicht mit 25 Jahren sterben können, da sie zu diesem Zeitpunkt noch nicht Bischof sind. [3]

Betrachtet man hierzulande die zukünftige demografische Entwicklung, wird man feststellen, dass uns ein Teil der Bevölkerung abhandenkommt. Die Jungen werden weniger, die potenziellen Mütter werden weniger; nur die Alten werden mehr, zumindest gegenüber früher. Ein Land braucht eine sogenannte Reproduktionsrate von 2,1 Kindern pro Frau, damit die Bevölkerung einigermaßen konstant bleibt. Statistisch gesehen bekommt zurzeit jede Frau in Deutschland nur etwa 1,3 bis 1,4 Kinder. Wir werden weniger. Dies kann auch ein Zustrom von Einwanderern nicht kompensieren. Wie wir wissen, handelt man sich damit wieder andere Probleme ein. Denn das Lieblings-Einwanderungsland hochqualifizierter ausländischer Wissenschaftler, die uns helfen könnten, unseren bisherigen wissenschaftlichen Standard zu halten,

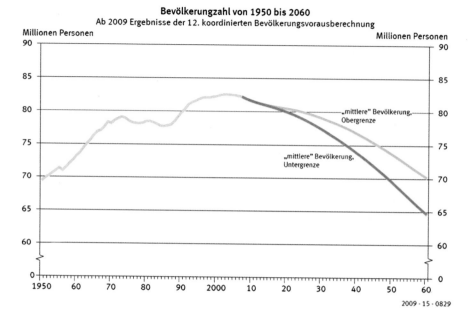

Abb. 1.1   Bevölkerungszahl in Deutschland von 1950 bis 2060 [7]

sind wir leider nicht. Das ist zwar ein Problem, aber nicht unser Thema. Eine Prognose unseres zukünftigen „Bevölkerungswachstums" gibt uns das Statistische Bundesamt Wiesbaden (Abb. 1.1).

Früher ergab sich üblicherweise eine Bevölkerungspyramide. Unten gab es viele Junge und oben wurden es dann nach 70, 80 oder gar 90 Jahren immer weniger. Vergleichen wir einmal die Verhältnisse von 1910, 1950 und 2001 mit der Prognose von 2050. Anfangs glich das Ganze noch einer Pyramide; im Laufe der Jahre wurde diese aber immer mehr zu einem unförmigen kopflastigen Gebilde (Abb. 1.2).

Stellt man bestimmte Altersgruppen über die Jahre dar, so ergibt sich Abbildung 1.3.

Daraus wird eines ganz deutlich: Wir werden älter und weniger. Prozentual gesehen werden die Älteren massiv zunehmen. Das ist ja auch schön. Letztendlich werden auch Jüngere eines Tages zu dem Kreis der Älteren gehören. Johann Nepomuk Nestroy hat das daraus resultierende Problem mit dem folgenden Spruch auf den Punkt gebracht: „Lang leben will jeder, aber alt werden will keiner." Benjamin Franklin hat die Realität folgendermaßen formuliert: „In dieser Welt gibt es nichts Sichereres als den Tod und die Steuern."

Wir können statistisch gesehen ein hohes Alter erreichen, wobei – zumindest für das einzelne Individuum – reichlich „Luft" nach oben ist. Bei Betrachtung dieser Aussichten könnte zumindest der Wunsch aufkommen, möglichst

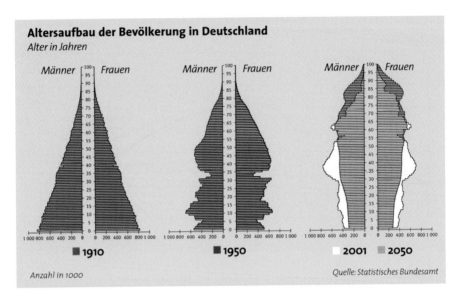

Abb. 1.2   „Bevölkerungspyramiden" zu unterschiedlichen Zeiten [8]

„gesund zu sterben". Das Ziel lässt sich leider nicht ganz erreichen, denn nach Professor Wildor Hollmann ist man unter Medizinern international darüber einig, dass ein „Tod ohne Krankheit" nicht existiert. Im Greisenalter stehen als Todesursachen Herz-Kreislauf-Erkrankungen alleine oder zusammen mit Erkrankungen beziehungsweise Fehlfunktionen anderer Organe ganz oben. Es wünscht sich wohl jeder ein langes gesundes Leben und einen schönen (schnellen) Tod. Die Wirklichkeit sieht leider anders aus, nämlich ein kürzeres, krankes Leben mit einem längeren und leidvolleren Tod. [1]

Richtet man den Fokus auf die unausweichlichen Krankheitskosten, so habe ich eine bemerkenswerte Zahl für das Jahr 2006 gefunden. Im Jahr 2006 entfielen 47 Prozent aller Krankheitskosten auf die Bevölkerung von 65 Jahren und älter. Die höchsten Kosten waren im Alter auf Herz-Kreislauf-Erkrankungen zurückzuführen. Mit Abstand folgten im Anschluss Muskel-Skelett-Erkrankungen, psychische Leiden und Verhaltensstörungen sowie Krankheiten des Verdauungssystems. Hinzu kommt, dass die letzten Lebensjahre aus der Sicht der Krankheitskosten die mit Abstand teuersten sind. Im Jahr 2060 werden gegenüber 2008 prozentual gesehen etwa doppelt so viele zu dem Kreis der über 60-Jährigen gehören. Wie wollen wir die finanzielle Seite dieses Problems mit unseren leibhaftigen Politikern schaffen? Eine schier unmögliche Aufgabe. [10]

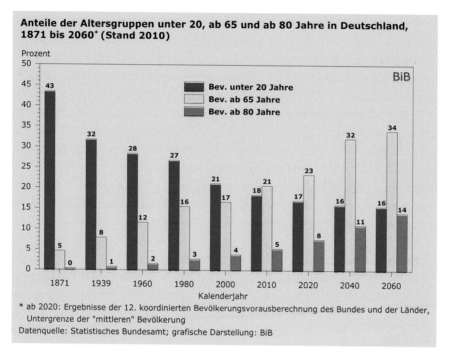

Abb. 1.3 Anteile der Bevölkerung nach Altersgruppen [9]

Ziel: fit bis ins hohe Alter

Wie schon gesagt, kann der heute 60-Jährige statistisch gesehen ein höheres Lebensalter erzielen als der heute 20-Jährige. Wer wirklich alt werden will, darf einfach nur nicht früh sterben. Das ist leicht gesagt, aber wie geht das? Eigentlich gar nicht! Die Wahrheit ist, dass alles in Gottes Hand liegt. Aber: Gott lässt es beispielsweise zu, dass wir den ganzen Tag fernsehen, rauchen und Chips und Bier dazu verzehren, und Gott lässt es auch zu, dass wir Sport treiben und uns gesund ernähren. Letzteres ist noch kein „Freibrief" für ein längeres Leben, aber offenbar haben wir Menschen doch einige gestalterische Möglichkeiten. Wir können in einem bescheidenen Rahmen anscheinend unseren eigenen Anteil über unser Wohl und Wehe leisten. Eine dieser Freiheiten wäre zum Beispiel, schlicht auf die eigene Gesundheit zu achten und die angebotenen Vorsorgemaßnahmen zur Früherkennung von Krankheiten wahrzunehmen. Wie schon erwähnt, sind die häufigsten Todesursachen heutzutage Herz-Kreislauferkrankungen (wie Herzinfarkt, Schlaganfall u. ä.), Diabetes und verschiedene Krebserkrankungen. Zur Prävention und Vorsorge gehört auch das Vermindern der Risikofaktoren, etwa mit dem Rauchen aufzuhören, aber auch das Fördern positiver Faktoren, die den Körper allgemein stärken.

Es wird zwischenzeitlich eine Reihe von Vorsorgeuntersuchungen angeboten, die auch in regelmäßigen Abständen von den Krankenkassen getragen werden. Hierzu gibt es einen umfangreichen Katalog von Untersuchungen, die nur von den meisten von uns in dieser Fülle nicht wahrgenommen werden. Das beginnt bei den Vorsorgeuntersuchungen unserer Kinder U1 bis U9, reicht über die gängigen Schutzimpfungen, Schwangerschaftsvorsorge, Zahnvorsorge, allgemeine Gesundheits-Check-ups bis hin zu den verschiedenen Methoden der Spiegelungen. Weiterhin werden immer bessere technische Diagnosesysteme entwickelt. War früher die Röntgenuntersuchung die einzige Methode, in das Innere eines Menschen zu schauen, so gibt es heute Sonografie, Computertomografie, Magnetresonanztomografie oder die Positronenemissionstomografie; und es ist technisch gesehen noch kein Ende der Entwicklungen in Sicht.

Diesen positiven medizinischen Aspekten entgegen stehen die Risikofaktoren, die ihren Ausdruck in der Lebensführung haben. Gemäß der Weltgesundheitsorganisation (WHO) sind dies Bewegungsmangel, geistige Inaktivität,

Genussmittelmissbrauch, falsche Ernährung und der allgegenwärtige Stress. Diesem Teufelskreis gilt es nach Möglichkeit entgegenzuwirken. „Gesundheit und Lebensqualität" lautet die Devise. Denn schließlich wollen wir unsere Lebensspanne so nutzen, dass wir in jedem Lebensalter das Potenzial haben, unser Leben nach unseren Wünschen und Sehnsüchten gestalten zu können. Beweglichkeit, Schmerzfreiheit und ein hohes Maß an Selbstständigkeit sind das eigentliche Ziel. Dazu bedarf es einer gewissen persönlichen Aktivität, die lebens- und gesundheitserhaltend bis ins hohe Alter wirkt. Und diese Aktivität muss vom Kopf ausgehend jeden Tag aufs Neue umgesetzt werden.

Bereits vor mehr als 2000 Jahren empfahl Hippokrates (460–377 v. Chr.):

Alle Teile des Körpers, die zu einer Funktion bestimmt sind, entwickeln sich gut bei stetigem Gebrauch und Übung, bleiben gesund und altern langsam. Bleiben sie jedoch unbenutzt und träge, wachsen sie unvollkommen, werden anfällig für Krankheiten und altern vorzeitig.

Man kann da nur jeden zur Selbsthilfe auffordern. „Bewegung ist gesund" gilt schon lange als Volksweisheit, konnte aber erst in jüngerer Vergangenheit von der modernen Wissenschaft auch belegt werden. Im Gegensatz dazu gibt es auch noch den Ausspruch „Sport ist Mord". Nehmen wir den Spruch etwas weniger drastisch und gehen wir montags einfach nur in eine orthopädische Arztpraxis. Dann sehen wir im Wartezimmer in der Regel die Ergebnisse der „körperlichen Ertüchtigung" des Wochenendes. Mit anderen Worten: Es gibt offenbar auch ein Zuviel des Guten. Diesem Sachverhalt hat unter anderem Udo Pollmer zusammen mit anderen Autoren ein über 400-seitiges Werk mit dem Titel *Lexikon der Fitness-Irrtümer* gewidmet.

Mit *move for life* soll unabhängig vom Verständnis eines Muttersprachlers *genau* die Bewegung verstanden werden, die für ein gesundes langes Leben (unbedingt) erforderlich ist, ohne dass das Ganze in das Gegenteil umschlägt mit all seinen körperlichen, gesundheitlichen Risiken und möglichen höheren Verletzungsgefahren. In diesem Buch werden, was durchaus Seltenheitswert hat, beide Seiten angesprochen, nämlich einerseits der Trainingseffekt, der ein höher, weiter, schneller ermöglicht, und andererseits die rein gesundheitlich relevante Seite des Sports, bei der beispielsweise die Schnelligkeit absolut irrelevant ist. Ersteres findet vor allem bei jüngeren Sportlern Interesse, um bei einem Wettkampf das bessere Ende für sich entscheiden zu können. Während die zweite Seite mehr für die sogenannten „Best Agers" von Bedeutung ist. Best Agers ist hier eine liebevolle Umschreibung für den über 50-jährigen Teil unserer Bevölkerung. In diesem Alter ist der sportliche und auch körperliche Höhepunkt unwiderruflich überschritten. Jetzt geht es eigentlich nur noch um Schadensbegrenzung. Da der Autor mit dieser Bevölkerungsgruppe in einem Boot sitzt, liegt hier ein Schwerpunkt dieses Buches, ohne jedoch die leistungsbezogenere Seite unter den Tisch fallen zu lassen.

Add life to your years, not just years to life.

Wie man dieses Ziel erreichen kann, davon handeln die folgenden Seiten.

2

Bewegung und Gesundheit

Der Lebensraum des Menschen war von alters her immer von den Rand-
bedingungen der jeweiligen Ernährungssituation abhängig. Aber wie ist das
heute? Heutzutage ernähren wir uns aus dem Supermarkt. Dessen Angebot
findet man meist am Ortsrand oder zumindest dort, wo noch eine größere Grundstücksfläche zur Verfügung steht. Diese Einkaufstempel haben dann
Verkaufsflächen von mindestens 1500 Quadratmetern. Tendenz steigend. Unser Joghurt steht uns dort in allen möglichen Fettstufen und Geschmacksrich-
tungen zur Verfügung. Und das gilt nicht nur für Joghurts. Diese immense
Vielfalt betrifft fast alle Produkte. Vor der Eingangstüre befindet sich immer
ein großer Parkplatz für unsere Autos. In manchen Gegenden findet man diese
Märkte weit draußen, fast im Wald, sodass man keine Chance hat, ohne Auto dort hinzukommen, geschweige denn die eingekauften Waren ohne dieses
nach Hause zu schaffen. Es soll ja mit einer Einkaufstour möglichst viel mit-
genommen werden. Sie kennen vielleicht alle den Werbeslogan: „Einmal hin,
alles drin." Mithilfe des Pkws ist die für das Leben notwendige Versorgung mit
den Mitteln des täglichen Bedarfs heute alles andere als eine sportliche Betätigung. Im Gegenteil, es ist alles auf die Bequemlichkeit ausgerichtet. Das war
aber nicht immer so. Betrachtet man die Entwicklungsgeschichte des Menschen, dann hat sich gegenüber früher einiges verändert.

Die Wiege der Menschheit stand mit hoher Wahrscheinlichkeit vor mehr
als 20 Millionen Jahren in Afrika. Dort waren Lebewesen heimisch, aus denen sich einerseits der Zweig der inzwischen ausgestorbenen Neandertaler und
andererseits auch der Zweig des modernen *Homo sapiens* entwickelten. Letztere begannen daraufhin die ganze Welt zu bevölkern. Die unterschiedlichen
Wanderbewegungen gingen im kurzen Zeitraffer betrachtet nach Europa, weiter nach Asien und Australien, aber auch über die Beringstraße nach Amerika.
Von dort wiederum setzte sich die Wanderung bis nach Feuerland fort. Neu-
seeland und Ozeanien waren wohl die letzten Bastionen bei der Besiedlung
unserer Erde. Und das Ganze geschah alles zu Fuß und zu guter Letzt schließlich noch mit dem Boot. [11]

Auch nachdem sich der Mensch auf der ganzen Erde ausgebreitet hatte, hörte das Laufen nicht auf. Um sich zu ernähren, wurden täglich viele Kilometer
zurückgelegt. Der damalige Mensch musste im Unterschied zu heute stun-

W. Zägelein, *Move for Life*, DOI 10.1007/978-3-642-37643-6_2,
© Springer-Verlag Berlin Heidelberg 2013

denlang seiner Mahlzeit hinterherlaufen. Stillsitzen war höchstens am späten Abend angesagt. Unsere Vorfahren streiften als Jäger und Sammler durch die Lande und wanderten letztendlich immer der Nahrung hinterher. Von einem Bewegungsmangel konnte seinerzeit keine Rede sein. Wir sind in der Evolution zu Dauerläufern geworden. Aufgrund unserer nackten Haut und der Schweißdrüsen sind wir hervorragend in der Lage, unsere Körpertemperatur auch bei körperlicher Anstrengung zu regulieren. Machen Sie mal ein Wettrennen mit ihrem Hund. Er wird ihnen anfangs davonlaufen, aber über eine längere Distanz hat er keine Chance. Der arme Hund kann nur über seine – zugegebenermaßen etwas größere – Zunge transpirieren. Sein warmes Fell ist ihm da eher hinderlich. Dieses Schicksal teilt der Hund mit den meisten anderen Vertretern des Tierreichs.

Auch später, als die Menschen sesshafter wurden, hörte das körperliche Treiben nicht auf. Im Mittelalter dominierten neben den Bauern vor allem die Handwerker. Bei beiden war meist harte Muskelarbeit angesagt. Anschließend, nach Beginn der Industrialisierung, war der Alltag ebenfalls durch körperliche Arbeit geprägt. Viele Tätigkeiten, die heute durch Maschinen erledigt werden, wurden seinerzeit in Handarbeit verrichtet, etwa Wäschewaschen, Nähen oder Ackerbau. In den Fabriken war zu Beginn des 20. Jahrhunderts im Gegensatz zu heute der menschliche Arbeitseinsatz Trumpf. Auch im privaten Alltag war Bewegung weit verbreitet. Viele Kinder und Jugendliche mussten weite Schulwege, zum Teil über etliche Kilometer, zu Fuß zurücklegen. Transportmittel wie Busse und Straßenbahnen gab es fast ausschließlich nur in Großstädten. Autos hatten Seltenheitswert, sie verbreiteten sich erst ab den 20er-Jahren stärker. Der Einsatz des eigenen Körpers war somit zum Bestehen der täglichen Anforderungen für die meisten Menschen unerlässlich. Und dafür ist der Mensch seit Anbeginn auch geschaffen. Die Evolution hat über viele, viele Jahre den Menschen zum Laufspezialisten gemacht. Dafür sorgt der aufrechte Gang, vor allem in Verbindung mit zwei großen Muskelgruppen, dem Musculus iliopsoas (Hüftlendenmuskel oder Lenden-Darmbeinmuskel) und dem M. gluteus maximus (Großer Gesäßmuskel).

Und wie sieht die Wirklichkeit heute aus? Professor Hollmann von der Sporthochschule Köln sagte in einem Interview im Jahr 2006: „Allein in den letzten 40 Jahren ist der Kalorienverbrauch beim Mann um 40 und bei der Frau um 30 Prozent zurückgegangen. Die mangelnde Bewegung und das daraus resultierende Missverhältnis zwischen Kalorienverbrauch und Kalorienzufuhr bringen den gesamten biochemischen Haushalt unseres Körpers aus dem Gleichgewicht. Gezielte muskuläre Bewegung ist für unsere Generation also zu einer biologischen Notwendigkeit geworden." [12] Betrachtet man das gesamte zurückliegende 20. Jahrhundert, so berichtet Hollmann: „Lag der durchschnittliche tägliche Kalorienverbrauch eines 40-Jährigen im Jahre 1900 noch bei 3100 Kilokalorien, ist er beim 40-Jährigen von heute auf ca. 2200 Kilokalorien zurückgegangen, wenn kein Sport betrieben wird. Der Grund für den Rückgang des täglichen Kalorienverbrauchs ist die weitgehende Ausmerzung schwerer körperlicher Arbeit sowohl im beruflichen als auch im privaten Dasein, in dem Maschinen und Automaten an die Stelle muskulärer Arbeit getreten sind." [13] Wir fahren heute mit dem Auto, benutzen Aufzüge und Rolltreppen. Wir fliegen mit dem Flugzeug. Wenn wir dann nach ein paar Stunden Hocken in engen Flugzeugsitzen beispielsweise auf Mallorca gelandet sind, dann ruhen wir uns von dem anstrengenden Flug auf Förderbändern aus, die uns zum Ausgang des Flughafens bringen. Gott sei Dank wartet dann draußen auch schon der Bus, der uns auf direktem Weg zu unserem Liegestuhl bringt. Den können wir dann auch gleich mit einem Handtuch reservieren, damit er uns permanent zur Verfügung steht. Seilbahnen und Lifte bringen uns weiterhin in ungeahnte Höhen. Selbst zu Hause bei der abendlichen Entspannung beim Fernsehen brauchen wir uns nicht mehr zwingend erheben. Auf unserem Wohnzimmertisch liegt eine Handvoll Fernbedienungen, damit wir alles möglichst bequem schalten und einstellen können. Computer und Spielekonsolen ersetzen uns oftmals das wirkliche Leben. Keiner muss mehr Aufstehen, um sich vergnügen zu können. Früher war selbst bei Bürotätigkeiten noch ein gewisses Maß an Bewegung erforderlich, zumindest dann, wenn eine Zusammenarbeit zwischen Kollegen erforderlich war. Heute sitzen die meisten verkrampft und oftmals abgedunkelt vor einem Bildschirm und glotzen mit einem Röhrenblick in diesen hinein. Beobachten Sie mal bewusst das Treiben in den Büros. Es ist gespenstisch. Selbst beim Sporteln verwenden wir beim Radfahren spezielle teure Edelräder, die sich extrem leicht und bequem fahren lassen, oftmals sogar noch mit elektromotorischer Unterstützung. Auf der geteerten Straße ist der Widerstand der Rollreibung nochmals geringer. Dann müssen wir halt am Abend 50 Kilometer fahren, um den gleichen sportlichen Effekt zu erzielen, den wir früher mit einem alten Hollandrad über Stock und Stein schon nach zehn Kilometern hatten. Als besonders prickelnd habe ich eine Werbesendung empfunden, bei der ein spezielles langstieliges Werkzeug zum Unkrautjäten beworben wurde. Man muss sich zum Entfernen des Löwenzahns nicht mehr bücken. Man schont sein Kreuz, man muss seine Rückenmuskeln nicht mehr einsetzen. Ist das nicht toll? Die Rückenmuskeln degenerieren, der Rücken schmerzt noch mehr und die Abwärtsspirale beginnt. Manchmal frage ich mich wirklich: Gibt es irgendwelche Außerirdische, die uns bewusst krank machen wollen?

Dabei ist doch die Skelettmuskulatur das größte Stoffwechselorgan und gerade dieser Stoffwechsel ist für unser Wohlbefinden von besonderer Bedeutung. Bei Bewegungsmangel geraten körperliche Prozesse ins Stocken, was unser gesamtes internes Regelsystem durcheinanderbringt und zu den unterschiedlichsten Krankheiten führen kann. Umgekehrt ist es aber auch so, dass der durch Bewegung hervorgerufene Stoffwechsel als innere Apotheke dient. Er stellt den Organen alles Notwendige zur Verfügung, damit unser gesamter Organismus fehlerfrei funktioniert und sich auch gegen Angreifer von außen erfolgreich wehren kann. Es ist ja speziell unser Immunsystem, was Krankheiten bekämpft oder diese gar verhindern kann. Zwischenzeitlich gehört die positive Wirkung von Bewegung und muskulärer Arbeit halbwegs zum medizinischen Allgemeingut. Durch Bewegung vermehren sich die roten Blutkörperchen, die Stresshormone sinken, der Blutdruck normalisiert sich, das Herz arbeitet ökonomischer, die körperliche Belastbarkeit steigt und noch vieles andere mehr. Die segensreiche Wirkung körperlicher Bewegung bei der Behandlung einiger häufig vorkommender Krankheiten soll nun mit ein paar Beispielen verdeutlicht werden.

Herz-Kreislauferkrankungen

Die klassische und auch häufigste Herz-Kreislauf-Erkrankung ist die arterielle Verschlusskrankheit, auch Arteriosklerosebeziehungsweise im Volksmund Arterienverkalkung genannt. Diese macht bei uns 50 Prozent aller Todesfälle aus. Es handelt sich dabei um Ablagerungen an der Gefäßinnenwand. Dies führt einerseits zu Versteifungen und andererseits zu Einengungen der Blutgefäße. Auch Gerinnungsvorgänge im Bereich der Ablagerungen spielen eine Rolle. Dabei lagern sich Blutplättchen an der betreffenden Stelle an, was im ungünstigsten Fall zu einem Verschluss der gesamten Arterie führen kann. In der Folge wird das dahinter liegende Gewebe nicht mehr mit Blut (und damit Sauerstoff) versorgt und stirbt ab. Geschieht dies im Bereich der Blutversorgung des Herzens, spricht man von einem Herzinfarkt. Das Schlimme dabei ist, dass bei einem Verschluss von 60 bis 70 Prozent noch keine Beschwerden in Körperruhe zu verspüren sind. Besteht unter körperlicher oder seelischer Belastung dann ein höherer Blutbedarf, können erstmals Beschwerden auftauchen. Erst bei einem Verschluss von ca. 90 Prozent treten diese Beschwerden auch in Ruhe auf. [1]

Bis in die 70er-Jahre hat man den Herzinfarkt mit völliger Bettruhe behandelt. Keine eigenständige Bewegung war erlaubt. Jede Belastung sollte vermieden werden. Ich erinnere mich noch gut an den damaligen Herzinfarkt meines Onkels. Er durfte sich seinerzeit nicht selbsttätig bewegen und saß wochenlang tagsüber nur im Sessel und lag nachts im Bett. Er hat dies Gott sei Dank überlebt. Man wollte damit den Sauerstoffbedarf des Herzens senken. Professor Hollmann stellte bei seinen Forschungen jedoch fest, dass der Sauerstoffbedarf des Herzmuskels durch die Bettruhe nicht sinkt, sondern ansteigt. Letztendlich wurde also durch diese Ruhigstellung gerade das Gegenteil des Gewünschten bewirkt. Aufgrund dieser schon revolutionär anmutenden Erkenntnisse werden Herzpatienten heute noch in der Klinik bewegt. Gymnastik und Bewegungstherapie gehören jetzt zur allgemeinen Therapie. Zur Unterstützung chronisch Herzkranker haben sich in Deutschland zwischenzeitlich über 6000 Herzsportgruppen gebildet. Über 100.000 Patienten werden dort ein- bis zweimal pro Woche bundesweit von mehr als 7000 Ärzten zum Teil mit ihren Lebenspartnern sportlich angeleitet und betreut. [1, 14, 15]

Der wohldosierte Sport im Rahmen der sogenannten Sekundärprävention reduziert das Risiko eines weiteren tödlichen Herzanfalls binnen drei Jahren nach dem ersten Aussetzer um 25 Prozent. Professor Hambrecht und seine Kollegen vom Herzzentrum Leipzig belegten dies, indem sie Patienten mit verengten Herzgefäßen sechsmal täglich je zehn Minuten auf dem Fahrrad-Ergometer strampeln ließen. Nach vier Wochen waren die den Pumpmuskel versorgenden Arterien wieder elastischer geworden und erweiterten sich bei Bedarf stärker als zuvor. Das Herz wurde wieder besser mit Sauerstoff versorgt. [16]

Wie eine Meta-Analyse, ebenfalls von Professor Hambrecht durchgeführt, ergab, senken auch Patienten mit stabiler koronarer Herzkrankheit ihre Gesamtsterblichkeit um 27 Prozent, wenn sie sich sportlich betätigen. Zur Erläuterung: Eine Meta-Analyse ist eine Zusammenfassung von einzelnen Primäruntersuchungen, die mit statistischen Mitteln arbeitet. Eine weitere Studie an Patienten mit Ein- oder Zweigefäßerkrankungen hat gezeigt, dass sportliches Training das ereignisfreie Überleben verlängert und die Symptome lindert. Zur Aufgabe ihres inaktiven Lebensstils gebe es für die meisten Koronarpatienten keine Alternative. Mäßig aktive Menschen hätten ein 30 bis 40 Prozent niedrigeres Risiko als inaktive Menschen, an den Folgen einer Herzerkrankung zu sterben. [17]

Die Wohltaten des Sports wirken sich auch im Rahmen der Primärprävention aus. Durch Bewegung kann man der Arterienverkalkung und damit dem Herzinfarkt vorbeugen. Umgekehrt gilt heute zu wenig Bewegung als Risikofaktor für Herzkrankheiten. Unter anderem kommt es durch regelmäßige körperliche Aktivität im Herz-Kreislauf-System zu einer Abnahme der Herzfrequenz bei gleicher Leistung, das heißt, die Arbeit des Herzens wird ökonomischer. Das Schlagvolumen wird größer und vor allem der periphere

Widerstand für eine gegebene Leistung sinkt. Die steifer gewordenen Blutgefäße werden wieder elastischer. Hinzu kommt, dass auch noch andere gesundheitliche Risiken durch Bewegung teilweise drastisch vermindert werden. Die positive Wirkung des Sports bei Herzerkrankungen dürfte zwischenzeitlich seit den Anfängen in den 70er-Jahren des letzten Jahrhunderts zum allgemeinen Gedankengut geworden sein. [1]

Der Leipziger Kardiologe Schuler hat inzwischen beeindruckende Hinweise bezüglich der Wirkungen des Sports auf verkalkte Herzkranzgefäße gefunden. In einer Studie an 101 Patienten haben die Leipziger Forscher die eine Hälfte wie üblich behandelt, also die Engstellen geweitet und mit Stents versehen. Die andere Hälfte wurde lediglich zum Training „verdonnert". Nach einem Jahr zeigte sich, dass von den Sportlern 88 Prozent ohne erneute Beschwerden waren, während dies bei den Stent-Patienten nur auf 70 Prozent zutraf. Die bewegte Therapie war nicht nur wirksamer, sondern auch deutlich billiger als die operative Maßnahme. [18]

Interessant ist auch, dass die segensreiche Wirkung des Sports ebenfalls für eine ganze Reihe anderer Zivilisationskrankheiten unserer heutigen Gesellschaft zutrifft.

Bluthochdruck

Bluthochdruck (Hypertonie) ist eine häufige Erscheinung in den Industrieländern und korreliert auch mit dem Lebensalter. Der Bluthochdruck ist einer der wichtigsten Risikofaktoren bei der Entstehung von Herzinfarkt und Schlaganfall. Meist wird ein erhöhter Blutdruck wenig beachtet, weil dieser in der Regel keine Schmerzen bereitet. Bei einer Blutdruckmessung werden zwei Werte ermittelt, nämlich der systolische und der diastolische Druck. Der systolische Druck ist der Druck, mit dem das Blut durch den Herzschlag in die Arterien gepumpt wird. Dadurch dehnen sich auch die Arterien aus und das Blut nimmt seinen Weg in Richtung der zu versorgenden Organe. Anschließend, wenn das Herz wieder erschlafft und die Gefäße ihren Normalzustand annehmen, fällt der Blutdruck wieder ab. Diesen Wert nennt man den diastolischen Druck. Beide Werte zusammen kennzeichnen den Blutdruck des einzelnen Menschen.

Werte bis 120/80 werden allgemein als optimal anerkannt. Liegen die Werte über 140/90, herrscht weltweit Einigkeit darüber, dass dann eine zumindest leichte Form eines Bluthochdrucks vorliegt. In den USA hat man die Grenze des Bluthochdrucks bei einem Überschreiten von 120/80 etwas enger gefasst. In Europa dagegen sieht man dies etwas entspannter und ein Handlungsbedarf liegt hier erst vor, wenn die Grenze 140/90 dauerhaft überschritten wird.

Durch mehr oder weniger willkürliche Festlegung dieser Grenzen kann man die Anzahl der „Kunden" der Pharmaindustrie massiv beeinflussen. Ich möchte an dieser Stelle noch anmerken, dass eine einzelne punktuelle Messung hier absolut nichtssagend ist, da sich äußere Einflüsse sehr stark in den Messwerten bemerkbar machen und der Blutdruck sich zusätzlich noch während des Tageslaufs verändert. Hinzu kommt, dass sensible Menschen noch das „Weißkittelsyndrom" zeigen, das heißt, sie haben in der ärztlichen Praxis meist einen höheren Wert als zu Hause. Wirklich aussagekräftig ist deshalb nur eine 24-Stunden-Messung.

Eine Analyse von 61 Studien hat ergeben, dass eine Senkung des systolischen Druckes um 2 mmHg sowohl ein um 7 % vermindertes Risiko an Herz-Kreislaufversagen zu sterben als auch ein um 10 % vermindertes Risiko hat, an Schlaganfall zu sterben. [1] Durch Sport können indirekte Risikofaktoren des Bluthochdrucks, wie Fettstoffwechselstörungen und zu hohes Körpergewicht positiv beeinflusst werden. Es gibt aber auch eine direkte blutdrucksenkende Wirkung des Sports. Auch bei mir wurde eine mehr oder weniger dauerhafte Überschreitung des kritischen Wertes diagnostiziert. Nach dem Joggen und nach dem Duschen messe ich immer mit großen Vergnügen Werte von etwa 130/80 und manchmal sogar darunter.

Professor Martin Halle vom Institut für Prävention und Sportmedizin der TU München meint: „Die meisten Patienten mit Bluthochdruck können auf ihre Medikamente nicht verzichten. Wir wissen, dass ungefähr fünf bis zehn Millimeter Quecksilbersäule durch vermehrte sportliche Aktivität gesenkt werden können, wenn sie regelmäßig durchgeführt wird. Das reicht bei vielen Patienten alleine nicht aus. Aber die Effekte auf Gefäße und Herz sind entscheidend. Denn mit erhöhtem Blutdruck steigt das Schlaganfallrisiko exponentiell an, und durch vermehrte körperliche Aktivität kann man dieses Risiko auf das Niveau eines Patienten senken, der bisher überhaupt keinen erhöhten Blutdruck hat." [19]

Allgemein kann man sagen, dass Laufen, Walken, Radeln oder Bergwandern und ähnliche Ausdauersportarten sehr geeignet sind. Allerdings richten sich Sportart, Pensum und Belastung nach den individuellen Fähigkeiten und Möglichkeiten des Einzelnen. Vermieden werden sollten alle Sportarten, die dazu führen, dass der Blutdruck innerhalb kurzer Belastungsphasen schnell in die Höhe schießt.

Wilfried Chevreux stellte in seiner im Jahr 2007 fertiggestellten Dissertationsschrift mit dem Thema *Hypertonie und Sport* fest, dass bei Hypertonikern der blutdrucksenkende Effekt des Ausdauertrainings deutlich stärker ausfällt als bei Probanden mit normalem Blutdruck. Dies ergab eine Meta-Analyse aus 44 randomisierten, kontrollierten Studien. Bei Menschen mit normalen Blutdruck wurde eine durchschnittliche Absenkung des Blutdrucks um

2,6/1,8 mmHg (Millimeter Quecksilbersäule) erzielt, deutlich stärker zeigte sich der Effekt bei Hypertonikern mit durchschnittlich 7,4/5,8 mmHg. [20] Dies passt mit der obigen Aussage von Professor Halle sehr gut zusammen. Man muss dabei nur akzeptieren, dass der Sport die medikamentöse Behandlung ab einen bestimmten Grad der Hypertonie unterstützt, aber nicht ganz ersetzen kann.

Diabetes mellitus

Diabetes mellitus (Zuckerkrankheit) gibt es in zwei verschiedenen Formen. Die Übersetzung der lateinischen Bezeichnung klingt sehr romantisch und heißt „honigsüßes Hindurchfließen". Gemeint ist damit der Zucker, der von der Nahrung aufgenommen wird und vom Körper nicht hinreichend verarbeitet werden kann. Dieser sammelt sich dann überproportional im Blut.

Für die Verarbeitung dieses Blutzuckers wird das Insulin benötigt. Dies ist ein Hormon, welches von der Bauchspeicheldrüse produziert wird. Speziell durch kohlenhydratreiche Kost steigt der Blutzuckergehalt an. Daraufhin sorgt das Insulin für eine rasche Senkung der Blutzuckerregulation. Mithilfe dieses Hormons wird der Zucker in Form von Glucose aus dem Blut in das Zellinnere, vor allem in die Leber- und Muskelzellen, transportiert. Dort wird das Ganze als Glykogen gespeichert und steht damit den Muskeln als Energiespeicher zur Verfügung.

Die eine Form der Zuckerkrankheit, der sogenannte Diabetes mellitus Typ 1, trifft vor allem auch jüngere Menschen. Hierbei produziert die Bauchspeicheldrüse krankheitsbedingt kein Insulin mehr. Damit der Zucker im Blut verarbeitet werden kann, muss in diesem Fall dem Körper Insulin von außen zugeführt werden. Dies geschieht mittels Spritze, da das Hormon bei tablettenförmiger Einnahme im Magen zerstört würde. Bei Diabetes Typ 1 spielen zum Teil auch erbliche Faktoren eine Rolle. Je nach Betrachtungsweise haben etwa fünf bis 15 Prozent der Diabetiker diesen Typ der Krankheit.

Der weitaus größere Teil der Zuckerkranken leitet unter Diabetes mellitus Typ 2. Von diesem Typ sind etwa acht Prozent der deutschen Bevölkerung betroffen. Weltweit waren im Jahr 2010 über 285 Millionen Menschen an Diabetes Typ 2 erkrankt – Tendenz stark steigend. Beim Typ 2 liegt Insulin meist in ausreichender Menge vor. Der erhöhte Blutzucker entsteht hier durch eine verringerte Wirkung des Insulins auf die Muskel- und Fettzellen. Die Empfindlichkeit der Zellen gegenüber Insulin ist im Vergleich zum Normalfall stark erniedrigt. Zum notwendigen Abbau des Blutzuckers und zur Vermeidung eines Zuckerschocks wird deshalb von der Bauchspeicheldrüse immer mehr Insulin produziert, was zu einem überhöhten Insulinspiegel führt. Ursache für die reduzierte Empfindlichkeit der Muskelzellen gegenüber Insulin ist nachweislich Bewegungsmangel, da in diesem Fall die Zelle in ihrer gesamten Verbrennungsleistung und ihrem Stoffwechsel deutlich weniger gefordert ist. [15]

Schon vor Jahren wurde zweifelsfrei festgestellt, dass sich die Empfindlichkeit der Zellen für das vorhandene Insulin erhöht, wenn ein Diabetiker vom Typ 2 bewegungsaktiv wird. Da gleichzeitig auch die Zahl der Rezeptoren, die als Andockstelle für das Insulin dienen, ebenfalls um das Doppelte zunimmt, ist die Wahrscheinlichkeit einer Heilung sehr groß. Hinzu kommt, dass Diabetes Typ 2 mit Bluthochdruck, Fettstoffwechselstörungen und Übergewicht korreliert ist. Man spricht dann vom sogenannten Metabolischen Syndrom. Mithilfe sportlicher Betätigung werden nicht nur die Stoffwechselprozesse angeregt, der Blutdruck in gewissen Grenzen gesenkt und das Herz-Kreislauf-System trainiert. Es kann zusammen mit einer Ernährungsumstellung auch eine meist dringend notwendige Gewichtsreduktion erzielt werden. [21]

Die positive Wirkung des Sports auf den Kreislauf und die Gesundheit zeigt sich vor allem daran, dass Zuckerkranke, die Sport treiben, in der Regel wesentlich weniger Medikamente nehmen müssen als Nicht-Sportler. Außerdem haben Betroffene und ihre Trainer die Erfahrung gemacht, dass der Blutzuckerspiegel nach dem Sport sinken kann. [22]

Erschwerend kommt aber hinzu, dass die Krankheit in der Regel anfangs meist unbemerkt verläuft und überwiegend erst ab dem 40. Lebensjahr auftritt. Im Gegensatz zum Diabetes Typ 1 stehen dem behandelnden Arzt für den Diabetes Typ 2 eine Reihe von Medikamenten in Tablettenform zur Verfügung, sodass den Patienten geholfen werden kann. Führende Diabetes-Experten verweisen darauf, dass sich durch eine wirksame vorbeugende Bewegung und gesunde Ernährung 90 Prozent der Diabetesfälle vom Typ 2 vermeiden lassen. Daraus könnte sich alleine in Deutschland ein Einsparvolumen von rund 27 Milliarden Euro gegenüber einer medikamentösen Behandlung ergeben. Diese Summe entspricht dem Stand des Jahres 2005. Wenn dagegen nichts unternommen wird, droht unserem Gesundheitssystem eine nicht zu unterschätzende Kostenlawine. [23, 24]

Beim Typ-1-Diabetes muss das fehlende Insulin auf jeden Fall von außen zugeführt werden. Aber auch da ist Bewegung förderlich. Bergsteigern mit Diabetes mellitus Typ 1 wird deshalb geraten, vor einer Bergtour mehr zu essen (was den Blutzucker eigentlich unzulässig in die Höhe treibt) und nur die Hälfte der normalen Insulinmenge zuzuführen, weil sich durch die nachfolgende körperliche Beanspruchung die Insulinwirkung verdoppelt. [25]

Ein Jammer kommt selten alleine. Menschen mit Typ-2-Diabetes sind häufig auch besonders frühzeitig von einer rasch voranschreitenden Arteriosklerose betroffen. Entsprechend ist das Risiko für eine Herzgefäßerkrankung bei

Diabetikern im Vergleich zur Allgemeinbevölkerung um etwa das Zwei- bis Vierfache erhöht. [26] Hinzu kommt auch noch, dass offenbar ein Zusammenhang zwischen Zuckerkrankheit und Krebs existiert. Aufgrund epidemiologischer Untersuchungen ist augenscheinlich gesichert, dass eine chronisch erhöhte Insulinkonzentration im Blut von Diabetes-Typ-2-Patienten das Risiko für Bauchspeicheldrüsenkrebs erhöht. Weiterhin kommen Leberkrebs, Brust- und Gebärmuttertumoren sowie Darmkrebs bei Diabetikern ebenfalls merkbar häufiger vor. [27–29]

Krebs

Die Diagnose Krebs bedeutet eine tiefe Zäsur für die davon betroffenen Menschen. Zwar sind die Heilungschancen in den letzten Jahren durch die ärztliche Kunst erheblich gestiegen. Aber es darf nicht wegdiskutiert werden, dass Krebs immer noch eine Geißel der Menschheit darstellt, und es soll hier auch nicht der Eindruck vermittelt werden, dass diese Krankheit nur allein mit Bewegung und moderatem Laufen besiegt werden könne. Dennoch gibt es viele Studien, die von einer heilenden Wirkung in Verbindung mit Krebs berichten. Man darf dabei nicht vergessen, dass ein Krebspatient in der Regel immer unter ärztlicher Behandlung steht. Bewegung und sportliche Betätigung sind hierbei nur unterstützende Maßnahmen zusätzlich zur ärztlichen Heilkunst. Durch die Muskelarbeit und den daraus resultierenden verstärkten Stoffwechsel werden die Selbstheilungskräfte des Körpers und das gesamte Immunsystem unterstützt.

Das klassische Beispiel für eine durch sportliche Aktivität unterstützte Krebsheilung bildet Carolyn Kaelin, eine der bekanntesten Brustkrebs-Chirurginnen der USA. Sie erkrankte 2003 im Alter von 42 Jahren selbst an Brustkrebs. Trotz fünf Operationen und belastender Chemotherapie zwang sie sich, täglich zur Arbeit zu laufen und regelmäßig ins Fitnesscenter zu gehen. Sie hat darüber, und wie Sport das Leben anderer Krebspatientinnen verlängert, ein Buch mit dem Titel *Living through breast cancer* geschrieben. Darin schildert sie, dass körperliche Bewegung das Leben von Brustkrebspatientinnen verlängern und die Wahrscheinlichkeit von Rückfällen verringern hilft. Werde ein Brustkrebs diagnostiziert, empfiehlt sie, solle die betroffene Frau so schnell wie möglich mit einem Fitnessprogramm beginnen: „Ihnen mag überhaupt nicht danach zumute sein. Aber ich glaube, es kann wahrlich Ihr Leben retten." [30]

Auch ich habe eine Frau mit einem ähnlichen Schicksal kennengelernt. Sie ist ebenfalls zutiefst davon überzeugt, dass die sportliche Betätigung ihr entscheidend half, diese Krankheit zu besiegen. Heute werden den Patientinnen von vornherein Programme angeboten, wie sie schon seit einiger Zeit vom Deutschen Krebsforschungszentrum Heidelberg zusammen mit dem Institut für Sportwissenschaften der dortigen Universität ausgearbeitet wurden.

Die Vorteile sportlicher Betätigung stellte auch die Epidemiologin Michelle Holmes im Brigham & Women's Hospital in Boston fest. Sie hat die Krankheitsverläufe von 3000 Frauen mit Brustkrebs ausgewertet und mit deren Angaben zu körperlicher Aktivität verglichen. „Wer drei bis vier Stunden in der Woche spazieren geht, der hat ein um 50 Prozent verringertes Risiko, an Brustkrebs zu sterben" lautet ihr in einem Satz ausgedrücktes Ergebnis. [31, 32]

Wie wissenschaftliche Studien zeigen, steigert Sport die körperliche Leistungsfähigkeit und Lebensqualität der Krebspatienten, unterstützt den Behandlungserfolg und vermag möglicherweise sogar das Risiko für ein Wiederauftreten der Krankheit zu senken. Auch behandlungsbedingte Beschwerden während einer Chemo- und Strahlentherapie wie Übelkeit, Erschöpfung, Schlafstörungen und Schmerz könnten reduziert werden. Schließlich gibt es Hinweise darauf, dass sich durch ein tägliches Ausdauertraining die geschädigte Blutbildung nach intensiver Chemotherapie schneller erhole. Insgesamt wirkt sich Sport – wie bei Gesunden – auch positiv auf das Immunsystem aus und verbessert die Herz-Kreislauf- sowie die Muskelfunktion. [33]

Professor Dr. Marion Kiechle, Direktorin der Frauenklinik der TU München erläuterte: „Frauen die sich regelmäßig sportlich betätigen und damit schon in jungen Jahren anfangen, von denen wissen wir, dass sie ungefähr 20 bis 30 Prozent weniger an Brustkrebs erkranken. Das zweite, was wir wissen, ist, dass Frauen, die bereits an Brustkrebs erkrankt sind, und nach der Erkrankung regelmäßig Sport treiben, damit ihr Rückfallrisiko um bis zu 50 Prozent senken können. Das ist ein enormer Effekt, den wir in der Krebstherapie sonst mit keinem Medikament erreichen können." Weiterhin berichtet sie aus ihrer täglichen Praxis: „Die Frauen und Männer, die mit dem Sportprogramm bereits unter der Chemotherapie anfangen, haben weniger dieses Erschöpfungs- und Ermüdungssyndrom. Vor allen Dingen vertragen sie die Chemotherapie auch wesentlich besser – verglichen mit Personen, die keinen Sport machen." In vielen Fällen erweist sich dosiertes Training als eine wertvolle Ergänzung bewährter Therapien. Häufig, so zeigen neue Studien, wirkt Bewegung sogar besser als teure Tabletten und Hightech-Medizin. Sie kann gesundmachende Zellen im Körper wachsen lassen und Krankheitsverläufe umkehren. [34]

Interessant ist auch noch ein Artikel der *Nürnberger Nachrichten* vom 04.02.2011. Auf der Titelseite steht unter der Überschrift „Jeder Vierte stirbt an Krebs" ein dpa-Bericht, in dem Statistiken und Zahlen von Krebserkrankungen und deren Sterberaten eine Rolle spielen. Der Bericht endet mit den Worten: „Nach Angaben der Weltgesundheitsorganisation gehen bis zu 25 Prozent der weltweiten Brustkrebs- und Dickdarmkrebsfälle auf

Bewegungsmangel zurück." Hier wird wieder deutlich, welche Bedeutung Bewegung und sportliche Betätigung in diesem Zusammenhang haben.

Fazit des Ganzen: Leichtes und mittelmäßiges Ausdauertraining stabilisieren das Immunsystem, reduzieren nachweislich die Gefahr eines Brustkrebses und unterstützen den Genesungsprozess. Leichtes Ausdauertraining versorgt den Körper besser mit Sauerstoff, der die Zellen des Immunsystems mobilisiert. Die chronische Müdigkeit wird deutlich gemildert. Sportlich aktive Menschen reduzieren auch ihr Risiko für andere Krebserkrankungen sowie für Herz-Kreislauf-Erkrankungen, Infekte, Stoffwechselstörungen und eine Reihe anderer Leiden.

Erhöhte Sauerstoffzufuhr bremst Tumor

Der Hintergrund für die sportlichen Erfolge bei der Krebsbekämpfung dürfte unter anderem mit dem Ergebnis einer Studie der Universitäten Jena und Potsdam zu tun haben. Wie man dort festgestellt hat, werden durch Stoffwechselbeschleunigung und den damit verbundenen erhöhten Sauerstoffumsatz in den Krebszellen die Zellteilung und damit die Ausbreitung eines Tumors gebremst. Umgekehrt beschleunigt sich die Tumorausbreitung, wenn nur eine geringe Stoffwechselaktivität vorliegt. Dann werden sich sogar gesunde Zellen zu Tumoren verändern. [35]

Immunsystem

Bewegung kann durch den verstärkt stattfindenden Stoffwechsel das Immunsystem in höchst positiver Weise beeinflussen. Andererseits kann man durch übertriebene sportliche Aktivität das Immunsystem auch schwächen. Es ist hier wie in der Medizin bei den Medikamenten. Die richtige Dosierung macht's. Ein moderates Maß an Bewegung stärkt das Immunsystem.

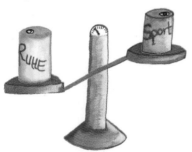

Da scheint man sich in der Medizin einig zu sein. Durch Bewegung werden einerseits die natürlichen Killerzellen der Körperabwehr, die sogenannten T-Lymphocyten, vermehrt gebildet. Auf der anderen Seite kann ein Zuviel an Sport die Körperabwehr schwächen und das Wachstum einer Geschwulst sogar fördern. [36]

Das Gleiche vermeldet eine Studie der Universität Essex. Dort hat man festgestellt, dass gemäßigte sportliche Übungen einen schützenden Effekt vor

Herzerkrankungen haben. Ungewohnte und intensive Anstrengungen dagegen können zu ernsthaften Herzleiden führen. [37] Die Frage ist nur, wie hoch die sportliche Aktivität zur Erzielung signifikanter Gesundheitsgewinne zu sein hat. Die Antwort darauf ist unter anderem Gegenstand von Kapitel 6.

Im Spitzensport wird immer wieder eine erhöhte Infektanfälligkeit beobachtet. Die Ursache ist eine zu hohe Trainingsdichte (Übertraining) bei zu kurzen Erholungspausen. Die Sportler fühlen sich dann müde und abgeschlagen, ihre Leistung lässt nach. Es treten hierbei vermehrt Infektionen der oberen Atemwege auf. Aufgrund von Studien konnte nachgewiesen werden, dass sich die meisten Krankheitssymptome bei den Läufern mit der größten Laufleistung zeigten. Durch zu große körperliche Anstrengung wird das Immunsystem während und kurz nach der sportlichen Betätigung geschwächt. In diesem Moment ist der Körper vor Infekten aller Art ungeschützter als vor dem Sport. Erst im Laufe der Regenerationsphase baut sich dann der körpereigene Schutz wieder auf. [38]

Die Wirkung des körpereigenen Immunsystems nimmt auch mit dem Alter ab. Darin scheint eine der Ursachen zu liegen, dass im höheren Alter vermehrt Krankheiten auftreten. Die Pflege des eigenen Immunsystems wird somit bei zunehmendem Alter immer bedeutsamer. Ganz wichtig ist hierbei, die richtige Balance zwischen einem Zuviel und einem Zuwenig der an sich notwendigen körperlichen Bewegung zu finden.

Alzheimer, Demenz, Depressionen

Die *Frankfurter Allgemeine Zeitung* titelt am 24.02.2011 „Deutschland vergreist und vergisst". Es geht dabei um die fortschreitende Demenz, welche bei immer mehr Menschen diagnostiziert wird. Auslöser sind altersbedingte Kalkablagerungen im Gehirn. Nach Schätzungen von Epidemiologen ist heute bei den 65- bis 69-Jährigen ein Prozent dement, bei den über 90-Jährigen hingegen jeder Dritte. Frauen sind davon besonders betroffen, weil sie häufig älter werden. Heute leben in Deutschland 1,3 Millionen Menschen mit Demenz, bis 2050 könnte sich deren Zahl verdoppeln. Bei einer auf 70 Millionen Menschen geschrumpften Bevölkerung wären das vier Prozent der Einwohner. Das hat dann natürlich gravierende Folgen für die Betreuung. Kritisch wird es für die Sozialsysteme, wenn um das Jahr 2035 die „Baby-Boomer" ins Pflegealter kommen. Es werden dann mangels vorheriger Geburten auch die Arbeitnehmer fehlen, die die notwendigen Beiträge in die Sozialkassen zahlen. In Anbetracht solcher düsteren Aussichten sollte man vor dem großen Vergessen auch hier an Selbsthilfe denken. Es gilt hier ebenfalls die Devise: Sport hilft auch für den Kopf.

Professor Eric Larson aus Seattle erklärte in der *Ärzte-Zeitung*: „Wer seinen Körper bewegt, beugt einer Demenz vor – auch wenn er schon über 65 Jahre alt ist." Wie eine Studie mit 1750 Teilnehmern im Alter von über 65 Jahren, die täglich 15 Minuten Sport trieben, ergab, ist die Wahrscheinlichkeit an einer Demenz zu erkranken, für aktive Alte gegenüber Inaktiven um 40 % reduziert ist. [39]

Wer sich auf Trab hält und viel bewegt, verringert die Ablagerung der krank machenden Eiweißmoleküle (Beta-Amyloide) im Gehirn und steuert damit Alzheimer entgegen, erklärt Dr. Sangram Sisodia von der Universität Chicago. [40]

Ähnliches erläuterte Professor Hollmann bei einer Sportmedizinerausbildung im Jahr 2004 in Langeoog: „Wenn man zwischen 30 und 60 Jahren körperlich aktiv ist, ist es wenig wahrscheinlich, an Alzheimer zu erkranken."

Durch den Stoffwechsel in der Muskelzelle werden weiterhin Substanzen gebildet, welche eine positive Lebenseinstellung bzw. eine gehobene Stimmung vermitteln. Ausdauertraining führt entsprechend einer Vielzahl von Untersuchungen zu einer positiven Stimmungsbeeinflussung, die in den ersten ein bis zwei Stunden nach Belastungsende in einigen Fällen eine euphorische Komponente beinhalten kann. Es handelt sich hierbei um sogenannte Endorphine. Dies sind körpereigene Drogen, die vor allem in Extremsituationen zwingend benötigt werden. Sie wirken schmerzhemmend, beruhigend und angstlösend, verschaffen eine wohlig-glückliche Stimmung bis zu Ekstase, regen den Schlaf an und erhöhen die Wahrnehmung. Damit haben sie eine vergleichbare Wirkungsweise wie körperfremde Opiate (Morphium, Heroin, Opium). Endorphine sind die Glückshormone des Körpers. Beginnende Altersdepressionen können somit durch Bewegung deutlich gemindert werden. [41, 42]

Gehirn, Neurogenese

Jeder, der schon einmal gelaufen ist oder gar regelmäßig Sport treibt, weiß, dass man nach dem Sport viele Dinge klarer sieht. Nicht zuletzt ergeben sich während des Laufens oft Lösungen von Problemen, die man vorher stundenlang gewälzt hat. Irgendwie muss es wohl einen Zusammenhang zwischen unserem Denkorgan und körperlicher Betätigung geben. Mithilfe der Positronenemissionstomografie (PET) und der sogenannten funktionellen Magnetresonanztomografie (fMRT) ist es möglich, einzelne Bezirke des Gehirns auf Durchblutung und Stoffwechsel zu untersuchen. Man kann somit die aktuell aktiven Teile unseres Gehirnstübchens lokalisieren. Professor Hollmann konnte hierbei erstmalig den Zusammenhang zwischen sportlicher Betätigung am Ergometer und Durchblutungszunahmen im Gehirn feststellen. Andererseits gibt es einen jammervollen Zusammenhang zwischen Alter und einem sich reduzierendem Gehirnvolumen. Freunde von Horrorszenarien können sich in Hollmanns Buch *Gesund und leistungsfähig bis ins hohe Alter* in anschaulichen Bildern den alternsbedingten Schrumpfungsprozess einer Nervenzelle anschauen. Spätestens ab dem Rentenalter muss man stark aufpassen, dass sich die Gehirnmasse nicht zu stark verflüchtigt. Nervenverbindungen werden abgebaut, kürzlich erlebte Dinge werden nicht mehr nachhaltig gespeichert, mit der Folge, dass sich das Kurzzeitgedächtnis verschlechtert. Sollte man dies noch selbst merken, wird es höchste Zeit, etwas dagegen zu unternehmen. Es gibt nämlich Möglichkeiten, an die man früher nicht geglaubt hat. Man dachte nämlich, dass man mit den bei der Geburt erhaltenen Gehirnzellen ein ganzes Leben auskommen muss. Heute weiß man, dass es eine Neubildung von Nervenzellen, die sogenannte Neurogenese gibt. Diese hält bis ins Greisenalter an und ist unentbehrlich für ein ordnungsgemäßes Funktionieren unseres Denkorgans. Und das stärkste Mittel zum Erhalt von Synapsen (Nervenverbindungen) und zur Anregung einer Neubildung von Nervenzellen ist körperliche Aktivität, unterstützt von geistiger Betriebsamkeit. Hier sind beide Dinge gefragt. [1]

Diese prinzipiellen Zusammenhänge haben unabhängig voneinander auch Dr. Bischofberger von der Universität Freiburg und Professor Kempermann vom Max-Delbrück-Centrum für Molekulare Medizin herausgefunden. Sport trainiert die Muskeln und erhöht die Zahl der Nervenzellen, ist der Tenor ihrer Forschungsergebnisse. [43, 44]

Rücken

Allerorts wird über Rückenprobleme gejammert. Dies scheint eine zivilisatorische Epidemie zu sein. Das Heben schwerer Lasten stellt heutzutage viele Menschen vor Probleme. Kern- und Angelpunkt sind dabei die Bandscheiben und deren frühzeitiger Verschleiß. Das liegt daran, dass die Bandscheiben in unserer bewegungsarmen Zeit unbedingt die Bewegung brauchen. Die Bandscheiben werden nämlich nicht von Blutgefäßen versorgt, sondern erhalten ihre Nährstoffe nach dem Schwammprinzip. Im unbelasteten Fall saugt sich die Bandscheibe mit Nährstoffen aus dem benachbarten Gewebe voll und erhält auf diese Weise die benötigten Stoffwechselprodukte. Bei Belastung werden die Bandscheiben ausgepresst, verbrauchte Nährflüssigkeit und Stoffwechselschlacken können entweichen. Das regelmäßige Be- und Entlasten ist somit für die Bandscheiben von lebensnotwendiger Bedeutung. Das kann vor allem nicht während permanenten Sitzens geschehen. Hierzu braucht es Bewegung. Zu wenig Bewegung lässt nicht nur die Bandscheiben hungern, dies schwächt auch die Muskulatur. So ist es nicht verwunderlich, dass Bewegungsmangel zu den häufigsten Ursachen von Rückenschmerzen gehören. Bereits „in kleinen Dosen" hilft regelmäßige körperliche Betätigung, Rückenschmerzen vorzubeugen. Von der Bewegung profitieren Muskeln, Sehnen, Bänder und natürlich auch die Wirbelsäule. Studien belegen, dass fitte Menschen weniger Rückenprobleme haben. [45, 46]

Jan Hildebrandt, inzwischen emeritierter Professor der Universität Göttingen erklärt hierzu: „Die Empfehlung von Ruhe und Schonung hat bisher nicht zu einer Verbesserung der Rückenproblematik geführt." Es ist die regelmäßige Bewegung, die gesund hält. Bewegung erhöht die Stabilität der Knochen, sorgt für aktive und kräftige Muskulatur und Beweglichkeit, hält fit, sorgt für psychisches Wohlbefinden und fördert die chemischen Prozesse zur Schmerzunterdrückung im Körper. Einer der berühmtesten Rückenchirurgen der USA hat am eigenen Leib einen Hexenschuss erfahren. Aber was machte er? Er nahm ein endzündungshemmendes Medikament, vereiste die schmerzende Stelle im Bereich der Lendenwirbelsäule und machte einen Dauerlauf. Er hat damit nur das beherzigt, was er auch seinen Patienten empfiehlt. [36, 47, 48]

Gezielte aktive Bewegung ist oft der wirksamste Weg, Rückenschmerzen vorzubeugen oder zu lindern, rät auch Ute Repschläger vom Bundesverband selbstständiger Physiotherapeuten. Längere Bettruhe ist nicht zu empfehlen. Bewegung im schmerzfreien Bereich baut Schmerzen ab. Dies führt zur besseren Durchblutung und somit zum Abtransport schädlicher Substanzen, schmerzhemmende Stoffe werden produziert und die Schmerzwahrnehmung wird gedämpft. [49]

Von einer interessanten Studie berichtet beispielsweise Anne Mannion. Hierbei wurden 148 Patientinnen und Patienten in drei Therapiegruppen aufgeteilt. Eine Gruppe erhielt aktive klassische Physiotherapie, die zweite Gruppe absolvierte Krafttraining an Trainingsgeräten und die dritte Gruppe ein allgemeines Aerobic-Programm. Das Ganze dauerte drei Monate und die Probanden wurden danach noch ein ganzes Jahr beobachtet. Anfangs waren alle drei Behandlungsmethoden gleich wirksam hinsichtlich der Reduktion von Schmerzintensität und Schmerzhäufigkeit. Aber dann. In der Physiothera-

Gruppe waren die Rückenprobleme sechs Monate nach Therapieende wieder wie vor der Therapie, während bei den beiden anderen Gruppen der positive Effekt auch ein Jahr nach der Therapie noch andauerte. Der große Unterschied liegt nur in den Kosten, diese waren beim Aerobic-Programm mit Abstand am niedrigsten. Man sieht auch hier: Mit einfacher Bewegung existiert bei gleichen Heilerfolgen ein riesiges Kostensenkungspotenzial. [50]

Osteoporose

Osteoporose ist eine chronische Erkrankung, in deren Verlauf die Knochenmasse allmählich abnimmt. Hierzu muss man wissen, dass die menschlichen Knochen und somit das gesamte Skelett während des gesamten Lebens einem permanenten Knochenabbau und Knochenaufbau unterliegen. Bei Osteoporose überwiegt schließlich der Knochenabbau, sodass es zu einem Missverhältnis zwischen Knochenaufbau und Knochenabbau kommt. Die Folgen sind abnehmende (schrumpfende) Körpergröße, Bildung eines Rundrückens, Auftreten von Knochenschmerzen und zunehmende Häufigkeit von Knochenbrüchen.

Dieser Knochenschwund kann durch Sport und Bewegung positiv beeinflusst werden. Denn körperliches Training spielt eine bedeutende Rolle für den Aufbau und den Erhalt der Knochenmasse. Während man sich bewegt, üben Muskelzug und Schwerkraft mechanische Reize auf den Knochen aus, an ihm wird quasi gezogen und gezerrt. Der Knochen reagiert auf Reize; der Knochenstoffwechsel wird angeregt und es werden neue Knochenzellen gebildet. Krafttraining erweist sich hierbei als besonders wirkungsvoll. Durch das Muskeltraining entstehen größere Zug- und Druckbelastungen auf den Knochen als zum Beispiel bei einem reinen Ausdauertraining. Dadurch wird der Knochenstoffwechsel wesentlich stärker angeregt. Kräftige Muskeln ermöglichen außerdem eine gute Körperhaltung, das Gleichgewicht und die Beweglichkeit werden verbessert und Stürze vermieden. Die Sporttherapie ist inzwischen unter Fachleuten unbestritten und eine etablierte Methode zur Behandlung der Osteoporose. Sie wirkt über zwei Wege. Einerseits stimuliert muskuläres Training den Knochenstoffwechsel und dient somit dem Erhalt beziehungsweise der Erneuerung der Knochenmasse. Andererseits fördert es die Bewegungssicherheit und trägt damit zur Vermeidung von Stürzen oder sturzbedingten Frakturen bei.

Frauen leiden hierbei häufiger an Osteoporose als Männer: Etwa sieben Prozent der Frauen nach den Wechseljahren im Alter von 55 Jahren und 19 Prozent der 80-Jährigen sind von Knochenschwund betroffen. Insgesamt rechnen Experten in Deutschland mit bis zu etwa 7,8 Millionen

Osteoporose-Patienten. Mehr als 130.000 Bundesbürger erleiden pro Jahr einen Oberschenkelhalsbruch und Wirbelbrüche infolge von Osteoporose. Diese Brüche führen nach mehrjährigem Krankheitsverlauf dazu, dass einige der Osteoporose-Patienten auf Hilfe im Alltag angewiesen sind. [51–53]

Arthritis, Arthrose

Beides sind Gelenkkrankheiten, welche sehr schmerzhaft sind und dem Betroffenen das Leben ziemlich vermiesen können. Bei der Arthritis handelt es sich um eine chronisch entzündliche Angelegenheit. Deren häufigste Form ist die rheumatoide Arthritis und gehört zu den rheumatischen Erkrankungen.

Unter Arthrose dagegen versteht man eine Abnutzung des Gelenks durch Gelenkverschleiß, deren Ursache in Fehlhaltungen oder Überbelastungen des Gelenks liegen kann. Leistungssportler, insbesondere Fußballer, können dadurch überproportional betroffen sein. Andererseits ist Arthrose aber auch eine Alterserscheinung. In Deutschland leiden über fünf Millionen Menschen an Arthrose. Unter 20-Jährigen zeigen sich bei nur etwa vier Prozent arthrotische Veränderungen, während sie ab dem 70. Lebensjahr bei mehr als 80 Prozent aller Menschen auftreten. Frauen sind häufiger davon betroffen als Männer.

Der Knochen ist im Gelenk von einer Knorpelschicht umgeben, welche wie ein schützender Puffer wirkt. Durch Abnutzung baut sich diese Knorpelschicht nach und nach ab, sodass die Knochen schmerzhaft aufeinander reiben können. Die Folgen sind neben Schmerzen Bewegungseinschränkungen und Entzündungsschübe. Ist beispielsweise das Knie oder das Sprunggelenk betroffen, kann jeder Schritt zur Qual werden. Arthrose ist nicht heilbar, da sich das Knorpelgewebe anders als andere menschliche Gewebe nicht regeneriert. Es gibt bisher keine Methode, die Abnutzungserscheinungen rückgängig zu machen oder zu heilen. Man kann nur versuchen, den Gelenkverschleiß rechtzeitig zu erkennen und aufzuhalten. Dazu gehören Gelenkentlastungen durch Reduzierung des Körpergewichts, aber auch sonstige orthopädische Methoden wie Schuheinlagen, um Fehlstellungen zu vermeiden beziehungsweise auszugleichen. Im weiter fortgeschrittenen Stadium werden meist nur schmerzlindernde und entzündungshemmende Medikamente verabreicht. Der nächste Schritt wäre das operative Einfügen eines künstlichen Gelenks.

Was kann man vorab dagegen tun? Bleiben Sie aktiv! In der Medizin weiß man inzwischen, dass nicht die Schonung eine Arthrose verhindert. Das Gegenteil ist der Fall. Neben gezielten Übungen sind alle Bewegungsformen empfehlenswert, die die Gelenke nicht unnötig belasten. Dazu gehören unter anderem Schwimmen, Radfahren oder einfach Spazierengehen. Ruckartige

Belastungen wie beim Fußball, Squash oder auch beim ehrgeizigen Tennis spielen tun dagegen dem Gelenk nicht gut.

Bewegung fördert die Knorpelernährung, denn dieser wird ebenfalls wie die Bandscheibe nicht direkt durchblutet. Nur durch die Bewegung wird die knorpelernährende Gelenkflüssigkeit, die Synovia, ausgetauscht und erneuert. Weiterhin werden dadurch die das Gelenk umgebende Muskulatur gestärkt und das Fortschreiten der Arthrose verlangsamt. Besonders günstig sind Sportarten mit einem weichen, geführten Bewegungsablauf ohne Stoß- und Druckbelastungen. Gezieltes Aufbautraining der Muskeln um die strapazierten Gelenke kann helfen, die Bewegung sicherer zu führen und einseitige Überbelastungen der Gelenke zu vermeiden.

Eine Heilung der rheumatoiden Arthritis ist bislang ebenfalls nicht möglich. Ziele der Therapie sind daher auch hier, die Schmerzen und die Entzündungen zu lindern, die Gelenkbeweglichkeit zu erhalten und zu verhindern, dass die Gelenke ihre Form verändern. Die wichtigste Maßnahme besteht darin, die Gelenke weiterhin zu bewegen. Werden sie geschont oder eventuell sogar ruhig gestellt, kann dieses die Schmerzen dagegen nur kurzfristig lindern. Außerdem versteift sich ein ruhig gestelltes Gelenk schneller und überlastet andererseits gesunde Gelenke, sodass das Rheuma sich eher verschlimmert. [54–58]

Parkinson

Parkinson (Morbus Parkinson, Parkinson-Krankheit) ist eine Erkrankung des Gehirns, bei der vor allem die Beweglichkeit und der Bewegungsablauf gestört sind. Der Morbus Parkinson zählt mit 100 bis 200 Betroffenen pro 100.000 Einwohner in Deutschland zu den am weitesten verbreiteten neurologischen Erkrankungen. Am häufigsten zu finden ist die Parkinson-Krankheit bei älteren Menschen, meist zwischen dem 55. und 65. Lebensjahr. Frauen und Männer sind gleichermaßen betroffen. Von den über 60-jährigen Personen leiden etwa ein bis eineinhalb Prozent an Morbus Parkinson. Die Rate nimmt mit steigendem Alter zu. In Deutschland erkranken jährlich etwa 10.000 bis 15.000 Menschen an Parkinson. [59]

Charakteristisch für die Parkinson-Krankheit ist ein fortschreitender Verlust von Nervenzellen im Gehirn, die Dopamin enthalten. Dopamin ist eine Vorläufersubstanz, aus der das Gehirn die Hormone Adrenalin und Noradrenalin bildet. Fehlt das Dopamin oder tritt ein Dopaminmangel auf, führt dies zur für Morbus Parkinson typischen Verlangsamung aller Bewegungen beziehungsweise zu einer Bewegungsarmut bis hin zur Bewegungslosigkeit. Das Gleichgewicht verschiebt sich zugunsten anderer Botenstoffe wie Acetylcholin und Glutamat. Das entstehende Übergewicht an Acetylcholin löst dann das Zittern und die Muskelsteifheit der von Morbus Parkinson Betroffenen aus. [60]

Eine Heilung der Parkinson'schen Krankheit ist bis heute nicht möglich. Durch Medikamente kann man die Beschwerden der Betroffenen jedoch erheblich lindern. Da die Ursache des Morbus Parkinson unbekannt ist, gibt es auch keine Hinweise auf mögliche vorbeugende Maßnahmen.

Da bei Parkinson-Patienten die Bewegungsabläufe verlangsamt sind, kommt es zum Muskelabbau und häufig zu Gelenkschmerzen. In diesem Fall hilft Bewegung. Dies wurde inzwischen weitgehend erkannt. Denn Bewegung fördert nicht nur die Muskel- und Gelenkfunktionen. Hinzu kommen die Wohltaten der Bewegung auf die Gehirnfunktionen. [61]

Bei einer von M. Hirsch durchgeführten Studie verbesserte ein Gleichgewichtstraining (allein und in Kombination mit einem Krafttraining) signifikant die Standsicherheit der Teilnehmer. Intensives Widerstandstraining der unteren Extremitäten erhöhte zudem eindrucksvoll die Kraft in den beteiligten Muskelgruppen. Nach Abschluss der Trainingsphase hielten die Sporteffekte mindestens vier Wochen an. Letzteres erscheint besonders bedeutsam, da das Parkinson-Leiden aufgrund von Krankenhausaufenthalten, Begleiterkrankungen und krankheitstypischen Schwierigkeiten kontinuierliches Trainieren erschwert. Selbst größere Pausen gefährden aber offenbar nicht unbedingt den Trainingsgewinn. Das liegt möglicherweise daran, dass trainierte (= mobilere) Parkinson-Patienten sich auch im Alltag vermehrt bewegen und dadurch ihre verbesserte Fitness erhalten. [62]

Auch Lisa Shulman von der Universität von Maryland konnte anhand einer Studie zeigen, dass regelmäßige Bewegung bei Parkinson-Patienten zum Erhalt der Mobilität beiträgt. Gehen, was für die meisten Betroffenen möglich ist, bietet gemäß ihrer Untersuchungen zusammen mit Dehnen und Krafttraining bei der Therapie die positivsten Effekte. [63]

Es ist heute Standard, dass die medikamentöse Behandlung von Morbus Parkinson zusätzlich mit einer Bewegungs- und Sporttherapie ergänzt wird. Die Sportprogramme bestehen aus Übungen zur Verbesserung von Kraft, Beweglichkeit, Gleichgewicht und Gang. Genau dort zeigten sich die Verbesserungen neben einer positiveren Bewertung der psychosozialen Situation und der verbesserten Bewältigung der Aktivitäten des täglichen Lebens durch den Patienten. [64]

Ich habe selbst jemanden in meinem Bekanntenkreis, der an Morbus Parkinson erkrankt ist. Als Besitzer und eifriger Nutzer eines weich gefederten Mini-Trampolins konnte ich ihn zum Kauf eines derartigen Sportgeräts überreden. Ich konnte mir vorstellen, dass dies bei Parkinson sehr hilfreich sein könnte, ohne aber sicher zu wissen, welchen Nutzen das für ihn konkret wirklich haben könnte. Diese Empfehlung erwies sich als Glücksgriff für ihn. Er benutzt das Gerät regelmäßig. Es bewegt die Muskeln und fördert vor allem das Gleichgewicht. Mein Bekannter weiß, dass damit zwar keine Heilung möglich ist, aber er ist zutiefst davon überzeugt, dass es ihm hilft, die Krankheit besser in den Griff zu bekommen und seinen Zustand zu stabilisieren. Bei seinen hin und wieder notwendigen Krankenhausaufenthalten, die länger als drei Tage dauern, ist das Trampolin jetzt immer dabei.

Adipositas

Mit Adipositas oder auf Deutsch ganz einfach „Fettleibigkeit" wird ein starkes Übergewicht beschrieben. Adipositas wird heute auch als chronische Krankheit definiert, die einerseits einen genetischen Hintergrund haben kann. Andererseits handelt es sich aber überwiegend um das Ergebnis einer Lebensweise mit nicht angepasster überkalorischer Ernährung und ausgeprägtem Bewegungsmangel. Die Klassifikation erfolgt nach dem Body-Mass-Index (BMI). Der BMI errechnet sich aus dem Quotienten von Körpergewicht in Kilogramm und dem Quadrat der Körpergröße in Metern. Danach liegt eine Adipositas bei einem BMI $\geq 30\,\mathrm{kg/m^2}$ vor. Bei einem BMI von 25–29,9 $\mathrm{kg/m^2}$ spricht man von einem Übergewicht, welches auch schon mit gesundheitlichen Risiken verbunden ist.

Zu den möglichen Folgen von Fettleibigkeit zählen unter anderem Diabetes mellitus, Fettstoffwechselstörungen (erhöhte Cholesterin- und Triglyceridwerte im Blut) und die verschiedensten Herz-Kreislauf-Erkrankungen. Bei zu viel Bauchfett werden chronische Entzündungskrankheiten und die Entstehung von Arteriosklerose begünstigt. Zudem nimmt die Wirksamkeit des Hormons Insulin ab. Wie eine kanadische Studie zeigte, sagt der Bauchumfang mehr über das Risiko einer Arteriosklerose aus als der Body-Mass-Index (BMI). Ein Bauchumfang von mehr als 94 Zentimetern bei Männern und 80 Zentimetern bei Frauen gilt als Risikofaktor. [65]

40-Jährige mit Übergewicht oder Adipositas haben eine um drei bis sechs Jahre geringere Lebenserwartung; eine schwere Adipositas kostet sogar bis zu

20 Lebensjahre. Anhand groß angelegter Studien konnte nachgewiesen werden, dass bei einem BMI ≥ 30 die Mortalität signifikant steigt. Durch eine Senkung des Körpergewichts lässt sich jedoch das Risiko für die häufig mit der Fettleibigkeit einhergehenden Erkrankungen und Komplikationen erheblich verringern. [66, 67]

Eine Diät ist als alleinige Maßnahme zur Behandlung der Adipositas nicht ausreichend. Das lässt sich schon an der genetischen Ausstattung unserer Vorfahren als Jäger und Sammler ableiten. Diese führten ein bewegtes Leben, in dem sie ständig nur ihrer Nahrung hinterher liefen. Körperliche Bewegung war gleichbedeutend mit dem Überleben. An das heutige Überangebot an Nahrung und den gleichzeitigen Ersatz der körperlichen Arbeit durch die moderne Technik hat sich unser Genom in der kurzen Zeit noch nicht angepasst. Was in 100.000 Jahren und mehr zum Überleben notwendig war, konnte in der bisher relativ kurzen Dauer unseres Industriezeitalters nicht einfach ausradiert werden. [68]

Verwunderlich ist nur die Tatsache, dass die Kalorienaufnahme und insbesondere auch der Fettverzehr sowohl in Deutschland als auch in den USA rückläufig sind. In den USA ist es in dem Zeitraum zwischen 1976 bis 1991 zu einer Abnahme des Fettverzehrs von 41,0 auf 36,6 Prozent der Gesamtkalorien gekommen. Die Gesamtkalorienaufnahme hat sich in der gleichen Zeit um vier Prozent reduziert. Offenbar haben die in Amerika geführten Kampagnen über „*Cholesterin-free*" oder „*low-fat*" ihre Wirkung gezeigt. Die Häufigkeit des Auftretens der Adipositas stieg dort jedoch in der erwachsenen Bevölkerung überraschenderweise von 25,4 auf 33,3 Prozent an. Dieses Paradoxon lässt sich nur durch den zunehmenden Bewegungsmangel erklären. Für diese Annahme gibt es eine Reihe indirekter Hinweise: So sank beispielsweise die aktiv zu Fuß oder mit dem Fahrrad zurückgelegte tägliche Wegstrecke in den letzten Jahren deutlich, während gleichzeitig der Fernsehkonsum beträchtlich zunahm. Gemäß verschiedenen Schätzungen sind zwei Drittel der Erwachsenen in Nordamerika und in Mitteleuropa körperlich inaktiv, das heißt, sie bewegen sich im Alltag nur wenig und betreiben keinerlei Sport.

Wie verschiedene Studien belegen, kam es selbst in Fällen, in denen bei Adipösen durch Bewegungssteigerung keine größere Gewichtsabnahme gelang, trotzdem zu einer günstigen Beeinflussung der Risikofaktoren. Es stellte sich dabei auch immer mehr heraus, dass moderate Bewegung in Verbindung mit einer Steigerung der allgemeinen Alltagsaktivität zur Stabilisierung der Gesundheit beiträgt. Sport ist auch hier das Mittel der Wahl für gesundheitlichen Zugewinn. [69]

Fazit

Sind demnach Sport und körperliche Bewegung ein Allheilmittel? Hilft Bewegung gegen alles? Bei Betrachtung des bisher Gelesenen könnte fast dieser Eindruck aufkommen. Was steckt dahinter, dass solch eine relativ einfache Sache so wirkungsvoll ist? Da müssen Dinge miteinander zusammenspielen, deren Wirkung sich erst in ihrer Gesamtheit so richtig entfalten kann. Ursprung ist dabei auf jeden Fall die Skelettmuskulatur als unser größtes Stoffwechselorgan. Durch die Nutzung der Muskulatur laufen offenbar in den Muskelzellen chemische und biologische Vorgänge ab, die der menschliche Körper zu seiner Gesunderhaltung benötigt.

Bei uns Menschen sind viele Organe, insbesondere die Muskeln, Knochen und Gelenke, so konzipiert, dass sie auf Bewegungsreize mit verstärktem Aufbau antworten. Ein bestimmtes Maß an Anstrengung ist gewissermaßen die Voraussetzung dafür, dass sich Organismus und Bewegungsapparat entsprechend entwickeln und intakt bleiben. Die Muskeln werden dadurch kräftiger und ausdauernder und ihre Erholungsfähigkeit wird erhöht. Bänder und Sehnen werden belastbarer, da sie durch die bessere Durchblutung und Nährstoffversorgung elastischer werden. Hinzu kommt, dass bei einer zunehmenden Muskelmasse durch das Mehr an Muskeln auch mehr Energie verbraucht wird. Dadurch ist es auch wesentlich leichter, das Gewicht zu halten oder gar zu reduzieren.

Der Einfluss von regelmäßiger Bewegung auf die Gesundheit ist enorm. Die persönliche Fitness entscheidet auch wesentlich darüber, wer gesund bleibt oder krank wird. Fehlt die körperliche Bewegung, passen sich das Herz-Kreislauf-System und die Muskulatur an diese Nicht-Belastung an und das ganze System schaltet auf „Sparflamme". Die Muskeln bilden sich zurück, die Sehnen verkürzen sich, die Gefäße werden nicht mehr richtig durchgepumpt, Ablagerungen können sich bilden, das Lungenvolumen nimmt ab.

Durch ein Ausdauertraining dagegen wird der Herzmuskel kräftiger, die Herzleistung steigt an, der Blutdruck normalisiert sich. Der ganze Organismus wird besser mit Sauerstoff versorgt, das Herz arbeitet ökonomischer und der Ruhepuls sinkt. Weiterhin wird die Elastizität der Blutgefäße erhöht. Die Lunge wird leistungsfähiger und das Immunsystem gestärkt. Bewegung führt zu einer besseren Durchblutung und erhöht damit die Sauerstoffzufuhr im Gehirn. Das steigert die geistige Leistungsfähigkeit und fördert den Aufbau neuer Nervenverbindungen. Koordination, Reaktionsfähigkeit, Gleichgewicht, und Aufmerksamkeitsvermögen werden erhöht.

Einen weiteren Effekt nehmen wir sicherlich noch gerne in Kauf. Es ist die Sache mit dem Älterwerden. Regelmäßige moderate körperliche Bewegung verlangsamt den natürlichen Alterungsprozess. Kein anderes Anti-Aging-Mittel ist nachweislich so wirkungsvoll wie Bewegung. Bewegung hält den Stoffwechsel, den Kreislauf, die Muskeln, die Gelenke sowie das Nervensystem auf Trab und uns letztendlich jung. [27]

Man darf bei all der Begeisterung nur nicht vergessen, dass beim Menschen mit seinem komplexen Aufbau nicht auf jeden alles in der gleichen Weise wirkt. Der Mensch ist keine Maschine. Das gilt aber auch ganz allgemein in der Medizin. Da ist ebenfalls nicht jedes Medikament für jedermann gleichermaßen geeignet. Ebenso treffen auch die im Beipackzettel beschriebenen Nebenwirkungen, die sich manchmal wie ein Horrorszenarium lesen, Gott sei Dank nicht auf alle Patienten zu.

Sport kann bei übertriebenem Ehrgeiz ebenfalls negative Nebenwirkungen haben. Verletzungen sind dabei nicht ausgeschlossen. Dies gilt speziell für den Leistungssport. Dort wird der Körper bis an seine Grenzen beansprucht. Schließlich geht es hierbei ja um den eigenen Lebensunterhalt, der damit bestritten werden soll. Die oben beschriebenen positiven Wirkungen des sogenannten Gesundheitssports treten in der Regel nur bei überwiegend moderater Belastung auf. Es ist auch hier wie ganz allgemein bei den Medikamenten: Die Dosis macht's.

Der kurze Abriss über die Wirkung der körperlichen Bewegung sowohl bei der Heilung oder zumindest bei der Heilungsunterstützung von Krankheiten als auch für das allgemeine körperliche Wohlbefinden sollte eigentlich nur neugierig machen, mehr über diese Zusammenhänge zu erfahren. Er sollte Motivation sein, sich für die nächsten Kapitel zu interessieren, die sich mit den Fragen beschäftigen: Was passiert während der Bewegung in meinem Körper? Wie lässt sich was trainieren, was ist letztendlich wirklich gesund und welche Konsequenzen ergeben sich schließlich für ein gesundes bewegtes Leben?

3

Das Betriebsverhalten des menschlichen Antriebs

Was treibt uns nun an? Woher kommt die Energie, die wir zur Bewegung brauchen, und in welcher Form liegt diese vor? Wie entsteht diese und was können wir damit letztendlich erreichen? Es geht in diesem Kapitel um unseren muskulären Antrieb und die hierfür erforderliche Energie. Eines kann man jedenfalls von vorneherein sagen, nämlich, dass wir Menschen wahrhaftig mit einem wohldurchdachten Antriebssystem ausgestattet worden sind, welches technisch für die unterschiedlichsten Belastungsformen ausgelegt ist. Aus eigener Erfahrung wissen wir, dass wir einerseits kurzzeitig sehr schnell einen Sprint absolvieren können. Leider nur nicht sehr lange. Der Weltrekord im Sprint über 100 Meter liegt bei knapp unter zehn Sekunden. Dies bedeutet eine Durchschnittsgeschwindigkeit von über 36 Stundenkilometer. Die Athleten geben in dieser relativ kurzen Zeit ihre maximale Leistung. Andererseits können wir aber auch sehr lange und sehr weit laufen. Beispiele wären der Marathonlauf oder gar der Ironman-Triathlon. Hier kommen zum über 42 Kilometer langen Marathonlauf noch Schwimmen über fast vier Kilometer und eine Radfahrdistanz über 180 Kilometer hinzu. Und das alles hintereinander am gleichen Tag. Für einen „Normalo" klingt das schon fast ein bisschen überirdisch.

Der Marathon-Weltrekord liegt bei etwa zwei Stunden. Rechnet man daraus die Durchschnittsgeschwindigkeit aus, so kommt man auf 21 Stundenkilometer. Dies ist ein sehr guter Schnitt für eine sonntägliche Familien-Radtour. Ein normaler Jogger läuft deutlich langsamer. Auch ohne die Ausnahmeleistungen der Weltklasseathleten braucht der Mensch ein sehr intelligentes Antriebssystem, mit welchem je nach Bedarf die verschiedenen Leistungen abgerufen werden können. Neben den beiden Extremen wie 100-Meter-Lauf und Triathlon gibt es noch viele andere Distanzen im Sport. Ein Beispiel dazwischen wäre die Mittelstrecke über 1500 Meter. Der Weltrekord über diese Distanz liegt unter dreieinhalb Minuten. Daraus errechnet sich eine ungefähre Durchschnittsgeschwindigkeit von fast 26 Stundenkilometern. Für den normalen Freizeitsportler liegen die Zeiten der sportlichen Weltspitze in der Regel unerreichbar in einer anderen Dimension. Aber sowohl für den Leistungssportler als auch für den Normalbürger gilt: Je länger die Strecke ist, desto niedriger ist offenbar die erreichbare Geschwindigkeit. Das ist eine Bin-

W. Zägelein, *Move for Life*, DOI 10.1007/978-3-642-37643-6_3,
© Springer-Verlag Berlin Heidelberg 2013

senweisheit, die eigentlich keiner Erwähnung bedürfte. Die Frage ist nur, was steckt dahinter? Welche Mechanismen laufen im menschlichen Körper ab, wenn wir schnell kurz oder langsamer lang laufen. Gibt es irgendwelche Grenzen und wo könnten diese liegen? Das soll im Folgenden nun ein bisschen näher „technisch" durchleuchtet werden.

In der Frühzeit des Menschen ging es natürlich nicht um Rekorde, sondern nur um die nackte Existenz. Einerseits musste man eine gewisse Schnelligkeit entwickeln, um an seine eigene Nahrung zu kommen. Die Beute hat sich in der Regel nicht freiwillig ergeben und Supermärkte gab es noch nicht. Auf der anderen Seite ist man dem seinerzeitigen Säbelzahntiger entweder aus dem Weg gegangen oder hat selbst den Fluchtweg eingeschlagen. Der sportliche Preis war dann das schlichte Überleben.

Nun zur Technik. Die menschlichen Aktoren sind die Muskeln. Die werden weder mit Diesel noch mit Super E10 gespeist. Vielmehr handelt es sich um einen chemisch-biologischen Antrieb. Es wird chemisch gebundene Energie in mechanische Energie umgewandelt. Energie ist dabei die Fähigkeit, Arbeit zu verrichten, die letztendlich von unseren Muskeln erledigt werden soll.

Prinzipiell gibt es unterschiedliche Energieformen, so zum Beispiel mechanische, elektrische und chemische Energie. Diese Energieformen können unter gewissen Bedingungen ineinander umgewandelt werden. Nimmt man beispielsweise einen auf dem Berg gelegenen Stausee, so steckt durch den Höhenunterschied in dem gespeicherten Wasser eine potenzielle Energie. Auf dem Weg ins Tal wird die potenzielle Energie des Wassers in kinetische Energie umgewandelt und kann dadurch die Turbine eines Wasserkraftwerks betreiben.

In der Physik gilt Folgendes: Lässt man einen Körper von einem Kilogramm Gewicht einen Meter fallen, so beinhaltet dieser dann eine kinetische Energie von näherungsweise zehn Joule.

Die Berechnung hierzu sieht folgendermaßen aus:

$$\text{Energie} = \text{Gewichtskraft} \times \text{Höhendifferenz}$$
$$= \text{Masse} \times \text{Erdbeschleunigung} \times \text{Höhendifferenz}$$
$$\text{Energie} = 1\,\text{kg} \times 9{,}81\,\text{m/s}^2 \times 1\,\text{m} = 9{,}81\,\text{kg}\,\text{m}^2/\text{s}^2 = 9{,}81\,\text{Nm} \sim 10\,\text{Nm}$$
$$= 10\,\text{Joule}$$

Liegt der Stausee beispielsweise auf einer Höhe von 1700 Metern, so hat ein Liter (1 kg) Wasser eine potenzielle Energie von rund 17.000 Joule (J), dieses sind dann 17 Kilojoule (kJ). Da nach dem ersten Grundgesetz der Thermodynamik keine Energie verloren gehen kann, bedeutet dies, dass aus der potenziellen Energie eines Liter Wassers auf einer Höhe von 1700 Metern sich nach dem Herabstürzen dieses Liters Wasser in das Tal sich unten eine kinetische Energie von 17 Kilojoule ergibt.

Beim menschlichen Organismus hat man es mit chemischer Energie zu tun. Als Treibstoff für unsere Muskeln dienen vor allem Kohlenhydrate und Fette. In einem Gramm Glykogen steckt beispielsweise auch eine chemische Energie von 17 Kilojoule. Die wird genau dann frei, wenn das Glykogenmolekül vollständig in Kohlendioxid und Wasser zerlegt wird. Glykogen ist hierbei die in den Muskeln und in der Leber vorhandene Speicherform der Glucose. Es ist ein Kohlenhydrat, welches aus mehreren Glucosemolekülen aufgebaut ist.

Die potenzielle Energie von einem Liter Wasser auf einer Höhe von 1700 Metern ist somit identisch der Energie von einem Gramm Glykogen zum Antrieb der Muskulatur.

Wer hätte das gedacht? Betrachtet man zum Beispiel ein Gramm Fett, so hat dieses die chemische Energie von 39 Kilojoule. Mit anderen Worten, der Energieinhalt von Fett ist mehr als doppelt so groß wie der von der Glykogen. Damit müssten wir unseren biologischen Motor, die Muskeln, doch kraftvoll betreiben können. [70]

Wie ist das nun? Wann läuft unser Motor mit Kohlenhydraten und wann bilden die Fette die hauptsächliche Energiequelle? Erst mit diesem Wissen ist beispielsweise ein Leistungssportler in der Lage, einen Wettkampf optimal zu gestalten. Das gilt vor allem für Ausdauersportler, wie Langstreckenläufer und Radrennfahrer. Gesundheitssportler und abspeckwillige Fettreduzierer haben andere Ziele und können diese mit den Erkenntnissen dieses Kapitels gezielt anstreben. Werfen wir nun zuerst einmal einen Blick auf den groben Aufbau des Menschen.

Das menschliche Skelett

Das menschliche Skelett, vergleichbar mit dem Fahrgestell beziehungsweise der Rohkarosserie beim Auto, besteht aus 206 bis 214 Knochen und zählt neben den Gelenken und den Bändern zum sogenannten passiven Bewegungsapparat. Abbildung 3.1 zeigt grob den Aufbau des menschlichen Skeletts.

Unser Knochenbau ist offenbar auch sehr modern und ökonomisch. Er beinhaltet schon seit Tausenden von Jahren die Leichtbauweise, die erst jetzt schön langsam auch in der Technik, etwa im Automobilbau, ihre Anwendung

Abb. 3.1 Menschliches
Skelett

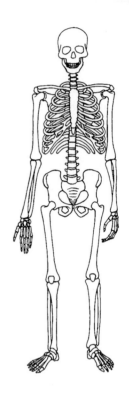

findet. Nur auf diese Weise lässt sich Sprit sparen. Die vorhandene Energie wird dann optimal genutzt. Beim Knochen sind in ganz intelligenter Weise stärker beanspruchte Stellen fester und härter ausgebildet, der Rest des Knochens bleibt hohl oder besteht aus leichten sogenannten Trabekeln. Dies sind kleine Bälkchen, welche sich immer nach den aktuellen Zug- und Druckbelastungen des Knochens anordnen. Hiermit wird große mechanische Robustheit mit geringem Gewicht kombiniert, was in der Technik in dieser Qualität bis heute unerreicht ist. Aus der Leichtbauweise resultiert, dass das Gesamtskelett lediglich zehn bis zwölf Prozent des gesamten Körpergewichts ausmacht.

Unsere Gelenke, die erst eine Bewegung ermöglichen, sind bewegliche Knochenverbindungen, die an ihren Enden mit Knorpeln überzogen sind. Diese Knorpel sind auf Druckfestigkeit ausgelegt. Die am stärksten druckbelasteten Zonen im Gelenk weisen auch die dicksten Knorpel auf. Zusätzlich wird das Gelenk meist von Gelenkbändern aus straffen Bindegewebszügen geschützt, verstärkt und zusammengehalten, sodass nur eine begrenzte Bewegung freigegeben ist, ohne die Gelenkflächen zu weit zu verschieben. Und da haben wir auch schon zwei Sollbruchstellen bei übermäßiger sportlicher Belastung. Das Ganze nennt sich dann Arthrose bei Überlastung der Knorpel oder zum Beispiel Kreuzbandriss bei Überdehnung eines der Bänder. Beides sind ja heute gängige Diagnosen.

Sieht man sich den Knochenmann von Abbildung 3.1 einmal genauer an, so dürfte dieser trotz seines freundlichen Lächelns eigentlich keinen aufrechten Gang bewerkstelligen können. Nicht nur, dass ihm der eigentliche Antrieb fehlt, es fehlt ihm auch die gesamte Stabilisierung für einen aufrechten Gang. Der arme Kerl müsste eigentlich aus rein statischen Gründen zu einem einzigen Häuflein Knochen zusammenfallen.

Die Skelettmuskulatur

Es fehlt ihm die Muskulatur, die zusammen mit dem Skelettsystem eine funktionelle Einheit bildet und zum sogenannten aktiven Bewegungsapparat zählt. Es gibt über 600 Skelettmuskeln. In der Literatur reichen die Angaben von knapp über 600 bis hin zu 656 Muskeln. Da müsste mal einer genau nachzählen. Ummantelt man unseren Knochenmann mit all seinen Muskeln, so sieht dieser gleich etwas kräftiger und auch stabiler aus (Abb. 3.2). Dadurch kann er sich in den verschiedensten Lagen stabil halten, ohne umzufallen.

Auch mit Muskeln – oder gerade wegen der Muskeln – kann ein Mensch nicht absolut still stehen, selbst wenn das manchmal nicht sichtbar ist. Seine Existenz ist von immerwährender Bewegung – Adaptieren, Balancieren und

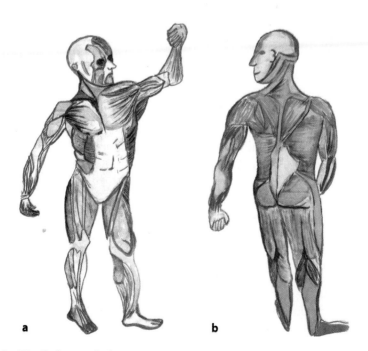

a   b

Abb. 3.2   Die Skelettmuskulatur

Koordinieren – geprägt. Rührt man ihn an oder wird er von einem Windstoß erfasst, so greifen sofort balancierend die Muskeln ein und sorgen dafür, dass sich wieder ein Gleichgewicht einstellt. Durch das ständige Eingreifen der Muskeln finden ein permanenter Stoffwechsel und auch ein Energieverbrauch statt.

Es wird somit nicht nur beim Laufen Energie verbraucht, sondern auch beim Stehen. Dabei ist der Energiebedarf beim Stehen höher als beim Sitzen, weil hier der Balanceaufwand der Muskeln einfach höher ist. Aus den gleichen Gründen ist auch der Energieverbrauch während des Sitzens größer als während des Liegens. Die Muskeln stabilisieren einerseits den gesamten Menschen bei all seinen unterschiedlichen Bewegungen. Andererseits dienen sie auch dem Schutz der inneren Organe. Aber dies ist noch lange nicht alles.

Vergleicht man die Abbildungen 3.1 und 3.2 miteinander, sieht man sofort, dass die Muskeln einen sehr großen Teil unserer gesamten Statur ausmachen. Die Muskulatur hat insgesamt einen Anteil von etwa 40 Prozent am Gesamtgewicht eines Menschen. Da dort immerwährend ein Stoffwechsel stattfindet, ist die Skelettmuskulatur auch das größte und wichtigste Stoffwechselorgan des Menschen überhaupt. Damit der Stoffwechsel aber stattfinden kann, muss die Muskulatur benutzt werden, das heißt, es ist Bewegung erforderlich. Von der bewegten Muskulatur werden fast 400 verschiedene Substanzen produziert. Diese sind Teil eines komplizierten Mechanismus, der tief in die Stoffwechselprozesse des Körpers eingreift. Über die größte Zeit der menschlichen Entwicklungsgeschichte war die Bewegung eigentlich immer in ausreichendem Maße gewährleistet. Die momentane Bewegungsarmut ist eigentlich erst eine „Errungenschaft" der Neuzeit mit all ihren negativen Folgeerscheinungen. Das bisher sinnvoll austarierte System kann bei unserer modernen Lebensweise binnen kürzester Zeit zusammenbrechen. Und auch der Krebs gilt mittlerweile als Zivilisationskrankheit, die bei Naturvölkern viel seltener auftritt. Während in den wohlhabenden Industrienationen jede zehnte Frau im Laufe ihres Lebens an Brustkrebs erkrankt, ist der Brustkrebs bei Naturvölkern, bei denen Bewegung noch zur Normalität gehört, fast unbekannt. Eine funktionierende Muskulatur kann durch ihren Stoffwechsel offenbar wie eine körpereigene Gesundheitsfabrik wirken. [71] Dazu aber noch später.

Muskelzelle

Nun zurück zu unserer Antriebstechnik und der hierfür erforderlichen Energie. In der nächsten Abbildung wird ein Teil eines Muskels betrachtet. [72]

Ein Muskel besteht aus Faserbündeln und diese setzen sich wiederum aus Muskelfaserzellen zusammen. Davon ist die kleinste Einheit die sogenannte Myofibrille, bestehend aus vielen hintereinander geschalteten Sarkomeren,

Abb. 3.3 Aufbau eines Muskels

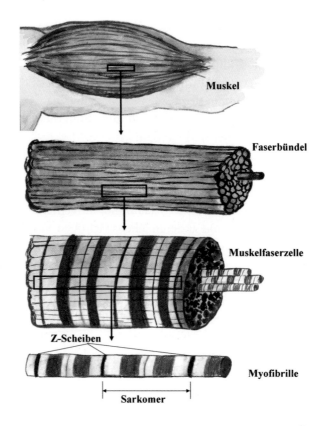

die sich bei der Anspannung des Muskels verkürzen. Man erhält damit einen Miniantrieb für eine lineare translatorische Bewegung. Durch Anspannung der Myofibrillen kontrahiert (verkürzt) sich letztendlich der gesamte Muskel (Abb. 3.3). So viel einstweilen zur Beschaffenheit eines Muskels. Weitere Details folgen in Kapitel 7„*Muscles for life*".

Die innere Energiequelle ATP

Die nächste Frage wäre jetzt: Woher kommt die für die Kontraktion notwendige Energie? Hierzu haben wir in unserem Körper einen Energiespender, der nicht nur die Energie für die Muskelarbeit, sondern auch für alle in den Zellen ablaufenden Prozesse liefert. Es handelt sich dabei um das Molekül ATP (Adenosintriphosphat), welches von allen Lebewesen als Energiequelle für die grundlegenden energieverbrauchenden Prozesse genutzt wird. Diese Energie wird beispielsweise auch zur Produktion von Magensäure oder anderen, etwas selteneren Erscheinungen wie das Leuchten von Glühwürmchenschwänzen benötigt. [73] Die Bindungen der drei Phosphate (Adenosintriphosphat) sind sehr energiereiche chemische Bindungen. Werden diese Bindungen durch Enzyme hydrolytisch (durch Reaktion mit Wasser) gespalten, entstehen zuerst das Adenosindiphosphat (ADP) und bei weiterer Spaltung das Adenosinmonophosphat (AMP) und ein Phosphatrest. Dabei wird Energie frei, die die Arbeitsleistung in den Zellen ermöglicht. Die Energie aus dem ATP ist sofort und unmittelbar verfügbar und muss hinterher aus anderen Energiespeichern wieder resynthetisiert werden.

Der menschliche Körper enthält zu einem Zeitpunkt etwa 80 Gramm ATP, was näherungsweise einer maximalen Energiemenge von etwa zwei Kilokarolien (kcal) entspricht. Diese darf aber keinesfalls für sportliche Betätigung voll aufgebraucht werden, da für die Aufrechterhaltung der Zellstrukturen, der Körperwärme und anderen lebenswichtigen Vorgängen die Anwesenheit ausreichender ATP-Mengen erforderlich ist. So kann schon ein ATP-Abfall von unter 40 Prozent des Ruhewertes zum Zelltod führen. Es werden somit Mechanismen benötigt, mit denen die verbrauchte Energie laufend immer wieder neu erzeugt wird. Ohne diese ständige Resynthese wären längere sportliche Leistungen wie ein Marathonlauf überhaupt nicht möglich. [73] Die oben angegebene Energiemenge von ungefähr zwei Kilokalorien pro 80 Gramm ATP wird nur bei der kompletten Spaltung des ATP in AMP frei. Die Spaltung von ATP in ADP liefert nur die Hälfte der gesamten möglichen Energie.

Weiterhin soll an dieser Stelle nicht unerwähnt bleiben, dass die hier verwendete Kilokalorie früher in der Physik als Maßeinheit für die Energie verwendet wurde. Heute wird hierfür im Rahmen der sogenannten SI-Einheiten nur noch das Joule benutzt. Wie wir alle wissen, hat sich speziell bei der Ernährung die Einheit Kilokalorie nicht ausrotten lassen. Man spricht hier immer noch von Kalorien beziehungsweise Kilokalorien für den Brennwert von Lebensmitteln. Im Warenverkehr der EU ist nach einer jüngsten Richtlinie von 2010 neben einer Angabe in Joule als Einheit der Energie eine zusätzliche Angabe in der Einheit Kalorie zulässig. Bei Lebensmitteln darf diese zusätzliche Angabe nur in Kilokalorien erfolgen. [74]

Für die Umrechnung gilt: 1 kcal entspricht 4186 Joule = 4,186 kJ.

Die Energie aus dem ATP wird frei, wenn das Molekül in seine energiearmen Grundbausteine zerlegt wird. Dabei wird zum Beispiel bei der Muskelarbeit ein großer Teil dieser Energie in Wärme umgewandelt, denn bei körperlicher Aktivität wird uns üblicherweise warm. Nur ungefähr ein Viertel der umgesetzten Energie wird als mechanische Energie für die Muskelarbeit zur Verfügung gestellt, während der Rest des Energieumsatzes in Form von Wärme verloren geht. Dies ergibt dann einen Wirkungsgrad von rund 25 Prozent, welcher in der ungefähren Größenordnung eines mäßigen Verbrennungsmotors liegt. [75]

Die Gleichung für die Energiegewinnung aus ATP hat die unten stehende Struktur, wobei für die Spaltung des ATP das Enzym ATP-ase benötigt wird.

$$ATP \rightarrow ADP + P_i + Energie \text{ (einschl. Wärme)}$$

Bei dieser einfachen Spaltung wird eine Energie von etwa 0,06 Kilojoule pro Gramm frei, dies entspricht 0,015 Kilokalorien pro Gramm ATP. Außer der Energie entstehen bei dieser chemischen Reaktion Adenosindiphosphat (ADP) und ein anorganisches Phosphat (P_i).

Die in Form von ATP im Körper vorhandene Energie reicht leider nur für einige wenige Muskelkontraktionen aus – oder zeitlich ausgedrückt steht uns diese nur für wenige Sekunden zur Verfügung. Da für die anderen lebenswichtigen Körperfunktionen ebenfalls ständig Energie benötigt wird, ist die permanente ATP-Gewinnung von fundamentaler Bedeutung. Für den durchschnittlich notwendigen Tagesverbrauch von ATP kann man leicht folgende Rechnung aufmachen:

Man kann den Grundumsatz eines Mannes zur Aufrechterhaltung seiner Lebensvorgänge überschlägig mit rund einer Kilokalorie pro Kilogramm Körpergewicht pro Stunde angeben. [73] Das ergeben am Tag 24 Kilokalorien pro Kilogramm Körpergewicht nur zum Leben (ohne Sport und zusätzliche Bewegung). Berücksichtigt man weiterhin die näherungsweise Angabe, dass 80 Gramm ATP etwa einem maximalen Energieinhalt von zwei Kilokalorien entsprechen, so braucht man für 24 Kilokalorien genau 960 Gramm ATP. Gerundet werden also pro Kilogramm Körpergewicht täglich etwa ein Kilogramm ATP nur zur Aufrechterhaltung der Körperfunktionen gebraucht.

Der tägliche ATP-Durchsatz wird bei zusätzlicher mehr oder weniger intensiver körperlicher Betätigung noch deutlich höher sein. Weiterhin darf nicht vergessen werden, dass bei der Spaltung von ATP in ADP (siehe obige Gleichung) nur die Hälfte der im ATP gespeicherten Energie frei wird. Dadurch ergibt sich ein weit höherer Bedarf an ATP als der oben angegebene. Diese Rechnung soll nur mal einen Eindruck über die Größenordnung der täglich benötigten Energie geben. [73, 76] So wie ständig Energie verbraucht wird, muss diese auch laufend neu erzeugt werden. Dadurch lässt sich auch unser permanenter Appetit auf Essen erklären, mit dem unser biochemisch arbeitender Organismus ständig gefüttert werden muss.

Energiespeicher Kreatinphosphat

Damit mit unseren zu einem beliebigen Zeitpunkt etwa gespeicherten 80 Gramm ATP nach wenigen Sekunden intensiver muskulärer Bewegung nicht Schluss ist, verfügt die Muskelzelle über einen weiteren, etwas größeren Energiespeicher, der auch sofort verfügbar ist. Es handelt sich dabei um das Kreatinphosphat (KP). Dieses kann gemäß folgender Gleichung ohne Umwege auf ein vorhandenes ADP übertragen werden:

$$KP + ADP \rightarrow Kreatin + ATP$$

Diese Reaktion läuft unter dem Enzym Kreatinkinase so schnell ab, dass das Kreatinphosphat als Sofortreserve für die Resynthese des ATP fungiert. Das Kreatinphosphat ist etwa in der drei- bis fünffachen Menge des ATP vorhanden, was im Mittelwert etwa einer Energie von acht Kilokalorien entspricht. Hiermit sind etwa 20 maximale Muskelkontraktionen in einem Zeitraum von bis zu zehn Sekunden möglich. Alles, was darüber hinaus an Energie benötigt wird, muss irgendwie anderweitig erzeugt werden.

Energiegewinnung durch Zerlegung der Nährstoffe

Als Nährstoffe bieten sich in erster Linie Fette, Kohlenhydrate und Eiweiße an. Die beiden Erstgenannten sind die eigentlichen Lieferanten für die von unseren Muskeln geforderte Arbeit. Die Eiweiße hingegen werden im Wesentlichen für den Zellaufbau benötigt. Speziell bei den Kohlenhydraten wird noch zwischen einem aeroben und einem anaeroben Stoffwechsel unterschieden. Aber alles der Reihe nach.

Mit unserem im Körper vorhandenen ATP und dem vorhandenen Kreatinphosphat haben wir, wie gesagt, für etwa zehn Sekunden weitgehend „volle Kraft". Aber was kommt danach? Als Nächstes greift die sogenannte anaerobe Glykolyse in das Geschehen ein. Dies bedeutet, dass ohne das Vorhandensein von Sauerstoff eine Resynthese von ATP vonstattengeht. Und dies geschieht relativ schnell, aber nicht ganz so schnell wie die direkte Nutzung der vorhandenen Energiespeicher von ATP und Kreatinphosphat.

Die Resynthese unserer Energie in Form von ATP ist nicht ganz trivial. Das ist Biochemie pur. Ich möchte einmal versuchen, die wichtigsten Dinge in stark vereinfachter Form darzustellen. Erstens vergisst man die relativ komplexen Vorgänge wieder und zweitens interessiert dies sicherlich nur eine Minderheit. Wichtig sind meines Erachtens die globalen Zusammenhänge. Im Gymnasium werden diese Stoffwechselprozesse im Biologieunterricht überraschend detailliert bis in die kleinste chemische Reaktion behandelt. Der alte Biologie-Abiturtrainer meiner Tochter ist auf den Seiten der anaeroben und aeroben Energiegewinnung ziemlich zerfleddert, was auf einen hohen Benutzungsgrad schließen lässt. Meine Frau wiederum hat beim Lesen des Manuskripts schon die oben stehenden Formeln der Energieerzeugung bemängelt. Es würde weder sie noch sonst jemanden in so detaillierter Form interessieren. Meistens hat sie recht; genau genommen hat sie eigentlich immer recht. Als wissenschaftlich denkender Mensch kann aber auch ich nicht aus meiner Haut heraus und habe nun versucht, nur die für das weitere Verständnis notwendigen Details aufzuzeigen. Sie hat es gütig akzeptiert; ihre weiteren Gedanken dazu habe ich vorsichtshalber nicht weiter hinterfragt. Nun aber weiter zur Sache.

Anaerobe Glykolyse

Zuerst setzt, wie schon erwähnt, die sogenannte anaerobe Glykolyse ein. Die hierfür erforderlichen Glucosemoleküle entstehen in den Verdauungsorganen durch Zerlegung der Kohlenhydrate, um dann anschließend in der Blutbahn zu landen. Danach gelangen diese in die Muskelzelle und werden dort entweder als Glykogen gespeichert, um bei einem späteren Ernstfall verfügbar zu sein, oder es können auch sofort unter dem Einsatz von zwei vorhandenen Molekülen ATP insgesamt vier Moleküle ATP erzeugt werden. Die Nettoausbeute sind somit nur zwei Moleküle ATP. Dies ist nicht viel (Abb. 3.4).

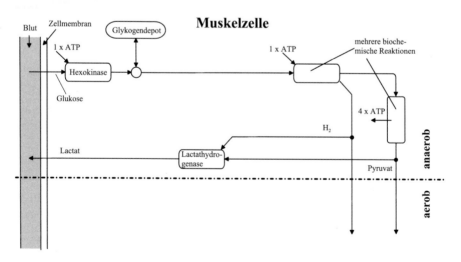

Abb. 3.4   Anaerobe Glykolyse (Prinzipdarstellung)

Aber das ist noch nicht alles. Bei der anaeroben Glykolyse entstehen auch noch Pyruvat und Wasserstoff (H_2). Dies sind im Prinzip die Eingangssubstanzen für die anschließend einsetzende aerobe, das heißt unter dem Einsatz von Sauerstoff ablaufende, Glykolyse. Aber am Anfang geht leider noch alles ohne Sauerstoff. Das Pyruvat und der Wasserstoff können deshalb zu Beginn ohne Sauerstoff nur in Lactat umgewandelt werden.

Durch das entstehende Lactat findet eine Übersäuerung der Muskulatur statt, sodass ab einem bestimmten Punkt die Muskelzelle aufhört zu arbeiten. Zum Glück dauert es eine Weile, bis es so weit ist. Das erzeugte Lactat gelangt nämlich auch in die Blutbahn und verteilt sich im ganzen Körper, sodass die ursprünglich vorhandene Konzentration und die daraus resultierende Übersäuerung des arbeitenden Muskels aufgrund des Lactats geringer werden. Das Lactat gelangt über das Blut auch in die Leber. Dort wird es wieder in Glykogen umgewandelt. Weiterhin können auch die weniger aktiven oder die ruhenden Muskeln das Lactat wieder in Pyruvat, den Ausgangsstoff der aeroben Glykolyse, umwandeln. Für letzteren Prozess wird jedoch ausreichend Sauerstoff benötigt. Wenn also genügend Sauerstoff vorhanden ist, kann das Lactat gewissermaßen recycelt werden. Es kann hierbei sogar ein Gleichgewicht („Steady-State") zwischen der Lactaterzeugung und der Lactatrecycling erzielt werden. Dieser Recyclingprozess versagt erst bei zu hoher muskulärer Belastung. In diesem Fall kann die anaerobe Glykolyse bei zu hohen Lactatwerten unter dem Eindruck der Erschöpfung stehen bleiben.

Aber es gibt glücklicherweise noch weitere Wege zur Energiegewinnung. Dies wären die *aerobe* Glykolyse (Kohlenhydratverbrennung) oder die ebenfalls aerob ablaufende Lipolyse, die Fettverbrennung. Letztere gibt es ausschließlich in der aeroben Variante. Dies bedeutet, dass für die aerobe Glykolyse und die Lipolyse ausreichend Sauerstoff vorhanden sein muss. Hierzu müssen wir uns zuerst einmal die Sauerstoffversorgung in unserem Körper näher ansehen.

Die Sauerstoffversorgung

Zentraler Mittelpunkt des Herz-Kreislauf-Systems ist der Herzmuskel selbst, welcher aus einer linken und rechten Herzhälfte besteht. Das Herz pumpt den Blutstrom durch den ganzen Körper, wobei man auch zwischen einem kleinen und einem großen Kreislauf unterscheidet. Der kleine Kreislauf wird auch Lungenkreislauf und der große Körperkreislauf genannt (Abb. 3.5).

Von der linken Herzkammer wird das von der Lunge mit Sauerstoff angereicherte Blut in den ganzen Körper gepumpt. Es strömt von der Aorta über die parallel geschalteten Gefäße durch alle Organe des menschlichen Körpers.

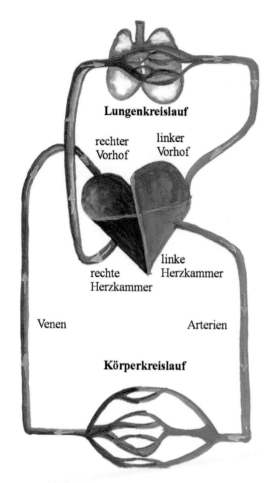

Lungenkreislauf

rechter Vorhof   linker Vorhof

rechte Herzkammer   linke Herzkammer

Venen   Arterien

Körperkreislauf

Anmerkung:
Die Blutbahnen, in denen das Blut vom Herzen weg fließt, heißen Arterien und die Blutbahnen in denen es ins Herz zurückfließt, heißen Venen.
Die Bezeichnung hat nichts mit dem Sauerstoffgehalt des Blutes zu tun

Abb. 3.5   Kleiner und großer Blutkreislauf [77]

Dabei spalten sich die großen Gefäße immer weiter bis in die feinen Kapillaren auf. Dort ist der Ort des Stoffaustauschs (Stoffwechsel) zwischen Blut und Zellen. Hier erfolgt die Abgabe von Sauerstoff und energiereichen Nährstoffen an das Gewebe. Gleichzeitig werden die Abfallprodukte des Stoffwechsels, unter anderem das Kohlendioxid (CO_2), aufgenommen und mit dem Blut abtransportiert. Man nennt das Ganze auch die „innere Atmung".

Das Blut kommt auf seinem Weg durch den Körper auch in den Darm und nimmt dort die einzelnen Bausteine der verdauten Nahrung auf. Danach geht es in die Leber. Hier werden die Giftstoffe, die über die Nahrung oder Atmung in das Blut gelangt sind, abgebaut und sozusagen entgiftet. Anschließend werden sie in der Niere aus dem Blut gefiltert und mit dem Harn ausgeschieden.

Schließlich gelangt dann das Blut in den rechten Vorhof des Herzens. Von dort wird es über die rechte Herzkammer in die Lunge gepumpt. Die Blutbahn verzweigt sich immer weiter bis in die kleinsten Arterien, die Arteriolen, die sich dann in die feinen Kapillaren aufspalten, welche die Alveolen umschließen. Die Alveolen sind sackartige Ausbuchtungen (Lungenbläschen). Sie sind der Ort des Gasaustauschs in der Lunge. Die Alveolen ergeben zusammen eine Atmungsfläche von 90 bis 150 Quadratmeter, was etwa der Hälfte der Fläche eines Tennisplatzes entspricht. Hier erfolgt die sogenannte „äußere Atmung". Das Kohlendioxid wird abgegeben und Sauerstoff aufgenommen. [78] Danach vereinigen sich die Kapillaren wieder zu immer größer werdenden Gefäßen und führen das mit Sauerstoff angereicherte Blut zum linken Vorhof des Herzens. Nun kann der beschriebene Kreislauf wieder von vorne beginnen.

Die Blutkapillaren haben einen Durchmesser von fünf bis 25 Mikrometer und eine Länge von einem halben bis vier Millimetern. Hintereinander geschaltet erhielte man ein Rohr von etwa 160.000 Kilometern Länge, was etwa der Hälfte der geringsten Entfernung von der Erde zum Mond entspricht. [78] Das ist eine astronomische Zahl, die in der Literatur natürlich variiert. Man kann nur sicher festhalten, dass die gesamte Blutbahn zusammengenommen viele Tausend Kilometer lang ist. Dies bedeutet auch, dass es eine gewisse Zeit dauert, bis das mit Sauerstoff angereicherte Blut dahin kommt, wo es aktuell dringend benötigt wird. Bei sportlicher Betätigung, etwa beim Laufen, wären das beispielsweise die Beinmuskeln. Die Sauerstoffversorgung der Muskeln kann somit nicht schlagartig erfolgen, sondern ist mit einer Verzögerungszeit behaftet. Dies führt dazu, dass alle aeroben Prozesse im Muskel, das heißt alle mit Sauerstoff verbundenen Vorgänge, zeitverzögert ablaufen. Auch der Stoffwechsel sowohl in der Lunge als auch in den arbeitenden Muskeln geschieht nicht ohne Verzögerung. Das alles dauert seine Zeit.

Bei maximaler Belastung kann der Blutbedarf in den Muskeln auf das über 15-Fache gegenüber dem Ruhewert steigen. Dies ist dann nur durch eine erhöhte Pumpleistung des Herzens möglich. Das Herz schlägt deutlich schneller. Im Grenzbereich lässt sich der Sauerstoffbedarf der Muskeln über das Blut nur dadurch erreichen, dass andere Systeme, wie beispielsweise die inneren Organe, ihren Blutbedarf herunterschrauben. Der dortige Blutbedarf wird in diesem Fall auf ein Fünftel des normalen Bedarfs gesenkt. Dies ist von unserem Schöpfer für die Flucht, wenn es letztendlich um Leben oder Tod geht, extra so vorgesehen worden. Ohne dem 5. Kapitel vorgreifen zu wollen, ist hier schon erkennbar, dass solche hohen Belastungen im Normalfall gesundheitlich sicher nicht förderlich sind.

Mitochondrien

Die aerobe, also die mithilfe von Sauerstoff ablaufende Energieversorgung findet in den sogenannten Mitochondrien statt. Das sind die eigentlichen Kraftwerke, die sich in der Muskelzelle, nahe den sich kontrahierenden Myofibrillen befinden.

Abbildung 3.6 zeigt eine elektronenmikroskopische Aufnahme eines aeroben Muskels eines Tieres. Die Mitochondrien, welche die Myofibrillen mit Energie versorgen, sind dabei deutlich zu erkennen. [79] Besonders viele Mitochondrien befinden sich in Zellen mit hohem Energieverbrauch; das sind Muskelzellen, aber auch Nervenzellen, Sinneszellen und Eizellen. In Herzmuskelzellen erreicht der Volumenanteil von Mitochondrien 36 Prozent. Ihre Abmessungen sind etwa 0,5 bis zwei Mikrometer (μm). Mitochondrien vermehren sich durch Wachstum, ihre Anzahl wird dem Energiebedarf der Zelle angepasst. [80] Das bedeutet, dass durch eine trainingsbedingte Steigerung der Leistungsfähigkeit auch die Zahl der Mitochondrien steigt. Sie bilden letztendlich das Zentrum der aeroben Energiegewinnung. Diese kann sowohl über die Verbrennung der Kohlenhydrate (aerobe Glykolyse) als auch über die Verbrennung von Fetten (Lipolyse) erfolgen.

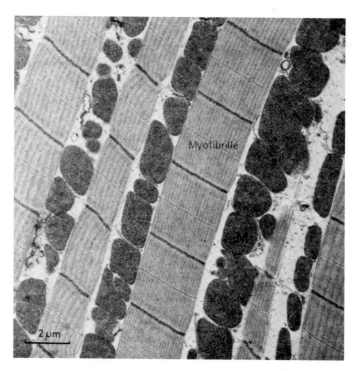

Abb. 3.6 Muskelzelle mit Mitochondrien (M) [79]

Aerobe Glykolyse

Bei der anaeroben Glykolyse erhält man aus einem Molekül Glucose neben einer Ausbeute von zwei Molekülen ATP zwei Moleküle Pyruvat und einige Wasserstoffatompaare (H_2). Beides wird nun in der aeroben Glykolyse weiterverarbeitet (Abb. 3.7). Dort wird jetzt kein Lactat mehr gebildet und der betroffene Muskel kann somit auch nicht mehr „sauer" werden.

Hinzu kommt, dass bei der aeroben Glykolyse die Ausbeute eines Glukosemoleküls deutlich höher ist. Das Pyruvat und der Wasserstoff durchlaufen in dem Mitochondrium eine Reihe biochemischer Vorgänge. Am Ende werden allein bei der aeroben Glykolyse insgesamt 36 Moleküle ATP gebildet. Dies schaut dann schon deutlich besser aus als bei der mickrigen anaeroben Glykolyse. Wichtige Bestandteile zum Funktionieren des Ganzen sind der Zitronensäurezyklus und die Atmungskette. Der Zitronensäurezyklus oder Citratzyklus ist ein Kreisprozess, bei dem aus dem Eingangsstoff, der aktivierten Essigsäure, zusammen mit dem dort vorhandenen Oxalacetat unter Abgabe von Energie in Form von ATP wieder Oxalacetat entsteht.

Die Atmungskette braucht, wie schon der Name ahnen lässt, unbedingt Sauerstoff. Der Wasserstoff wird dort auf den verfügbaren Sauerstoff übertragen, wodurch Wasser entsteht. Dieser Prozess liefert dann die Energie in Form von ATP. Das Wasser wird aus dem Mitochondrium der Muskelzelle in die Blutbahn abgegeben. Ohne oder auch mit zu wenig Sauerstoff kann der vorhandene Wasserstoff weder weiterverarbeitet noch abgeführt werden. Die Atmungskette und schließlich auch der Zitronensäurezyklus würden verstopfen. Man bekommt im wahrsten Sinne des Wortes nicht genügend Luft und die Energieerzeugung reduziert sich wieder auf die anaerobe Glykolyse. Es bildet sich wieder Lactat, die Muskeln werden sauer und Erschöpfung tritt ein. Die Belastung muss letztendlich reduziert werden.

Reaktionsgleichung für die Oxidation von Glucose

Ohne auf weitere Details eingehen zu wollen, möchte ich noch die chemische Reaktionsgleichung für die Oxidation von Glucose ($C_6H_{12}O_6$) angeben. Diese lautet in einfacher Form:

$$C_6H_{12}O_6 + 6\,O_2 \rightarrow 6\,CO_2 + H_2O + \text{Energie}$$

Daraus ist erkennbar, dass zur Oxidation von einem Molekül Glucose, sechs Moleküle Sauerstoff benötigt werden. Neben der in einem Molekül Glucose befindlichen Energie werden noch sechs Moleküle Kohlendioxid und ein Molekül Wasser frei. Aus der obigen Gleichung ist auch ersichtlich, dass bei der

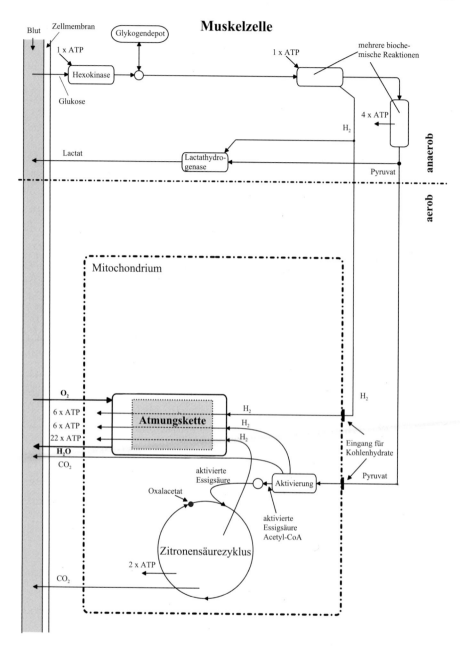

Abb. 3.7 Aerobe und anaerobe Glykolyse

aeroben Glykolyse die gleiche Menge Kohlendioxid anfällt, wie Sauerstoff in den Prozess hineingesteckt wurde. Das ist, wie wir noch sehen werden, ein wichtiger Unterschied zu der nun folgenden Lipolyse.

Lipolyse (Fettverbrennung)

Ein weiterer sehr wichtiger Nährstoff zur Energieerzeugung sind die Fette, besser gesagt die im Körper vorhandenen Fettsäuren. Die Verbrennung von Fetten, die sogenannte Lipolyse, läuft grundsätzlich aerob, also unter dem Einfluss von Sauerstoff ab. Eine Bildung von Lactat, die zu einer Übersäuerung der Muskulatur führen kann, ist hiermit ausgeschlossen. Hinzu kommt, dass unser Fettreservoir riesig und auch deutlich größer als unsere gespeicherten Glucosevorräte ist. Ein Marathonlauf wäre ohne unsere Fettreserven rein technisch überhaupt nicht möglich. Manchem von uns sieht man seine Speicher auch schon rein äußerlich an. Die Fettverbrennung ist deshalb der Vorgang, den sich viele sehnsüchtig wünschen. Die Lipolyse sollte möglichst oft aktiv werden und durch ihr Tun die Pfunde purzeln lassen. Schauen wir uns die Dinge einmal in Ruhe an (Abb. 3.8).

Die Fettsäure aus dem Blut muss zuerst einmal mithilfe von Energie aktiviert werden. Für ein Palmitinsäuremolekül sind hierfür zwei Moleküle ATP erforderlich. Es entsteht dadurch die sogenannte aktivierte Fettsäure Acyl-CoA. In dieser Form lässt sich das Fettmolekül in das Mitochondrium einschleusen. In jedem einzelnen Mitochondrium laufen nun wieder eine Menge biochemischer Prozesse ab. Der gesamte Vorgang schaut fast noch etwas komplizierter aus als bei der aeroben Glykolyse. Es kommt zum Zitronensäurezyklus und zur Atmungskette hier noch die sogenannte Beta-Oxidation hinzu.

Diese hat nichts mit dem ursprünglichen Begriff der Oxidation zu tun, mit dem man eine chemische Reaktion eines Stoffes mit Sauerstoff üblicherweise bezeichnet. Es werden damit auch Reaktionen beschrieben, bei denen einer Verbindung Wasserstoffatome entzogen werden. Im erweiterten Sinn bedeutet Oxidation das Abgeben von Elektronen. Die Beta-Oxidation entzieht der Fettsäure letztendlich Wasserstoffatompaare ganz ohne den Einfluss von Sauerstoff.

Insgesamt gesehen werden bei der Lipolyse aus einem Molekül Fettsäure 131 Moleküle ATP gewonnen. Zwei Moleküle müssen bei der Aktivierung der Fettsäure geopfert werden, sodass am Ende eine Ausbeute von 129 Molekülen ATP verbleibt. Das ist deutlich mehr als bei der aeroben Glykolyse. Ein Fettmolekül ist schließlich größer als ein Glucosemolekül und enthält damit auch mehr Energie.

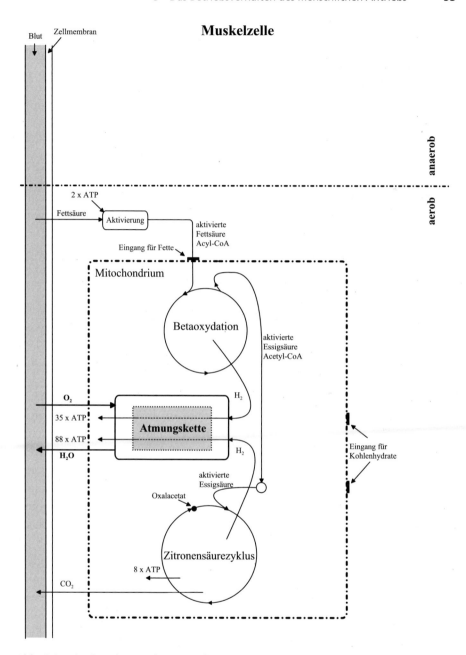

Abb. 3.8   Lipolyse (Fettverbrennung)

Reaktionsgleichung für die Oxidation von Fettsäure

Auch hier möchte ich die chemische Reaktionsgleichung für die Oxidation von Palmitinsäure ($C_{14}H_{32}COOH$) angeben. Diese lautet:

$$C_{14}H_{32}COOH + 23\,O_2 \rightarrow 16\,CO_2 + 16\,H_2O + \text{Energie}$$

Zur Oxidation von einem Molekül Palmitinsäure werden 23 Moleküle Sauerstoff benötigt. Neben der in einem Molekül Palmitinsäure befindlichen Energie werden noch 16 Moleküle Kohlendioxid und 16 Moleküle Wasser frei. Das Bemerkenswerte ist hier, dass im Unterschied zur aeroben Glykolyse weniger Kohlendioxid entsteht, als Sauerstoff hineingesteckt wurde.

Mithilfe der sogenannten Spiroergometrie kann man ermitteln, ob mehr Sauerstoff aufgenommen als Kohlendioxid abgegeben wird. Dadurch lässt sich messtechnisch feststellen, ob momentan mehr eine Fett- oder mehr eine Kohlenhydratverbrennung stattfindet. Nachteilig ist das relativ komplizierte Messverfahren, das nur sinnvoll am Fahrradergometer oder am Laufband in Verbindung mit einer Sauerstoffmaske und mehreren Messgeräten möglich ist.

Vergleich der Effizienz der beiden Verfahren

Bei der Lipolyse werden mit 23 Molekülen Sauerstoff (O_2) genau 129 Moleküle ATP erzeugt. Bei der aeroben Glykolyse werden dagegen, wie wir schon weiter oben gesehen haben, aus sechs Molekülen Sauerstoff 36 Moleküle ATP erzeugt. Rechnet man bei der aeroben Glykolyse hoch, wie viel Moleküle ATP ebenfalls beim Einsatz von 23 Molekülen Sauerstoff erzeugt würden, so ergeben sich mithilfe des Dreisatzes genau 138 Moleküle ATP. Dies bedeutet, dass die aerobe Glykolyse bezüglich des Sauerstoffverbrauchs merkbar effektiver ist als die Lipolyse. Dies führt dann letztendlich auch dazu, dass der Körper bei höheren Belastungen automatisch auf die effektivere Kohlenhydratverbrennung umschaltet. Dazu aber noch später.

Oxalacetat

Zum Funktionieren des Zitronensäurezyklus muss zuallererst Oxalacetat vorhanden sein, welches schließlich nach einem Durchlauf am Ende wieder gebildet wird. Oxalacetat ist eine wichtige Zwischensubstanz bei dem Stoffwechselvorgang im Zitronensäurezyklus. Aber woher kommt das Oxalacetat für den allerersten Durchlauf? Ist das Problem mit dem Henne-und-Ei-Problem vergleichbar? Was war zuerst da, die Henne oder das Ei? Dies führt meist zu langatmigen, aber ergebnislosen Diskussionen. Anders ist es hier beim Oxalacetat. Hier gibt es eine Lösung. Dazu sollen nun beide Verbrennungsarten (Glykolyse und Lipolyse) gemeinsam in einem Bild betrachtet werden (Abb. 3.9).

Aus Abbildung 3.9 wird eigentlich schon deutlich, dass beide aeroben Verbrennungsarten in der Regel parallel zueinander ablaufen. Es gibt aber auch Situationen, bei denen die eine oder die andere Verbrennungsart dominiert oder auch fast alleinig abläuft.

Randle-Zyklus

Das für die Verbrennung im Zitronensäurezyklus notwendige Oxalacetat kann über einen zusätzlichen „Nebenweg", den sogenannten Randle-Zyklus, zur Verfügung gestellt werden (Abb. 3.9). Pyruvat wird dort direkt zu Oxalacetat metabolisiert. Das hierfür notwendige Pyruvat wird einzig und allein durch die anaerobe Glykolyse gewonnen. Dadurch werden die Kapazität des Zitronensäurezyklus und somit die aerobe Leistungsfähigkeit der Muskelzelle erhöht. Diese Beziehung zwischen einer hohen Fettsäure-Verbrennungsrate und der Bildung von Oxalacetat aus der Glykolyse hat zu der klinischen Erfahrung geführt: „Die Fette verbrennen im Feuer der Kohlenhydrate." [81]

Diesen Satz muss man auch unter dem Gesichtspunkt sehen, dass sowohl Pyruvat als auch Oxalacetat ein Ausgangsstoff für die sogenannte Gluconeogenese, die Neubildung von Glucose, ist. Die springt immer dann an, wenn der Blutzucker abzufallen droht und deswegen akute Gefahr für die Organe besteht, die unbedingt Glucose brauchen (z. B. das Gehirn). Es ist somit nur zu verständlich, dass die Gluconeogenese unbedingten Vorrang hat. Wenn also die Fettverbrennung ungestört ablaufen soll, dann muss Glucose in ausreichender Menge vorhanden sein.

Wie viel Energie haben wir in unserem Tank?

Schauen wir uns mal unsere Vorräte an Kohlenhydraten und Fetten an, so sind diese sicherlich bei jedem unterschiedlich verteilt. In der Sportmedizin gibt es aber einige überschlägige Angaben, welche Folgendes besagen:

Bei normaler gemischter Kost enthält ein Kilogramm Muskel bis zu 15 Gramm Glykogen. Die Muskelmasse macht, wie schon gesagt, etwa 40 Prozent des Körpergewichts aus. Geht man nun von einem Mann mit

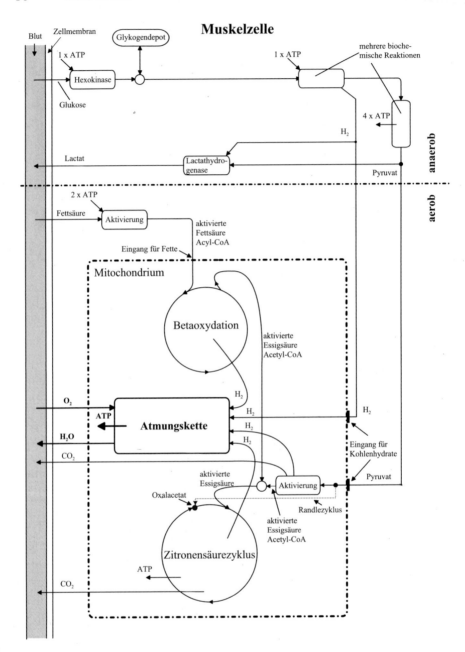

Abb. 3.9   Glykolyse und Lipolyse (Gesamtdarstellung)

80 Kilogramm Körpergewicht aus, dies ist etwa meine Gewichtsklasse, so sind in 32 Kilogramm Muskulatur etwa 480 Gramm Glykogen enthalten. Zusätzlich sind in der Leber noch etwa 100 Gramm Glykogen gespeichert. Bei dem oben angenommenen Körpergewicht kann man deshalb von maximal rund 600 Gramm Glykogen ausgehen. Ein Gramm Glykogen bindet weiterhin etwa drei Gramm Wasser. So ergibt sich bei Sportlern mit vollgefüllten Glykogenspeichern ein Mehrgewicht, bestehend aus Glykogen und Wasser, von rund zwei bis zweieinhalb Kilogramm. Dieses Zusatzgewicht an „Muskelfutter" sollten wir ohne zu meckern akzeptieren.

Ein mit 600 Gramm vollgefüllter Glykogenspeicher beinhaltet bei 17 Kilojoule pro Gramm eine Gesamtenergie von rund 10.000 Kilojoule. Nimmt man nun einen Jogger, der mit einer Durchschnittsgeschwindigkeit von neun Stundenkilometern läuft, was eher langsam als schnell ist, so würde dieser für die Marathonstrecke etwa vier Stunden und 40 Minuten brauchen. Einer Tabelle aus dem Internet (www.jumk.de/bmi/kalorienverbrauch.php), anhand derer man den Kalorienverbrauch bei verschiedenen Tätigkeiten ermitteln kann, ist entnehmbar, dass der Energieverbrauch bei dieser Laufgeschwindigkeit und einem Körpergewicht von 80 Kilogramm bei ca. 3015 Kilojoule pro Stunde liegt. [82] Der Energieverbrauch für die gesamte Strecke läge dann rein rechnerisch bei über 14.000 Kilojoule. Das heißt, nur bei Verwendung der Glykogenspeicher kann das schon mathematisch gesehen nicht funktionieren. Hinzu kommt, dass das Glykogen aus den Armmuskeln den zum Laufen notwendigen Beinmuskeln nicht zur Verfügung steht. Ebenso ist unser Gehirn zum ordnungsgemäßen Funktionieren ausschließlich auf Glucose als Kraftstoff angewiesen. Also müssen für eine größere Laufstrecke auf jeden Fall die Fette ran.

Für unsere Fettreserven mit dem leicht mobilisierbaren Depotfett kann man überschlägig rund zehn Prozent der Körpermasse ansetzen. Dies wären bei 80 Kilogramm Gewicht 8000 Gramm Depotfett. Multipliziert man diese Masse mit dem Energieinhalt von Fett, der etwa 39 Kilojoule pro Gramm entspricht, und addiert hierzu noch ca. 12.500 Kilojoule Energie aus dem intramuskulärem Fett, so erhält man eine durchschnittliche im Körperfett gespeicherte Energie von etwa 325.000 Kilojoule. Damit ist ein Triathlon und sogar noch mehr möglich. [73] Der Energiegehalt der Fette ist in diesem Fall somit über 32 Mal größer als der Energiegehalt der Kohlenhydrate. Üblicherweise liegt dieser Faktor zwischen 30 und 50. Dies bedeutet, unser hauptsächlicher Energiespeicher besteht zu 97 bis 98 Prozent aus Fetten.

Energieflussrate

Rein äußerlich sieht es auf der einen Seite so aus, als würde mit der Fettverbrennung mehr Energie gewonnen. Das liegt aber nur daran, dass das Fettmolekül energiereicher ist und wir auch mehr davon in uns haben. Auf der anderen Seite kommt bei der Lipolyse noch die Beta-Oxidation hinzu, die mehrfach durchlaufen werden muss, was einen zusätzlichen zeitlichen Aufwand bedeutet. Weiterhin muss der Sauerstoff über den kilometerlangen Blutkreislauf zum richtigen Zeitpunkt an der richtigen Stelle sein. All das dauert. Da stecken größere Verzögerungszeiten dahinter, die einer schnellen Verfügbarkeit der Energie aus dem Fettdepot eher hinderlich sind.

Bedeutsam sind somit die Fragen, wie viel Energie lässt sich in möglichst kurzer Zeit gewinnen und wie schnell kriegen wir unsere Energiegewinnung in Gang. Je schneller wir beispielsweise laufen, desto mehr Energie brauchen wir je Zeiteinheit. Die Energieflussrate ist also ein wichtiges Kriterium für unsere muskuläre Leistungsfähigkeit. Zur Erinnerung sei angemerkt, dass physikalisch gesehen die Leistung Energie pro Zeiteinheit ist. Energie können wir offenbar genügend erzeugen; wir müssen sie nur schnell genug herkriegen.

Jede der vier oben beschriebenen Methoden der Energiegewinnung geht unterschiedlich schnell vonstatten und hat somit unterschiedliche Energieflussraten. Im Wesentlichen bestimmt die geforderte Belastungsintensität die entsprechende Energiebereitstellung.

Die Geschwindigkeit der Energiebereitstellung ist bei der Spaltung des Kreatinphosphats am größten und nimmt bei der anaeroben Glykolyse, der aeroben Glucoseverbrennung sowie der Fettverbrennung um jeweils etwa die Hälfte ab (Abb. 3.10). [75] Dafür nimmt der Energieinhalt ungefähr in der gleichen Reihenfolge zu.

Man kann die Gegebenheiten aus Abbildung 3.10 folgendermaßen zusammenfassen:

1. Vorhandenes ATP und Kreatinphosphat
   In den ersten Sekunden einer muskulären Tätigkeit steht einerseits ATP direkt zur Verfügung. Es kann aber auch ohne weitere Umwege durch schnelle Spaltung von Kreatinphosphat zur Verfügung gestellt werden. Die Energieflussrate ist die verfügbare Energie pro Zeiteinheit. Erinnern wir uns daran, dass unser Kreatinphosphatspeicher einen Energiegehalt von etwa acht Kilokalorien aufweist. Wenn wir diese in den ersten acht Sekunden „verbraten", dann lässt sich daraus in etwa eine Energieflussrate von 1000 Watt in den ersten Sekunden abschätzen. Dies ist nur ein grober Anhaltspunkt bezüglich der Größenordnung und unterliegt großen individuellen Schwankungen. Weiterhin dürfen wir wegen der Aufrechterhaltung unse-

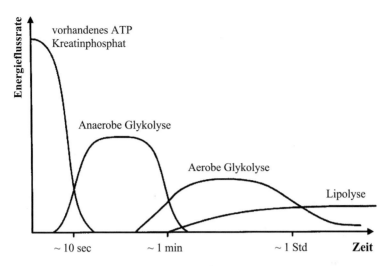

Abb. 3.10   Prinzipielle Energieflussraten der verschiedenen Energiegewinnungsmethoden [75]

rer lebenswichtigen Vorgänge unser vorhandenes ATP nicht ganz aufbrauchen.

2. Anaerobe Glykolyse

   Mit einer kurzen Verzögerungszeit von wenigen Sekunden greift dann als Nächstes die anaerobe Glykolyse in das Geschehen ein. Diese hat wegen der erforderlichen chemischen Prozesse und der dadurch resultierenden Zeitverzögerungen nur etwa die halbe Energieflussrate gegenüber der Kreatinphosphatspaltung und steht uns bei maximaler Ausbeute nur für rund 40 bis 60 Sekunden zur Verfügung. Die Begrenzung ist durch den Lactatanstieg gegeben. Bei zu hohen Werten übersäuert der Muskel und die Belastung muss abgebrochen werden.

3. Aerobe Glykolyse

   Der nächste Energielieferant ist die aerobe Glykolyse. Hierzu muss nach der Aktivierung der Essigsäure mehrfach der Zitronensäurezyklus und die Atmungskette durchlaufen werden. Das dauert seine Zeit. Weiterhin wird unbedingt Sauerstoff benötigt, der erst noch an die richtige Stelle, an die momentan arbeitende Muskulatur, transportiert werden muss, was eine nicht zu vernachlässigende Anlaufzeit bedeutet. Zum Anlauf dieses Prozesses können etwa 40 bis 60 Sekunden veranschlagt werden.

   Für die maximale Energieflussrate kann man wieder Abschätzungen treffen, die auch von der maximalen individuellen Sauerstoffaufnahme $\dot{V}_{O2max}$ abhängt. Für einen weniger gut trainierten „Normalo" kann man rein überschlägig auf etwa 250 Watt kommen, was etwa einem Viertel des Energieflusses bei der Spaltung des Kreatinphosphats entspricht. Wegen des begrenzten Glykogenvorrats ist die aerobe Glykolyse auf eine Laufzeit von ca. 60 bis 90 Minuten begrenzt.

4. Lipolyse

Schließlich haben wir noch die Lipolyse, die Fettverbrennung. Fette sind zwar genügend da. Im Gegensatz zur aeroben Glykolyse kommt hier jedoch noch die Beta-Oxidation dazu. Diese muss mehrfach durchlaufen werden und auch der Zitronensäurezyklus muss öfter als bei der aeroben Glykolyse abgearbeitet werden. Weiterhin muss auch hier genügend Sauerstoff an der arbeitenden Muskelzelle zur Verfügung stehen. Das dauert wieder alles seine Zeit und führt zu einer abermals niedrigeren Energieflussrate. Diese entspricht dann etwa der Hälfte der Energieflussrate der aeroben Glykolyse. Bei entsprechend angepasster Belastung kann die Lipolyse stundenlang aufrechterhalten werden. Schließlich ist dies die hauptsächliche Energiequelle der Marathonläufer. Es müssen nur genügend Kohlenhydrate zur Aufrechterhaltung des Zitronensäurezyklus vorhanden sein.

Die beschriebenen Energiegewinnungsmethoden treten nicht streng zeitlich hintereinander auf, sondern können nach dem Anlaufen der aeroben Vorgänge – was eine gewisse Zeit benötigt – auch parallel genutzt werden. Würde ein im Fettverbrennungsmodus laufender Marathonläufer einen Zwischensprint machen, müsste er unweigerlich die aerobe oder sogar kurzzeitig die anaerobe Glykolyse oder vielleicht beides in Anspruch nehmen. Es gelten dann wieder die dortigen Begrenzungen.

Speziell beim Marathonlauf gibt es noch ein weiteres Phänomen, welches in einschlägigen Kreisen als „Lauf gegen eine Mauer" oder als „Dampfhammer" bezeichnet wird. Im Radsport und beim Skilanglauf spricht man dann vom sogenannten „Hungerast". Der Fall tritt genau dann ein, wenn die Kohlenhydrate weitgehend aufgebraucht sind. Wie wir schon gesehen haben, reichen die in uns gespeicherten Vorräte der Kohlenhydrate nicht für einen ganzen Marathonlauf aus. Sie gehen bei dem einen eher und bei dem anderen später irgendwann zu Ende. Der Körper muss dann zwangsläufig auf alleinige Fettverbrennung umstellen. Die Energieflussrate der Fette ist, wie schon aus Abbildung 3.10 zu sehen ist, deutlich niedriger. Hinzu kommt, dass Fette nicht so effizient wie Kohlenhydrate verbrannt werden können. Es tritt somit eine plötzliche Ermüdung ein, der schon erwähnte „Lauf gegen eine Mauer". Daher muss jetzt zwangsläufig das Tempo gedrosselt werden.

Einen Marathonlauf steht derjenige am erfolgreichsten durch, der seine Fähigkeit ausbaut, Kohlenhydrate zu speichern und diese über einen größtmöglichen Zeitraum verteilen kann. Man sollte deshalb einen Langstreckenlauf sehr langsam angehen, zumindest langsamer als das geplante durchschnittliche Marathontempo. Die amerikanischen Leistungsdiagnostiker Donald Mahler und Jacob Luke haben Studien bei Marathonläufern durchgeführt und dabei festgestellt, dass diese in den ersten fünf Minuten des Rennens bereits bis zu 20 Prozent ihrer gesamten Glykogenvorräte aufgebraucht hatten. Die Ursache war hierbei ein zu schneller Beginn, bei dem das Tempo im anaeroben Bereich lag. Die dabei verbrauchten Kohlenhydrate fehlten dann letztendlich auf den entscheidenden Kilometern des Rennens. [83]

Problem Sauerstoff

Bei längeren muskulären Tätigkeiten, welche den aeroben Stoffwechsel erfordern, ist der verfügbare Sauerstoff das begrenzende Medium. Wie wir oben schon gesehen haben, wird bei der Kohlenhydrat- und bei der Fettverbrennung für die gleiche Menge Energie unterschiedlich viel Sauerstoff benötigt. Diesen Zusammenhang kann man auch in Kilokalorien pro Liter Sauerstoff angeben. Mit Kohlenhydraten können mit einem Liter Sauerstoff fünf Kilokalorien Energie erzeugt werden. Bei der Fettverbrennung dagegen können nur 4,7 Kilokalorien pro Liter Sauerstoff gewonnen werden. Die Kohlenhydratverbrennung ist somit effektiver als die Fettverbrennung. Deshalb werden Belastungen mit geringer Intensität und daher geringem Aufwand für den Sauerstofftransport energetisch durch die Fettverbrennung abgedeckt. Wird die Belastung deutlich höher, muss auf die ökonomischere Kohlenhydratverbrennung umgestellt werden. Es entscheidet letztendlich die Belastungsintensität, welche der beiden aeroben Energiequellen momentan verwendet wird. [73]

Die maximale Sauerstoffaufnahme

Die maximale Sauerstoffaufnahme $\dot{V}_{O2max}$ steht für die maximale Menge an Sauerstoff, die ein Mensch unter Belastung aufnehmen, transportieren und in den Zellen verwerten kann. Es geht hier nicht nur um die Lungenfunktion, sondern auch um die Fähigkeit des Blutes, genügend Sauerstoff dorthin zu transportieren, wo er gebraucht wird, und schließlich auch um die Sauerstoffausschöpfung, das heißt den Stoffwechsel der arbeitenden Muskelzelle. Gemessen wird die maximale Sauerstoffaufnahme in der Literanzahl Sauerstoff, die der Körper pro Minute aufnehmen kann. Die absolute Sauerstoffaufnahmekapazität hat jedoch den großen Nachteil, dass sich die Werte nicht vergleichen lassen. Aus diesem Grund greift man heute oft zur aussagekräftigeren relativen $\dot{V}_{O2max}$ Die relative $\dot{V}_{O2max}$ gibt an, wie viele Milliliter Sauerstoff pro Kilogramm Körpergewicht in einer Minute aufgenommen (ml O_2/min/kg) und verarbeitet werden können.

In diesem Zusammenhang taucht die Frage auf, in welcher Größenordnung liegen übliche Werte der maximalen Sauerstoffaufnahme einerseits für Leistungssportler und andererseits für Normalsterbliche? In der Fachwelt besteht weitgehend Einigkeit darin, dass hochtrainierte männliche Top-Ausdauerathleten einen $\dot{V}_{O2max}$-Wert zwischen 70 und 80 ml/min/kg erreichen können. Wer als Mann im Bereich von 50 bis 60 ml/min/kg liegt, darf sich zu den gut trainierten Sportlern zählen, während weniger gut ausdauertrainierte Männer meist auf Werte zwischen 30 und 40 ml/min/kg kommen. Bei Frauen liegen die Werte aufgrund anatomischer Unterschiede im Schnitt rund zehn Prozent unter denen der Männer. [84]

Energiegewinnung in Abhängigkeit von der Belastung

Die maximale Sauerstoffaufnahme $\dot{V}_{O2max}$ korreliert mit der maximalen Belastung und ist eine Standardmessgröße der aeroben Leistungsfähigkeit. Bei kleineren, sogenannten submaximalen Belastungen sind deshalb auch nur Teile der maximalen Sauerstoffaufnahme erforderlich. Die aktuelle Sauerstoffaufnahme kann somit als Maß für die momentane individuelle Belastung dienen.

Oben haben wir gesehen, dass Kohlenhydrate und Fette die Hauptlieferanten für unsere Energie sind. Das kann man noch etwas feiner unterteilen. Bei den Kohlenhydraten haben wir einerseits die Glucose im Blut und das Glykogendepot direkt im Bereich der Muskulatur. Bei den Fetten kann man ebenfalls grob zwischen Fettsäuren im Blutplasma und den Fettzellen im Muskelgewebe unterscheiden. Beides soll im Weiteren lapidar als Blut- bzw. Muskelfett bezeichnet werden.

In einer Studie von J. A. Romijn und einigen weiteren Wissenschaftlern aus Texas, USA, wurde eine Gruppe von acht ausdauertrainierten Damen während eines Trainings mit einer Belastung von 25 bis 85 Prozent der maximalen Sauerstoffaufnahme untersucht. Das Ergebnis dieser Untersuchungen zeigen die nächsten Abbildungen. Bei niedriger Belastung dominiert eindeutig die Fettverbrennung und da wiederum steht die Energiegewinnung aus den Fettsäuren des Blutplasmas im Vordergrund. Mit steigender Belastung nimmt dann auch die Verbrennung der Muskelfettzellen zu. [85]

Die Energiegewinnung aus Kohlenhydraten ist bei niedriger Belastung nicht stark ausgeprägt. Die Glucose aus dem Blutplasma liefert über den gesamten Bereich eine gewisse Grundversorgung. Mit steigender Belastung wird überwiegend das Muskelglykogen, das heißt der Energiespeicher vor Ort, mit herangezogen. Die Messungen von Romijn und Co. wurden nur bis zu einer Belastung von 85 Prozent der maximalen Sauerstoffaufnahme durchgeführt. Bei sehr hoher Belastung wird die Messung mit der in der Studie

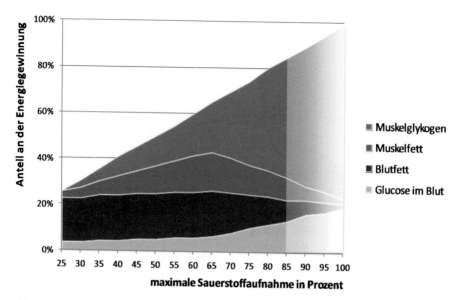

Abb. 3.11 Anteil der Energiegewinnung in Abhängigkeit von der maximalen Sauerstoffaufnahme

verwendeten indirekten Kalorimetrie sehr schwierig. Deshalb habe ich die aus der Studie vorliegenden Ergebnisse bis $\dot{V}_{O2max}$ = 100 Prozent linear extrapoliert. Der Bereich der Abbildungen rechts von 85 Prozent basiert somit nicht auf tatsächlichen Messdaten und ist deshalb in Abbildung 3.11 besonders gekennzeichnet.

Fakt ist, dass die Fettverbrennung bei zunehmender Belastung ab etwa 65 % $\dot{V}_{O2max}$ immer stärker gehemmt wird, bis sie schließlich nahezu zum Stillstand kommt. Über die wissenschaftlichen Hintergründe wird noch eifrig diskutiert. Die Meinungen gehen hier etwas auseinander und es wird noch einige Zeit dauern, bis die biochemischen Hintergründe exakt geklärt sind. An den Fakten wird sich allerdings nichts ändern. [86]

Es ist eine unbestrittene Tatsache, dass der Körper bei hohem Energiebedarf automatisch in den ökonomischeren Kohlenhydratstoffwechsel umschaltet. Hierbei kann, wie oben schon beschrieben, pro Liter Sauerstoff mehr Energie erzeugt werden. Der begrenzende Faktor ist ja die zur Verfügung stehende Sauerstoffmenge. Jeder, der schon einmal so richtig „außer Atem" war, wird das bezeugen können.

Fasst man die beiden Fettspeicher und die beiden Kohlenhydratspeicher zusammen, ergibt sich Abbildung 3.12. Vielen von uns ist ja vor allem wichtig, dass sich unser eventuell vorhandener Speckgürtel, wenn schon nicht in Luft, so zumindest doch in Energie auflöst. Obwohl der Bedarf an Kohlenhydraten bei höherer Belastung immer größer wird, ist unser Kohlenhydratspeicher aber

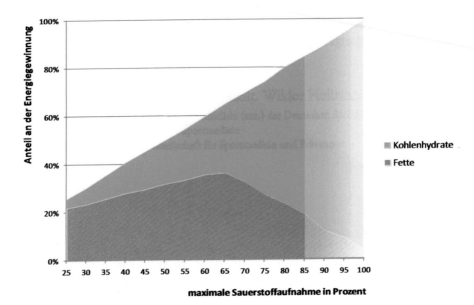

Abb. 3.12 Anteil der Energiegewinnung in Abhängigkeit von der maximalen Sauerstoffaufnahme bei Zusammenfassung der Fette und Kohlenhydrate

leider deutlich kleiner als unser Fettspeicher. Man kann eben nicht alles auf einmal haben.

Es ist deutlich erkennbar, dass bei maximaler Belastung die gesamte Fettverbrennung ganz in den Hintergrund gedrängt wird. Die Ergebnisse von Abbildung 3.12 sind in Abbildung 3.13 nochmals als Säulendiagramm dargestellt, weil die Verhältnisse dadurch vielleicht etwas anschaulicher werden.

Will man seine „Schwarte" reduzieren, muss man also langsamer werden beziehungsweise die Belastung reduzieren. Es taucht nur die Frage auf, um wie viel?

Die Höhe der Balken der Fettverbrennung nimmt bis etwa 65 Prozent von $\dot{V}_{O2max}$ zu, um dann anschließend bis zur Bedeutungslosigkeit abzunehmen. Der Glucoseverbrauch dagegen steigt kontinuierlich immer stärker an. Bei niedrigen Belastungen ist der prozentuale Anteil der Fettverwertung am größten. Am allergrößten ist er nachts im Bett. Sie dürfen nur nicht jemanden neben sich liegen haben, der für Irritationen sorgen könnte. Der Energieverbrauch könnte dann schlagartig steigen. Schlafen ist dabei angesagt.

Ähnliche Ergebnisse konnten Romijn und Kollegen auch anhand einer Studie mit fünf ausdauertrainierten Männern erzielen. [87] Eine im Jahr 2005 von Professor Jeukendrop durchgeführte Studie bestätigt die obigen Aussagen ebenfalls. [88, 89]

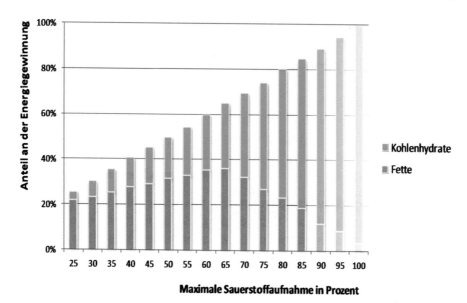

Abb. 3.13   Darstellung der Ergebnisse von Abbildung 3.12 als Säulendiagramm

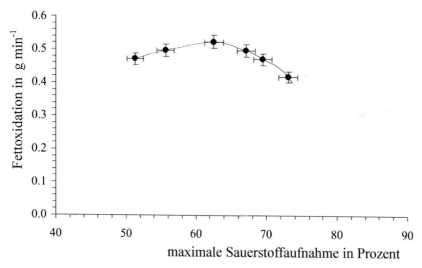

Abb. 3.14   Fettoxidation in Abhängigkeit von der Belastung [88, 89]

In letzterer Untersuchung wurde die Fettoxidation in Relation zur Belastungsintensität betrachtet. Die Belastung ist hierbei wieder als Prozentsatz der maximalen Sauerstoffaufnahme gegeben. Grundlage waren 55 trainierte Probanden (Abb. 3.14).

Die Sache mit einer zunächst steigenden, dann aber abfallenden Fettverbrennungskurve scheint also systemimmanent zu sein. Bei den erwähnten

Studien wurden Personen mit einem guten Trainingszustand betrachtet. Das Maximum der Fettverbrennung liegt dabei jeweils bei etwa 65 Prozent $\dot{V}_{O2max}$. Bei Untrainierten verschiebt sich dieses Maximum nach vorne auf ungefähr 50 Prozent $\dot{V}_{O2max}$. [88]

Damit kann allgemeingültig gesagt werden, dass das Maximum der Fettverbrennung, abhängig vom aktuellen Trainingszustand zwischen 50 und 65 Prozent der maximalen Sauerstoffaufnahme liegt.

Wie kann man die maximale Sauerstoffaufnahme messen? Dies geht einerseits direkt mit der sogenannten Spiroergometrie, bei der der Gasaustausch bei Belastung gemessen wird. Dies funktioniert nur sinnvoll auf dem Ergometer oder dem Laufband. Eine alternative oder besser näherungsweise Bestimmung wäre mit der Fick'schen Formel oder mit dem sogenannten Cooper-Test. Mit anderen Worten, es ist nicht so ganz einfach. Viel einfacher zu messen wäre unsere Herzfrequenz.

Zusammenhang zwischen maximaler Sauerstoffaufnahme und Herzfrequenz

Der Zusammenhang zwischen $\dot{V}_{O2max}$ und der Herzfrequenz ist ebenfalls nicht so ganz simpel. Es ist ja so, dass ein trainierter Sportler bei gleicher Leistung eine niedrigere Herzfrequenz aufweist als ein untrainierter. Sportliche Herzen arbeiten einfach effizienter. Weiterhin ist dies auch sehr individuell und hängt von vielen Faktoren ab. Meine Frau zum Beispiel hat mir gegenüber eine deutliche höhere Herzfrequenz. Sie kann das langsame „Bumm Bumm" in meinem Brustkorb manchmal gar nicht verstehen. In der Sportmedizin gibt es aber einige Anhaltswerte, mit denen man eine zumindest überschlägige Umrechnung ohne Berücksichtigung der individuellen Besonderheiten durchführen kann. Es soll hierzu nur der oben eingegrenzte Bereich der maximalen Fettverbrennung, der etwa zwischen 50 und 65 Prozent der maximalen Sauerstoffaufnahme liegt, betrachtet werden. Es gilt in etwa: [84, 90]

50 bis 65 Prozent $\dot{V}_{O2max}$ entsprechen etwa einer Herzfrequenz von 65 bis 80 Prozent der Hf_{max}

Die individuelle maximale Herzfrequenz (Hf_{max}) muss nun als Nächstes bestimmt beziehungsweise abgeschätzt werden. Hierzu gibt es in der Literatur mehrere Berechnungsvorschläge. Eine einfache aber sehr effektive Methode wird von Hollmann vorgeschlagen. Diese lautet:

$$Hf_{max} = 220 - Lebensalter$$

Fasst man das Ganze in Zahlen und vergleicht man hierzu einen 60-jährigen, etwas vom Sport entwöhnten Vater mit seinem 30-jährigen trainierten und aktiv Fußball spielenden Sohn, so ergeben sich folgende Ergebnisse:

Maximale Herzfrequenz Hf$_{max}$:
Vater: 160 Schläge pro Minute
Sohn: 190 Schläge pro Minute

Maximum der Fettverbrennung:
Vater: 160 × 0,65 = 104 Schläge pro Minute
Sohn: 190 × 0,80 = 152 Schläge pro Minute

Der Faktor 0,65 gilt für den weniger trainierten Vater und der Faktor 0,80 für den besser trainierten Sohn. Beide Werte korrelieren mit der entsprechenden maximalen Sauerstoffaufnahme von 50 bis 65 Prozent $\dot{V}_{O2max}$.

Die zur maximalen Fettverbrennung gehörige Herzfrequenz hängt einerseits vom Alter und andererseits auch vom Trainingszustand ab und kann somit nicht allgemeingültig angegeben werden. Aber gerade dieser optimale Fettverbrennungsbereich ist für viele ein interessierender Aspekt, um die überzähligen Pfunde wegzukriegen.

Es ist auch ein großes Glück, dass bei älteren, untrainierten Personen das Maximum der Fettverbrennung schon bei niedrigeren Herzfrequenzen liegt. Diese hätten sonst nicht die geringste Chance – es sei denn unter allergrößter Anstrengung – ihr überschüssiges Fett wieder loszuwerden.

Durch die obige Betrachtung wird ebenso deutlich, warum Sportdisziplinen in Altersklassen gegliedert sind. Hierzu möchte ich eine kleine Geschichte wiedergeben, die ich in dem Buch *Gesund und leistungsfähig bis ins hohe Alter* von Wildor Hollmann [1] gefunden habe:

Die Geschichte erzählt von einem Sohn, der mit seinem Vater zur Feier des Bestehens seines Staatsexamens eine gemeinsame Bergtour unternommen hat. Der Vater war früher ein begeisterter Bergsteiger gewesen und es sollte nun die erste gemeinsame Bergwanderung werden. Während der Tour ist der Sohn vorangegangen. Der Vater musste jedoch nach kurzer Zeit feststellen, dass das vom Sohn angeschlagene Tempo deutlich höher war als sein gewohntes. Um das nicht zugeben zu müssen, hielt er sich mit äußerster Energie an den Fersen des Sohnes, bis tatsächlich der Berggipfel erreicht war. Oben angelangt, erlitt er einen Herzinfarkt und musste mit dem Hubschrauber abtransportiert werden. Mit größter Sicherheit wäre dieser Infarkt nicht aufgetreten, hätten beide Bergwanderer ein langsameres Tempo eingeschlagen. Darum gilt die Faustregel, wenn zwei oder gar drei Generationen gemeinsam eine körperliche Beanspruchung vergleichbarer Art auf sich nehmen, dass grundsätzlich der Älteste die Führung übernimmt und das Tempo angibt. Dann kann ein solcher Zwischenfall nicht passieren.

Die maximale Herzfrequenz geht nicht bis in die Unendlichkeit. Im Mittel ist bei 220 Schlägen pro Minute bei einem jungen Menschen Schluss. Mit zunehmendem Alter nimmt dann die maximale Herzfrequenz kontinuierlich ab und kann auch individuell sehr unterschiedlich sein. Messungen an Probanden zeigten, dass die maximale Herzfrequenz eindeutig vom Alter abhängt. Der altersbedingte Abfall ist in der Regel weniger stark, als von der Formel $Hf_{max} = 220 - $ Lebensalter vorhergesagt. Die Daten einer klinischen Studie aus Colorado, USA werden am besten durch folgende Formel abgebildet: $Hf_{max} = 208 - 0,7 \times$ Lebensalter. Diese Formel sagt für jüngere Probanden niedrigere maximale Herzfrequenzen voraus und für ältere Probanden höhere maximale Herzfrequenzen als die altbekannte Formel von Hollmann. [91]

Schaut man sich das Vater-Sohn-Beispiel mit diesen neuen Zahlen an, so ergeben sich für die maximale Herzfrequenz die folgenden Werte:

Maximale Herzfrequenz Hf_{max}:
Vater: 166 Schläge pro Minute
Sohn: 187 Schläge pro Minute

Das Ganze verschiebt sich nur um ein paar Herzschläge hin und her. Die altersbedingte Problematik bleibt erhalten, sodass man die ursprüngliche einfachere Faustformel für überschlägige Berechnungen durchaus als brauchbar ansehen kann.

Wo liegen noch weitere Grenzen bei der sportlichen Betätigung? Man spricht in diesem Zusammenhang von einer aeroben und einer anaeroben Schwelle. Hinzu kommt, dass man auch das Lactat, welches bei der anaeroben Glykolyse auftritt, nicht aus den Augen verlieren darf. Sehen wir uns die Dinge einmal der Reihe nach an.

Aerobe Schwelle

Die aerobe Schwelle ist ein Begriff aus der Sportphysiologie. Bis zu diesem Belastungszustand wird der Energiebedarf weitgehend durch den aeroben Stoffwechsel gedeckt. Beispiele wären Gehen, was durchaus auch flotter sein kann, oder Walking beziehungsweise Nordic Walking – wobei letztere Gangarten aber mit gebremstem Schaum durchgeführt werden sollten. Bei diesen moderaten Belastungen greift die anaerobe Glykolyse, bei der als Nebenprodukt das Lactat anfällt, nicht oder zumindest fast nicht ein. Es ist aber trotz allem, auch bei kleinster Belastung, immer ein kleiner „Ruhewert" Lactat im Blut vorhanden. Dieser kann zu Beginn der Belastung sogar kurzzeitig ein klein wenig ansteigen, sinkt dann aber wieder ab, weil das Lactat über das Blut abtransportiert und bei moderater körperlicher Belastung von der nicht arbeitenden Muskulatur wieder zu Pyruvat und von der Leber zurück zu Glykogen verarbeitet wird. [92]

Geringe Belastungen haben zwar einerseits außerordentliche gesundheitliche Vorteile. Leider kann man jedoch andererseits in diesem Leistungsbereich keine olympische Medaille gewinnen. Will man aber eine solche oder packt einem – aus welchen Gründen auch immer – der sportliche Ehrgeiz, dann muss man etwas mehr Gas geben. Dies führt dann dazu, dass durch die jetzt zugeschaltete anaerobe Glykolyse die Lactatkonzentration steigt. Geht man hierbei moderat vor, so wird der Lactatspiegel etwas steigen und auf einem konstanten Level bleiben. Dies bedeutet letztendlich, dass der Lactataufbau und der Lactatabbau in einem stationären Gleichgewicht sind. Es besteht somit ein Gleichgewicht („Steady-State") zwischen der Lactatproduktion in den beanspruchten Muskeln und dem Lactatabbau im Herzen, in der Leber oder in den weniger beanspruchten Muskelzellen. Die zugehörige Belastung, zum Beispiel die Laufgeschwindigkeit, hängt dabei vom allgemeinen Trainingszustand ab und ist bei jedem individuell verschieden. Abhängig von der jeweiligen Belastung liegt die Lactatkonzentration mehr oder weniger deutlich über dem Ruhewert. In jedem Fall ist die Grenze zwischen ausschließlich aerober und zusätzlicher anaerober Energiebereitstellung (aerobe Schwelle) bereits überschritten (Abb. 3.15). [70] Steigert man nun weiter die Geschwindigkeit, so nimmt die Lactatproduktion in der beanspruchten Muskulatur weiter zu, was zu einem Überschreiten der sogenannten anaeroben Schwelle führen kann.

Anaerobe Schwelle

Kennzeichnend für das Überschreiten der anaeroben Schwelle ist einzig und allein die Tatsache, dass der Steady-State, also das Fließgleichgewicht zwischen Lactatbildung und -abbau, nicht mehr aufrechterhalten werden kann und auch geringe nachfolgende Leistungssteigerungen zu einem starken Anstieg der Lactatkonzentration in der arbeitenden Muskelzelle führen (obere Kurve von Abb. 3.15).

Ab welcher Leistungsstufe der Organismus die anaerobe Schwelle erreicht beziehungsweise überschreitet, hängt von verschiedenen – trainierbaren – Faktoren ab, unter anderem von der Dichte und Lage der Mitochondrien in der Zelle, vom Füllungszustand der Glykogenspeicher sowie von der Fähigkeit, den Sauerstoff mittels des Blutes zu transportieren und in den Mitochondrien zu verarbeiten. Man spricht deshalb auch von einer „individuellen anaeroben Schwelle" (IANS). Überschreitet man diese Schwelle, steigt der Lactatspiegel immer weiter an. Das Gleichgewicht ist überschritten. Es wird sich aufgrund des ansteigenden Lactatspiegels nach kurzer Zeit eine erhebliche Leistungseinbuße einstellen. Somit haben Menschen, die ihre individuelle anaerobe

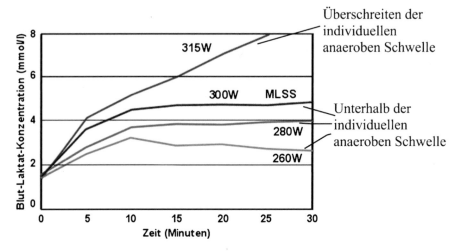

Abb. 3.15 Lactatkonzentration eines Leistungssportlers bei unterschiedlichen Belastungen [94]

Schwelle bei einer höheren Leistung erreichen, eine günstigere Ausgangsposition für Ausdauerbelastungen. [93]

Abbildung 3.15 zeigt die Lactatkonzentration eines Leistungssportlers bei verschiedenen Belastungsstufen. [94] Bis etwa 300 Watt bleibt auch bei längerer Belastung die Lactatkonzentration konstant. Dies bedeutet, dass der Lactataufbau durch einen Lactatabbau kompensiert und somit ein Steady-State, ein Gleichgewichtszustand, erreicht wird. Bei höherer Belastung überwiegt deutlich die Lactatzunahme. Das Diagramm unten konnte natürlich nicht innerhalb weniger Minuten aufgenommen werden, da sich ja das Lactat vor einer erneuten Belastung erst wieder vollkommen abbauen muss. Die vier Kurven mussten somit in größeren Abständen, beispielsweise an vier aufeinanderfolgenden Tagen, gemessen werden.

Die anaerobe Schwelle des Sportlers aus Abbildung 3.15 liegt etwa bei einer Blut-Lactat-Konzentration von knapp unter fünf Millimol pro Liter (mmol/l) und wird bei einer Belastung von etwa 300 Watt erreicht. Diese beiden Werte variieren natürlich und sind von Mensch zu Mensch unterschiedlich.

Die Einheit mmol/l steht für Millimol Lactat je Liter Blut. Dabei ist das Mol eine in der Chemie geläufige Mengeneinheit. Mit einem Mol wird eine genau definierte Menge von Teilchen (z. B. Molekülen) bezeichnet.

Mit dem sogenannten Lactatstufentest kann man eine Lactatleistungskurve erstellen. Diese ist ein wichtiges Instrument zur Beurteilung der individuellen Leistungsfähigkeit. Der Test wird auf dem Laufband oder dem Fahrradergometer durchgeführt. Hierbei wird die Belastung (Laufgeschwindigkeit oder Wattzahl auf dem Fahrrad) in genau definierter Weise stufenweise bis zur in-

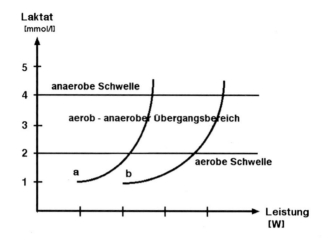

Abb. 3.16 Lactatleistungskurve eines **a** untrainierten und eines **b** trainierten Sportlers [95]

dividuellen maximalen Belastbarkeit erhöht. Bei jeder Belastungsstufe wird zur Bestimmung der Lactatkonzentration am Ohrläppchen Blut entnommen. Mit zunehmender Leistung steigt der Gehalt des Lactats im Blut an. Dieser Anstieg wird Schritt für Schritt dokumentiert. Die Lactatleistungskurve beginnt üblicherweise zunächst relativ flach und steigt dann weit überproportional an (Abb. 3.16). Leider kann man mit dem Stufentest nicht den exakten stationären Wert, den Gleichgewichtszustand des Lactats, bestimmen. Hinzu kommt, dass die Konzentration des Lactats in Ruhe ungefähr ein Millimol pro Liter beträgt (Ruhewert).

Aerobe und anaerobe Schwelle im Sport

In der Sportmedizin hat sich näherungsweise eine durchschnittliche Betrachtungsweise für die aerobe und anaerobe Schwelle durchgesetzt. Hierbei wird davon ausgegangen, dass bei langsamen sportlichen Belastungen der Lactatwert bei etwa zwei Millimol pro Liter liegt. Dies entspricht dann der aeroben Schwelle. Die anaerobe Schwelle dagegen ist bei einem fixen Wert von vier Millimol pro Liter festgelegt. Bis dorthin geht man davon aus, dass das anfallende Lactat ausreichend eliminiert wird. Allerdings handelt es sich dabei lediglich um einen Richtwert, der sich nicht auf alle Sportler übertragen lässt. Jeder Sportler besitzt seine eigene individuelle anaerobe Schwelle. Der Bereich zwischen zwei und vier Millimol pro Liter wird als aerob-anaerober Übergang bezeichnet.

Ein trainierter Athlet erreicht sowohl die aerobe als auch die anaerobe Schwelle erst bei höherer Leistung als ein untrainierter Sportler, was ganz allgemein zu einer höheren Leistungsfähigkeit führt. Belastungsmäßig liegt die aerobe Schwelle durchschnittlich bei etwa 70 bis 80 Prozent der Leistung, die der individuellen anaeroben Schwelle entspricht.

Bei einer Belastung *unterhalb* der anaeroben Schwelle läuft die Energiebereitstellung zwar nicht ausschließlich unter Verstoffwechselung von Sauerstoff, also aerob ab, doch erreicht die anaerobe Verstoffwechselung dabei nie ein solches Maß, dass der Lactatspiegel immer weiter steigt. Es existiert vielmehr ein Gleichgewicht zwischen Lactataufbau und Lactatabbau. Eine Ausdauerleistung kann hier sehr lange aufrechterhalten werden, wie beispielsweise bei einem Marathonlauf.

Eine Belastung *an* der anaeroben Schwelle, das heißt in geringem Maße unter- oder oberhalb der Schwelle, ist die relativ höchste Belastung, die langfristig durchgehalten werden kann. Die Glykogenreserven sind allerdings bei intensiver Dauerbelastung je nach Trainingszustand nach 60 bis 90 Minuten weitgehend erschöpft. Die anaerobe Schwelle hat deshalb im Leistungstraining eine große Bedeutung, da bei einem Training mit einer Intensität knapp unterhalb dieses Grenzwertes ein hoher Effekt bei der Entwicklung der aeroben Leistungsfähigkeit erzielbar ist.

Bei einer Belastung *oberhalb* der anaeroben Schwelle erfolgt die Energiebereitstellung zunehmend anaerob. Die Leistung ist daher nur kurzfristig (wenige Minuten) durchzuhalten. Beispiel hierfür wären die Attacken beim Radsport. Neben der Nutzung der Kreatinphosphatreserven ist die anaeroblactazide Verstoffwechselung die einzige Möglichkeit, Leistungen zu erbringen, die über den der rein aeroben Energiegewinnung liegen.

Der Nachbrenneffekt (EPOC)

Unter „Nachbrenneffekt" versteht man einen vermehrten Energieverbrauch in Ruhe nach sportlicher Betätigung. Mit anderen Worten, ist der Organismus erst einmal richtig in Schwung und verbraucht Energie, so dauert es auch nach dem Sport noch eine Zeit lang, bis der Körper samt Energieverbrauch wieder zur Ruhe kommt. In populären Fitnessmagazinen wird diesem Nachbrenneffekt zum Teil eine hohe Bedeutung zugesprochen. Es ist ja auch faszinierend, während des Nichtstuns – besser gesagt nach körperlicher Anstrengung – durch weiteren Energieverbrauch auf angenehme Weise womöglich eine zusätzliche Gewichtsreduktion zu erfahren.

Früher wurde dieser Effekt aufgrund des Sauerstoffmehrverbrauchs nach intensiver Körperarbeit als *oxygen debt*, also als Sauerstoffschuld bezeichnet. [96] Heutzutage spricht man in diesem Zusammenhang von *excess post-exercise oxygen consumption* oder auch kurz EPOC. Übersetzt bedeutet dies „überschüssiger Sauerstoffverbrauch nach dem Training".

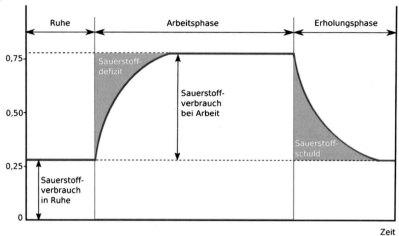

Abb. 3.17   Sauerstoffschuld

Damit wird das „Phänomen" beschrieben, dass man nach einer sportlichen Betätigung, zum Beispiel nach einem Dauerlauf, immer noch schnaufend und nach Luft schnappend im Ziel herumsteht, obwohl dem Körper keine Leistung mehr abverlangt wird. Abbildung 3.17 soll dies näher veranschaulichen. [97]

Üblicherweise beginnt man seinen Lauf mehr oder weniger plötzlich mit der gewünschten Geschwindigkeit. Die aerobe Energiebereitstellung ist aber so schnell gar nicht in der Lage, den Sauerstoff in die arbeitende Muskulatur zu bringen. Die Lunge muss das Blut mit deutlich mehr Sauerstoff beladen, welches dann beispielsweise den langen Weg in die Beine zurückzulegen hat. Dort findet dann unter Berücksichtigung mehrerer Zeitkonstanten die Verstoffwechselung statt. Da die Energie aber sofort gebraucht wird, muss man sich zuerst mal etwas „leihen" von dem, was im Moment tatsächlich vorhanden ist. Dies wären das im Muskel vorhandene ATP und das ebenfalls dort befindliche Kreatinphosphat. Zusätzlich kann man auch die relativ schnell verfügbare anaerobe Energiebereitstellung nutzen. Die anaerobe Glykolyse benötigt ja eine deutliche kürzere Bereitstellungszeit als die aeroben Varianten. Dieser Zusammenhang ist in der Abbildung mit dem als „Sauerstoffdefizit" bezeichneten Dreieck dargestellt. Das Sauerstoffdefizit entspricht genau der Differenz zwischen dem, was vom Körper an Energie aktuell benötigt wird, und dem, was durch die aerobe Energiebereitstellung geliefert werden kann. Die aerobe Energiebereitstellung kommt erst nach und nach so richtig in die Gänge und wird dann bei entsprechender Belastung schließlich zum Hauptenergielieferanten.

Nach Beendigung der körperlichen Belastung wird gemäß Abbildung 3.17 weiterhin Sauerstoff aufgenommen. Wir stehen oder sitzen immer noch schnaufend herum. Diese Sauerstoffaufnahme nach Belastungsende über den Ruhezustand hinaus bezeichnet man als Sauerstoffschuld. Was sind nun die Gründe für dieses nachträgliche Geschnaufe? Die einfachste Antwort könnte sein, dass man die anfangs geliehene Energie, sozusagen die Schulden, wieder zurückgibt. Die wissenschaftlichen Erklärungen hierfür lauten jedoch wie folgt: [96]

1. Die Energiesofortspeicher wie ATP und Kreatinphosphat müssen wieder aufgeladen werden.
2. Das während der Belastung angefallene Lactat muss aerob weiterverarbeitet werden. Es wird unter Energie- und Sauerstoffverbrauch wieder zu Glykogen und Pyruvat umgewandelt.
3. Die Sauerstoffspeicher im Blut und in der Muskelzelle müssen wieder aufgefüllt werden.
4. Die Tätigkeit der Herz- und Atmungsmuskulatur ist nach Arbeitsende erhöht und kann nicht schlagartig verlangsamt werden. Dadurch ergibt sich auch ein erhöhter Energie- und Sauerstoffverbrauch.
5. Körpertemperatur und Hormonspiegel sind erhöht, was zu einem erhöhten Energieumsatz und damit zu einem erhöhten Sauerstoffbedarf führt.

Das sind einige der gängigsten Gründe für das Verhalten unseres Körpers nach sportlicher Betätigung. Man ist sich in der Sportmedizin jedoch dahingehend einig, dass noch nicht alle Einzelheiten dieses Phänomens bis in das letzte Detail geklärt sind. [70]

Diesem Nachbrenneffekt wird wegen der zunehmenden Gewichtsproblematik in unserer Gesellschaft immer mehr Augenmerk geschenkt. Es existieren in der Literatur Aussagen, die von einem Nachbrenneffekt von wenigen Minuten bis hin zu 72 Stunden sprechen. Was kommt nun der Wahrheit am nächsten beziehungsweise welche sportliche Betätigung mit welcher Intensität muss ausgeübt werden, damit sich danach auch ein entsprechender Nachbrenneffekt (EPOC) einstellt? Hierzu existiert eine Arbeit aus dem Jahr 2010, welche die Untersuchung der Einflussgrößen von EPOC zum Thema hat. [98]

Es konnte dabei eindeutig gezeigt werden, dass eine Korrelation zwischen EPOC und der Trainingsintensität respektive dem Trainingsumfang existiert. Die Botschaft lautet: „Je intensiver das Training, desto größer ist der Nachbrenneffekt." Es muss auch eine gewisse Reizschwelle überschritten werden, damit sich ein Nachbrenneffekt einstellt und dieser dann mit der Belastungsdauer auch zunimmt. Dieser Grenzbereich liegt beim Ausdauertraining etwa bei 50 bis 60 Prozent der maximalen Sauerstoffaufnahme $\dot{V}_{O2max}$. Das ist auch in etwa der Bereich der maximalen Fettverbrennung. Insofern passen die Dinge sehr gut zusammen.

Bei einem hochintensivem Training mit über 105 Prozent der $\dot{V}_{O2max}$ über mehr als sechs Minuten oder nach einem kontinuierlichem Ausdauertraining mit über 70 Prozent der $\dot{V}_{O2max}$ über mehr als 50 Minuten sind beträchtliche Nachbrenneffekte möglich. Diese liegen deutlich über den bei moderater Belastung erzielbaren Ergebnissen. Der Anteil von EPOC liegt insgesamt gesehen etwa bei sechs bis 15 Prozent der gesamten Nettoenergiekosten der körperlichen Arbeit. Dies ist zwar besser als nichts, aber zur Gewichtsreduktion über körperliche Aktivität sollte nicht die Auslösung eines Nachbrenneffekts vordergründig sein, sondern vielmehr der Energieverbrauch während der körperlichen Aktivität selbst. [98]

Den Nachbrenneffekt gibt es auch beim Krafttraining. Hier dauert EPOC vor allem dann sehr lange an (zwischen 14,5 und 72 Stunden), wenn hohe Intensitäten oder mittlere Intensitäten bei hohem Satzumfang genutzt werden. Nachbrenneffekte mittlerer Länge (mehr als 30 Minuten bis etwa vier Stunden) können dann erzielt werden, wenn hohe bis mittlere Intensitäten bei mittlerem Satzumfang gewählt wurden. In Studien, bei denen die Dauer von EPOC nur maximal 30 Minuten andauerte, wurde mit niedrigen Intensitäten oder moderaten Intensitäten und geringem Satzumfang gearbeitet. [98]

Es gilt offenbar auch im Zusammenhang mit dem Nachbrenneffekt die altbekannte Regel „Ohne Fleiß, kein Preis", oder anders ausgedrückt: „Von nichts kommt nichts".

4

Der Trainingseffekt – immer höher, immer weiter, immer schneller

Gehen Sie doch mal wieder in einen Zirkus und Sie werden staunen, was da zu sehen ist. Da gibt es Jongleure, Feuerschlucker, Schwertschlucker, Trapezkünstler, Dompteure, Zauberer und noch vieles mehr. Wie ist es möglich, dass Menschen solche Kunststücke beherrschen? Talent und/oder Vererbung sind sicherlich Argumente. Aber dadurch erklärt sich die gezeigte Leistung noch nicht. Ähnliches gilt für die Fernsehsendung *Wetten dass*. Dort führten Menschen bisher erstaunliche Kunststücke vor. Sei es, dass ein LKW auf Gläser gestellt wurde oder Kronkorken mit dem Ohr in Bierkrüge geschnipst. Kakteen wurden mit der Zunge erkannt

und Fliegen mit dem Mund gefangen. Ich erinnere mich auch noch mit großen Vergnügen an das Wettsaufen zwischen Herrchen und Hund aus dem Napf. Ersterer war wegen seiner zu kleinen Zunge natürlich auf verlorenen Posten und der Hund der souveräne Sieger. Es wurden auch die verschiedensten Dinge mit verbundenen Augen erkannt. Da keimte zwar einmal der Verdacht einer kleinen Schummelei auf. Auch ich habe an meinem eigenen Hochzeitsabend den abgenommenen Schleier von meiner Frau extrem zielgerichtet mit verbundenen Augen der vermeintlich nächsten Braut aufgesetzt. Solche Dinge gehen schon mal und sollen die großartigen Leistungen der Artisten und Wettkönige keinesfalls schmälern. Aber wie machen die das? Der Mensch scheint sehr lernfähig gegenüber allen möglichen Tätigkeiten zu sein. Neben Talent und einer eventuell genetisch bedingten Veranlagung hilft hier nur eines und das ist Training, Training, Training. Übung macht ja bekanntlich auch den Meister.

Ein Beispiel wäre in diesem Zusammenhang auch unser früherer Bundesaußenminister Joschka Fischer. Trotz großer beruflicher Beanspruchung nahm er an insgesamt drei Marathonläufen teil. Aber bitte machen Sie eines nicht: Stehen Sie nicht einfach vom Schreibtisch auf, ziehen ihre Laufschuhe an und laufen aus dem Stand die Marathondistanz von über 42 Kilometern. Das funk-

W. Zägelein, *Move for Life*, DOI 10.1007/978-3-642-37643-6_4,
© Springer-Verlag Berlin Heidelberg 2013

tioniert in der Regel nicht. Auch hierzu ist eine Vorbereitung in Form eines Trainings notwendig. Joschka Fischer hat hierfür die Dienste des Lauftrainers und früheren Langstreckenläufers Herbert Steffny in Anspruch genommen. Er hat dafür intensiv trainiert. Ansonsten ist es kein Geheimnis, dass jeder gesunde Mensch nach einer gewissen Vorbereitung, die nicht unterschätzt werden darf, einen Marathonlauf absolvieren kann.

Der Mensch scheint offenbar durch Training und Übung sehr anpassungsfähig zu sein. Und dies ist auch wirklich so. Auf diese Anpassungsfähigkeit baut letzten Endes die gesamte Trainingslehre im Sport auf.

Biologische Anpassungsfähigkeit

Im Normalfall bewegt sich der menschliche Organismus permanent um ein dynamisches Gleichgewicht. Dieses wird automatisch durch Rezeptoren und Regelmechanismen überwacht, womit sich das Leben kontinuierlich und selbstständig kontrolliert. Diesen Prozess nennt man Homöostase. Der Begriff leitet sich aus dem Lateinischen ab: *homoios* = gleich; *stasis* = bleibender Zustand. So ein Prozess kann zum Beispiel trotz wechselnder äußerer und innerer Bedingungen die Regulierung der Körpertemperatur, des Zuckerspiegels oder des Blutdruckes sein. Homöostase ist die Bezeichnung für das Prinzip, dass alle Organismen gegenüber den sich verändernden Lebensbedingungen die Tendenzen zeigen, das von ihnen erreichte Gleichgewicht zu erhalten oder wiederherzustellen. Tritt in einem Gewebe eine Schwachstelle auf, so werden sofort alle notwendigen Maßnahmen zur Stärkung der beanspruchten Stelle eingeleitet.

Dieses Gleichgewicht wird auch durch körperliche Belastung gestört, wenn diese eine bestimmte kritische Reizschwelle überschreitet. Die von uns daraufhin deutlich gefühlte Ermüdung des Muskels führt zu einem Absinken des Leistungsniveaus. Wie wir wissen, wird dabei neben ATP und Kreatinphosphat auch Muskelglykogen abgebaut. Nach der körperlichen Belastung versucht der Körper wieder seinen ursprünglichen Anfangszustand herzustellen. Dies geschieht in der sogenannten Regenerationsphase. Dabei reagiert der Organismus nicht einfach mit einer Wiederherstellung des alten Zustands, sondern er superkompensiert, das heißt, er überkompensiert, um für die nächste Belastungsanforderung besser gewappnet zu sein. Nach dem Erholungszeitraum stellt sich eine höhere Leistungsfähigkeit gegenüber vorher ein (Abb. 4.1). Dies stellt letztendlich eine Schutzfunktion gegenüber künftigen Belastungen dar. [99]

Die nach einer intensiven Ausdauerbelastung (z. B. Jogging) verminderten Glykogendepots der beanspruchten Muskulatur werden in der Erholungspha-

Leistungsfähigkeit

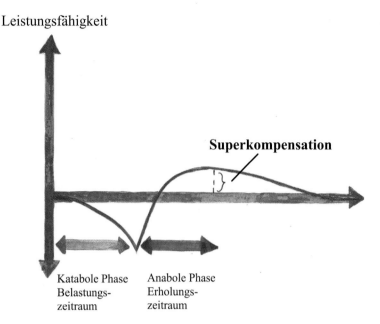

Abb. 4.1 Modell der Superkompensation

se über das ursprünglich vorhandene Niveau wieder aufgefüllt. Diese Superkompensation geht jedoch wieder verloren, wenn anschließend keine sportliche Aktivität mehr erfolgt. Es bleibt dann schließlich wieder alles beim „Alten".

Das Gleiche gilt auch für das Krafttraining. Bei einem entsprechend dosierten Training zeigen sich mit der Zeit Anpassungserscheinungen in Form eines Muskelzuwachses in den trainierten Muskelgruppen.

Wie kann nun dieser Effekt der Superkompensation im praktischen Training ausgenutzt werden? Hierzu gibt es ein paar grundsätzliche Gesetzmäßigkeiten, die unbedingt eingehalten werden müssen. Im Folgenden sollen die vier *wichtigsten* Trainingsprinzipien, die eine biologische Anpassung des Körpers auslösen, näher betrachtet werden.

Prinzip des wirksamen Trainingsreizes

Damit eine biologische Anpassung stattfinden kann, muss eine bestimmte mindeste Intensitätsschwelle überschritten werden. Diese ist natürlich individuell verschieden. Bei einem hochtrainierten Athleten liegt diese Schwelle deutlich höher als bei einem Gelegenheitssportler oder gar einem sportresistenten Menschen.

Reize unterhalb dieser mindesten individuellen Intensitätsschwelle bleiben wirkungslos im Bezug auf einen Trainingseffekt. Der Körper reagiert nicht mit Anpassungsvorgängen. Die sportliche Leistung lässt sich damit nicht verbessern. Es kann sogar zur Degeneration kommen. Ein überschwellig schwacher Reiz hilft zumindest, den momentanen Zustand zu erhalten. Dies ist dann gleichbedeutend mit einer Stagnation.

Überschwellig starke Reize dagegen sind optimal zur Erzielung eines Trainingseffekts. Diese lösen physiologische und anatomische Anpassungen aus. Trainingswirksame Reize müssen zunächst zur Ermüdung führen. Nur dann folgt ein Neuaufbau der Energiepotenziale über den ursprünglichen Wert hinaus, was dann zu der angesprochenen Superkompensation in der Erholungsphase führt. Wenn Sie schneller, stärker, besser oder was auch immer werden wollen, müssen Sie sich an Ihre persönliche Leistungsgrenze herantasten beziehungsweise heranquälen und diese immer und immer wieder versuchen zu überschreiten. Nur so geht es. Sie dürfen dabei nur nicht übertreiben, denn zu starke Reize wiederum sind kontraproduktiv und schädigen den Organismus. Hinzu kommt, dass das Verletzungsrisiko überproportional zunimmt.

Der Weg zur Verbesserung des aktuellen Trainingszustands ist somit ein schmaler Grat, der für jeden Einzelnen individuell gefunden werden muss.

Prinzip der progressiven Belastungssteigerung

Bei einem effektiven Training schiebt sich das Leistungsniveau und damit natürlich auch die individuelle Reizschwelle allmählich nach oben. Passt man die Belastung nicht dem neuen Leistungsniveau an, steigert sie also im Vergleich zu vorher, kommt die positive Rückkopplung in Form der Superkompensation nicht in Gang – mit der Folge, dass keine weitere Leistungssteigerung mehr eintritt. Es kommt sozusagen zu einem Gewöhnungseffekt.

Bei den Kraftfreaks und Bodybuildern hört und liest man manchmal: „Du musst deine Muskeln schocken." Die Aussage ist wohl etwas überspitzt. Aber es soll hier letztendlich nur der Gewöhnungseffekt ausgeschaltet werden. Das geht jedoch auch, wenn man mit „ruhiger Hand" die Belastung an seine neue Leistungsfähigkeit anpasst.

Zur Erhaltung des Anpassungseffekts muss deshalb die Belastung mit der Zeit progressiv gesteigert werden. Dies kann beispielsweise durch folgende Maßnahmen geschehen: Erhöhung der Trainingshäufigkeit, Erhöhung des Trainingsumfangs innerhalb einer Trainingseinheit, Erhöhung der Trainingsintensität. Auch mit einer Variation des Trainingsinhalts kann man dem Gewöhnungseffekt entgegenwirken.

Prinzip der optimalen Belastung und Erholung

Dieses Prinzip berücksichtigt die Tatsache, dass nach einem wirkungsvollen, zur Ermüdung der betroffenen Muskulatur führenden Trainingsreiz eine gewisse Regenerationszeit bis zur Wiederherstellung des ursprünglichen Leistungsniveaus erforderlich ist. Nur mithilfe der Regenerationszeit kommt es zu der beschriebenen Überkompensation, das heißt zu einer Erhöhung des vorherigen Leistungsniveaus. Man muss nur für die nächste Trainingseinheit, also für den nächsten Trainingsreiz, den richtigen Zeitpunkt finden, damit das Leistungsniveau im Sinne eines effektiven Trainings weiter zunimmt. Wählt man hierzu den falschen Zeitpunkt, so kann das durchaus kontraproduktiv sein und der Effekt in das Gegenteil umschlagen. Dieser Zusammenhang soll durch die folgenden Abbildungen näher verdeutlicht werden. [99]

Findet ein neuer überschwelliger Trainingsreiz im Maximum der Superkompensation (Abb. 4.2) statt, geht die Leistungsfähigkeit aufgrund der Ermüdung nicht mehr so zurück wie zu Beginn des Trainings. Auf der anderen Seite wird bei der darauf folgenden Superkompensation ein höheres Maximum als zuvor erreicht. Aufgrund dessen schaukelt sich das Ganze in Richtung höherer Leistungsfähigkeit auf, sodass diese immer weiter ansteigt.

Tritt dagegen ein nachfolgender Trainingsreiz zu früh auf, so hat sich der Körper nicht nur noch nicht vollständig regeneriert, es ist auch die darauf fol-

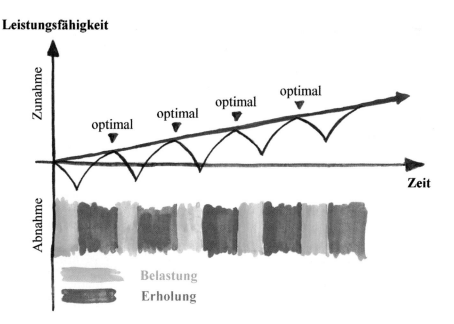

Abb. 4.2 Leistungsanstieg durch optimal gesetzte Trainingsreize

Leistungsfähigkeit

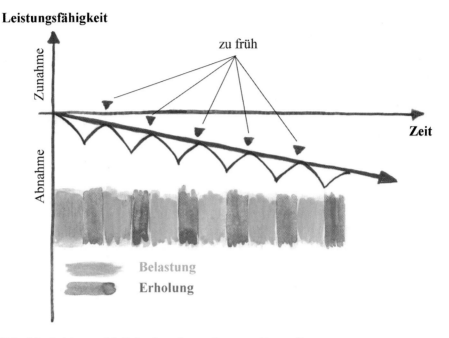

Abb. 4.3   Leistungsabfall durch zu kurze Regenerationszeit

gende Superkompensation noch nicht abgeschlossen. Eine noch vorhandene Ermüdung aufgrund einer Belastung lässt die momentane Leistungsfähigkeit weiter absinken. Bei anhaltend zu frühen Belastungseinheiten beziehungsweise anders formuliert, bei anhaltend zu kurzen Regenerationszeiten, nimmt letztendlich die Leistungsfähigkeit immer weiter ab (Abb. 4.3). [99]

Lässt man eine zu lange Zeit zwischen zwei Trainingseinheiten verstreichen, ist der Vorteil der Superkompensation vorbei. Man fängt wieder auf dem vorherigen Niveau an. Die Folge ist eine Leistungsstagnation. Das führt dann zu der Erkenntnis, dass ein wöchentliches Joggen zwar seine gesundheitlichen Vorteile hat, aber ein Trainingseffekt in Form einer Leistungssteigerung tritt in diesem Fall nicht auf (Abb. 4.4). [99]

In der Trainingspraxis ist es nicht einfach, den Höhepunkt der Superkompensation zu erwischen, da außer der vorausgegangenen Belastung viele individuelle Dinge eine Rolle spielen. Dazu gehören die persönliche Anpassungsfähigkeit an Trainingsreize, Ernährung und sonstige trainingsbegleitende Maßnahmen. Persönliches Gefühl, welches erst erlernt werden muss, und die Erfahrung eines eventuell vorhandenen Trainers spielen hierbei eine große Rolle. Weiterhin vollzieht sich bei Trainingsanfängern die biologische Anpassungsfähigkeit wesentlich schneller als bei permanent trainierenden Hochleistungssportlern. Diese bewegen sich in der Regel bereits im Bereich eines

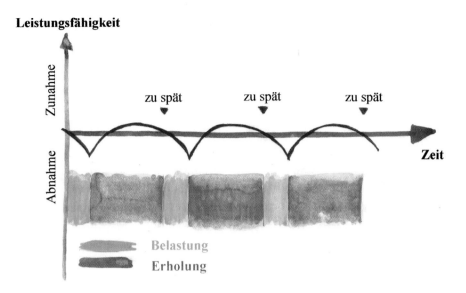

Leistungsfähigkeit

Zunahme

zu spät   zu spät   zu spät

Zeit

Abnahme

Belastung

Erholung

Abb. 4.4   Leistungsstagnation durch zu lange Regenerationszeit

natürlichen Sättigungsbereichs. Die Leistungskurve von Abbildung 4.2 geht schließlich nicht nach Unendlich. Irgendwo befindet sich eine individuelle Grenze, bei der ein weiterer – wenn auch nur geringer – Anstieg der Leistungsfähigkeit nur unter größten persönlichen Anstrengungen möglich sein wird.

Prinzip der Kontinuität

Ein einmaliges Training löst noch keine erkennbaren und vor allem noch keine dauerhaften Anpassungen aus. Hierfür müssen Sie leider schon ein bisschen mehr tun. Alles andere wäre die berühmte Eintagsfliege. Der Organismus muss erst eine Reihe von Umstellungen durchlaufen, um eine stabile Anpassung erreichen zu können. Zu diesen Umstellungen gehören unter anderem eine vermehrte Energiespeicherung in Form von ATP, Kreatinphosphat und Glykogen, eine Zunahme der Mitochondrien und eine Erweiterung und Neubildung von Kapillaren, was einer Verringerung des Gefäßwiderstands entspricht. Wenn Sie nur einmal aktiv waren, befinden Sie sich schnell wieder auf Ihrem vorherigen Leistungsniveau, welches vom Niveau der alltäglichen Belastung abhängig ist.

Für einen Anstieg der sportlichen Leistungsfähigkeit sind kontinuierliche Belastungen notwendig. Nur dann kann man durch Training seine individuelle genetisch festgelegte Leistungsgrenze erreichen. Kontinuität sagt nichts über die Häufigkeit der Trainings aus, sondern beschreibt den Unterschied zwischen einem Gelegenheitssportler und demjenigen, der regelmäßig über Jahre hinweg ganzjährig trainiert. Die sinnvolle Trainingshäufigkeit ergibt sich aus dem Prinzip der optimalen Belastung und Erholung.

Wird die Kontinuität des Trainings unterbrochen, zum Beispiel durch Verletzungen, Unregelmäßigkeit des Trainings oder zu große Pausen zwischen den Trainingseinheiten, so kommt es wieder zum Abfall der erreichten Leistungsfähigkeit. Der Rückgang geht hierbei ziemlich rasch: Bereits vier bis sechs Wochen nach Beendigung einer dreimonatigen Trainingsperiode, bei der ein Leistungszuwachs von 15 bis 20 Prozent erzielt wurde, ist dieser Trainingseffekt fast vollständig wieder verschwunden. [73] Weiterhin kann man noch ganz allgemein sagen, dass die Geschwindigkeit des Leistungsabfalls der des Anstiegs entspricht. Dies bedeutet, dass schnell erworbene Zuwachsraten schnell und langfristig erworbene Zuwächse langsam zurückgehen.

Was will und kann man trainieren?

Für sportliche Betätigungen werden abhängig von der Sportart die unterschiedlichsten Fähigkeiten benötigt. Diese werden in der Sportmedizin als sogenannte sportmotorische Fähigkeiten bezeichnet. Der Begriff beinhaltet einerseits die konditionellen Fähigkeiten und andererseits auch die koordinativen Fähigkeiten. Speziell im Leistungssport werden neben einer guten Kondition sportartspezifische Bewegungsabläufe bis hin zu einer perfekten Körperbeherrschung benötigt. Beispiele hierzu wären der Stabhochsprung, das Kunstspringen oder gar das Synchronspringen vom Turm. Auch das Kunstturnen macht auf mich einen relativ schwierigen Eindruck, aber dies ist natürlich alles individuell verschieden. Ballsportarten kommen ebenso nicht ohne spezielle Techniken aus, wie etwa die Schlagtechniken beim Tennis oder beim Golf. Teilt man die sportmotorischen Fähigkeiten weiter in einzeln trainierbare Anteile auf, so sind das:

Ausdauer, Kraft, Beweglichkeit, Schnelligkeit und Koordination.

Im Prinzip sind das die gleichen Fähigkeiten, die auch im täglichen Leben benötigt werden, aber mit zunehmendem Alter leider abnehmen. Durch frühzeitiges Training lässt sich der Altersgang zwar nicht stoppen, jedoch deutlich verlangsamen. Da geht es dann weniger um den Ausbau als vielmehr um den Erhalt dieser Fähigkeiten. Besonders sind hierbei die Ausdauer, die Kraft, die Beweglichkeit und die Koordination von Bedeutung, während die Schnelligkeit eher eine spezielle Fähigkeit darstellt.

Konzentrieren wir uns zunächst auf die Ausdauer. Damit wird im Allgemeinen die Ermüdungswiderstandsfähigkeit definiert. Erst eine gute Ausdauer ermöglicht es, eine gewählte Intensität möglichst lange aufrechtzuerhalten. Auf diese Weise lassen sich die sportliche Technik und das taktische Verhalten über längere Zeit stabilisieren, ohne zu ermüden. Ein umfangreiches und intensives Training ist deshalb nur auf der Basis einer guten Ausdauer möglich. Hinzu kommt, dass man sich dann nach einer Belastung wieder schneller erholt.

Die Ausdauer ist keine isoliert existierende Fähigkeit, sondern benötigt immer die Inanspruchnahme von Kraft, Schnelligkeit, Beweglichkeit und Koordination. Deshalb ist die Entwicklung einer guten Grundlagenausdauer, auf der dann die speziellen Fähigkeiten aufgebaut werden können, von großer Bedeutung. Diese Ausdauer ist nicht nur bei den klassischen Laufsportarten, beim Radfahren, Skilanglauf und dergleichen bedeutsam, sondern bei allen sportlichen Betätigungen. So gibt es auch den Begriff der Kraftausdauer beim Krafttraining. Dazu aber später.

Trainingsmethoden

Zur Steigerung der Ausdauer haben sich einige gängige Trainingsmethoden etabliert. Diese werden nicht nur bei Laufsportarten angewandt, sondern in angepasster Form auch bei den Kraftsportarten. Dabei lassen sich prinzipiell vier Grundmethoden unterscheiden.

Dauermethode

Die Dauermethode ist die am häufigsten eingesetzte Trainingsmethode und dient der Verbesserung der allgemeinen aeroben dynamischen Ausdauer. Hierbei wird ein einziger Belastungsreiz über einen längeren Zeitraum aufrechterhalten. Ein typisches Beispiel ist der Dauerlauf. Die Belastung kann hierbei gleichbleibend kontinuierlich sein oder planmäßig variabel innerhalb einer gewissen Bandbreite (Tempowechselmethode). Ferner können auch geländebedingte unplanmäßige Belastungen wie Steigungen oder Gefälle vorhanden sein. Die Belastungsintensität wechselt von niedrig bis maximal (z. B. Gehen bis Sprint). Man spricht in diesem Zusammenhang dann von einem sogenannten Fahrtspiel.

Mit der Dauermethode erreicht man eine Ökonomisierung der Herz-Kreislauf-Wirkung, eine Verbesserung der aeroben Ausdauerleistungsfähigkeit, des aeroben Stoffwechsels und der Fettverbrennung. Sie ist für den Gesundheitssportler die allererste Wahl.

Intervallmethode

Intervallmethoden finden ihre Anwendung eher in einem leistungssportlich orientierten Training. Sie sind gekennzeichnet durch einen regelmäßigen Wechsel zwischen Belastung und kurzen Pausen. In diesen Pausen findet keine vollständige Erholung statt; vielmehr erfolgt die Regeneration nur zu 50 Prozent. Und schon kommt wieder die nächste Belastung. Das Ganze schaukelt sich dann in mehreren Intervallen bis zur völligen Ermüdung auf. Man nennt diese kurzen, quasi unvollständigen Pausen auch lohnende Pausen.

Die Intervallmethode fördert die Entwicklung des Herz-Kreislauf-Systems bis hin zur Sportlerherzentwicklung und verbessert die aerob-anaerobe Energiebereitstellung. Hier findet sich der eher leistungsorientierte Hobbysportler. Auch beim Training im Amateur- und Profibereich von Ballsportlern wie beim Fußball wird diese Methode bevorzugt angewandt.

Wiederholungsmethode

Kennzeichen der Wiederholungsmethode sind intensive Belastungsphasen bis hin zur Ausbelastung. Daran schließen sich jetzt sogenannte vollständige Pausen an. Die beanspruchten Systeme sollen hierbei nahezu in ihre ursprüngliche Ausgangslage zurückkehren. Gleich darauf folgt dann wieder eine volle Ausbelastung mit anschließender vollständiger Pause und so fort. Die Trainingswirkung der Wiederholungsmethode ergibt sich aus dem Durchlaufen aller physiologischen Prozesse bis hin zur Ausbelastung.

Die Wiederholungsmethode wird hauptsächlich im Leistungssport eingesetzt und sorgt für eine Verbesserung der aerob-anaeroben Energiebereitstellung und verbessert das „Stehvermögen" bei starker Übersäuerung.

Wettkampfmethode

Auch diese Methode ist, wie der Name schon sagt, nur dem Leistungssport vorbehalten. Kennzeichnend ist eine den Wettkampfbedingungen vergleichbare einmalige Belastung. Es soll damit eine hohe Auslastung aller Funktionssysteme trainiert werden.

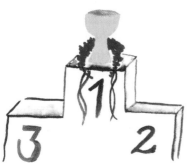

Für den Gesundheitssportler sind eigentlich nur die Dauermethode und in gewissen Grenzen noch die Intervallmethode von Bedeutung.

Im Übrigen geben die obigen Aussagen über Trainingsprinzipien und Trainingsmethoden nur einen grundsätzlichen Abriss über das gesamte Thema wieder. Jede Sportart und jedes sportliche Ziel, welches man mit Training erreichen will, erfordert seine speziellen Maßnahmen. Jeder Trainer hat so seine Geheimnisse, wie er seine Schützlinge voranzubringen versucht. So ist es auch nicht verwunderlich, dass es alleine zur Trainingslehre eine Vielzahl unterschiedlicher Bücher nur über dieses Thema gibt. Nichtsdestotrotz sind die oben genannten Zusammenhänge die absoluten Grundlagen des Trainings.

Grenzen des Trainings

Die in Abbildung 4.3 gezeigte Leistungsfähigkeit lässt sich leider nicht ins Unendliche steigern. Da würden die Bäume ja in den Himmel wachsen. Es gibt da durchaus Grenzen, die im Wesentlichen von den folgenden Faktoren bestimmt werden: Dies wären der momentane Trainingszustand, das Alter und insbesondere auch die genetischen Anlagen des Trainierenden. Bei untrainierten Personen sind am Anfang sehr schnell große Leistungsverbesserungen zu verzeichnen. Dies bedeutet, dass sich mit einem relativ kleinen Trainingspensum ein durchaus hoher Leistungszuwachs erzielen lässt. Das ist der berühmte Anfangserfolg, der einem Mut zum Weitermachen gibt (Abb. 4.5 und Tabelle 4.1). Je besser aber der Trainingszustand wird, desto kleiner wird der erzielbare Zuwachs. Das betrifft speziell den fortgeschrittenen Sportler.

Leistungssportler dagegen bewegen sich schon ziemlich im Grenzbereich und befinden sich nahe ihrer genetisch bedingten Grenzen. Sie brauchen mitunter Jahre, um kleinste Verbesserungen zu erreichen. Aber das sind dann genau die Unterschiede zwischen Mittelklasse und Weltklasse. Wenn Sie heute mit dem Training für einen 100-Meter-Lauf beginnen, werden Sie sehr schnell

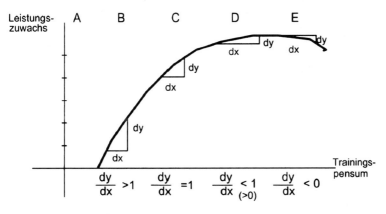

Abb. 4.5 Leistungsentwicklung beim Training [99, 100]

Tab. 4.1   Leistungsentwicklung und Trainingsaufwand [99, 100]

Phase	Trainingszustand	Trainingspensum	Leistungsentwicklung
A	Untrainierter	zu gering	nicht messbar
B	Anfänger	gering	hoch
C	Fortgeschrittener	mittel	mittel
D	Leistungssportler	hoch	gering
E	Leistungssportler	extrem hoch	negativ

Verbesserungen erzielen. Zwei Zehntel Sekunden sind da gar nichts. Aber in der Weltspitze wird es sehr eng. Der noch 2012 gültige Weltrekord mit einer Zeit von 9,58 Sekunden wurde im Jahr 2009 in Berlin von Usain Bolt aus Jamaika aufgestellt. Bei seinem Olympiasieg 2012 in London lag seine Siegerzeit bei 9,63 Sekunden. Vielleicht erinnert sich noch einer an den Rekord von Armin Hary mit 10,0 Sekunden – das war 1960. Er war der letzte Deutsche und letzte Europäer, der einen 100-Meter-Weltrekord gehalten hat. Die Verbesserungen in dieser Disziplin erfolgen jeweils in kleinsten Schritten. Es kann ja schließlich nicht sein, dass in 100 Jahren die Distanz in null Sekunden gelaufen wird. Abbildung 4.5 soll die Zusammenhänge der Leistungsentwicklung beim Training etwas anschaulicher darstellen.

Tabelle 4.1 erläutert die einzelnen Phasen abhängig vom Trainingszustand. Bei der Phase E handelt es sich um das Phänomen des Übertrainings. In seiner leichten Form führt das zu einer Stagnation im Trainingsprozess. Im fortgeschrittenen Stadium kann es zu einer Leistungseinschränkung beziehungsweise einem Leistungsabfall kommen. Unter Übertraining versteht man einen Ermüdungszustand, der sich durch eine normale Erholung nicht mehr beseitigen lässt. Er tritt infolge einer Anhäufung großer Belastungsreize bei unzureichender Regeneration auf. Das Verhältnis von Belastung und Erholung ist nachhaltig gestört. In seiner fortgeschrittenen Form kommt es zu chronischen Leistungseinschränkungen mit Zusammenbruch des Immunsystems, hormonellen Veränderungen und auch Depressionen. Der Zustand des Übertrainings ist jedoch nicht mit einer vorübergehenden Ermüdung nach harten Trainingseinheiten zu verwechseln. Das Übertraining tritt erst auf, wenn viele zu harte Einheiten bei unzureichender Erholung durchgeführt werden.

Genetische Grenzen

Ein uralter winterlicher Gassenhauer reimt: „Mancher lernt es nie, das Fahren mit den Ski." Ein bisschen Wahrheit ist an diesen alten Sprüchen ja meist dran. Man bemüht sich redlich, nur der Erfolg lässt zu wünschen übrig. Man stößt dann an seine individuelle genetische und körperliche Grenze. Ein Beispiel hierzu: Es gibt in der menschlichen Muskulatur schnelle und langsame Muskelfasern. In der Regel sind diese bei den meisten Menschen gleich verteilt zu finden. Die schnellen Muskelfasern, die FT-Fasern (*fast twitch fibres*), können sehr schnell kontrahieren; sie sind aber sehr arm an Mitochondrien, das heißt, die Langzeitausdauer lässt somit zu wünschen übrig. Die langsamen Muskelfasern, die sogenannten ST-Fasern (*slow twitch fibres*) kontrahieren und erschlaffen relativ langsam. Sie sind aber sehr mitochondrienreich. Damit kann man über eine längere Zeit eine sehr gute Ausdauer erzielen. Es gibt nun Menschen, die überwiegend mit der einen oder der anderen Variante gesegnet sind. Damit ist sonnenklar, dass Athleten mit dominierenden FT-Fasern deutlich bessere Ergebnisse in Sprintwettbewerben erzielen und Athleten mit überwiegend ST-Fasern bessere Karten in ausdauerorientierten Wettbewerben, zum Beispiel in Langstreckenwettbewerben, haben werden. Anhand von Untersuchungen konnte gezeigt werden, dass Ostafrikaner mehrheitlich mit ST-Muskelfasern ausgestattet sind und Westafrikaner vorwiegend FT-Muskeln haben. Diese einfache Tatsache spiegelt sich auch in den Ergebnissen wieder. Die Sieger der Langstreckenwettbewerbe kommen tatsächlich aus dem östlichen Teil Afrikas, während die Sprinterkönige aus dem westlichen Teil dieses Kontinents kommen. Hierzu muss man auch die Afroamerikaner zählen, denn diese haben ihren Ursprung ebenfalls im westlichen Teil von Afrika. Es ist aber jetzt nicht so, dass alle Westafrikaner schnell sprinten können, nur in der Weltspitze kristallisieren sich natürlich diejenigen heraus, die zu all dem Training noch die besseren genetischen Voraussetzungen mitbringen. Die derzeitigen Weltrekordler über 5000 Meter, 10.000 Meter und die Marathondistanz kommen alle aus Kenia oder Äthiopien. Beide Staaten liegen bekanntlich in Ostafrika. Die Rekorde über 100 Meter, 200 Meter und 400 Meter werden von einem Jamaikaner und einem Amerikaner gehalten. Wenn Sie nicht die richtige genetische Ausstattung haben, können Sie trainieren, was Sie wollen, Sie werden die Weltspitze nicht erreichen. Das ist leider so.

Kann man diese Grenzen sprengen?

Man kann, leider; aber dies sollte man tunlichst nicht tun. In Abbildung 4.6 sind die verschiedenen Bereiche der menschlichen Leistungsfähigkeit dargestellt. Im untrainierten Zustand ist es dem Menschen selbst bei maximaler willentlicher Anstrengung nicht möglich, mehr als 70 Prozent seiner genetisch vorgegebenen Energiereserven für eine Leistung freizusetzen. Durch jahrelanges Training ist ein Hochleistungssportler jedoch in der Lage, den Bereich seiner willentlich aktivierbaren Reserven zu vergrößern.

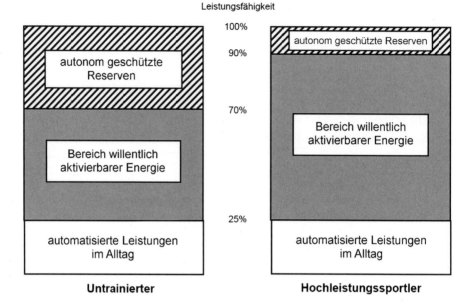

Leistungsfähigkeit

Abb. 4.6   Menschliche Leistungsbereiche [101]

Es können damit maximal 90 Prozent der körperlichen Leistungsfähigkeit ausgeschöpft werden. Die restlichen zehn Prozent dienen als Notreserven für Krisensituationen und werden vom Organismus autonom geschützt. Tritt ein solcher Notfall (z. B. Todesangst) ein, dann können diese Reserven vegetativ mobilisiert werden und unter Umständen über Leben und Tod entscheiden.

Beim Leistungssport stoßen die Athleten durch Training irgendwann an diese genetisch vorgegebene Grenze. Dann liegt die Versuchung nahe, auch die letzten geschützten Reserven für den Wettkampf zu mobilisieren. An diese kommt man aber unter normalen Situationen nur mit Mitteln und Methoden ran, die als Doping bezeichnet werden.

Allen Ausdauersportarten ist gemein, dass diese im aeroben Bereich, also unter der Mitwirkung von Sauerstoff, ablaufen. Je intensiver die Muskelarbeit ist, desto mehr Sauerstoff wird in den Mitochondrien der Muskelzellen benötigt. Das hat beispielsweise zu der Idee des Eigenblutdopings geführt, was auch einigen bekannten Radsportlern vorgeworfen wurde. Hierbei lässt sich der Sportler einige Wochen vor dem entscheidenden Wettkampf bis zu einen Liter Blut abnehmen. Mit einer Zentrifuge werden die roten Blutkörperchen vom übrigen Plasma getrennt. Zurück bleibt das Konzentrat aus roten Blutkörperchen, welches gekühlt gelagert wird. Aufgrund des Blutverlusts wird anschließend die Produktion der Erythrocytenbildung stimuliert. Nach rund vier bis sechs Wochen haben das Blutvolumen und die Anzahl der roten Blutkörperchen wieder normale Werte erreicht. Jetzt kann dem Athleten kurz vor dem Wettkampf wieder das gelagerte Konzentrat mit seinen eigenen roten Blutkörperchen injiziert werden. Der Sportler erhöht damit in seinem Blut auf einen Schlag die Gesamtzahl der Erythrocyten und verbessert so natürlich die Sauerstofftransportkapazität deutlich. Das Ganze klingt nicht nach Medikamenten oder sonstiger Chemie. Es ist aber aus Gründen der Wettkampfverzerrung trotzdem verboten.

Manipulationen mit Eigen- und Fremdblut standen im Mittelpunkt der Dopingskandale um österreichische Skisportler bei den Olympischen Winterspielen 2006 in Turin und im Radsport mit einem spanischen Arzt als zentraler Figur. [102]

Es gibt natürlich auch noch härtere Methoden des Dopings, bei denen die Einnahme von „Mittelchen" verschiedenster Art im Vordergrund steht. Aber dies verzerrt nicht nur den Wettbewerb, es kann auch erheblich die Gesundheit des Sportlers beeinträchtigen.

5

Sport ist Mord

„No sports, only whisky". Diese Antwort soll angeblich Sir Winston Churchill auf die Frage eines Journalisten gegeben haben, was das Geheimnis seines hohen Alters sei. Es ist jedoch stark zu vermuten, dass er diese allgemein bekannte Aussage nie getroffen hat, und wenn doch, dann sicher nur im Scherz. Dieser Spruch ist auch nur im deutschsprachigen Raum bekannt, zumindest findet man ihn auf keiner einzigen englischen Internetseite. Im renommierten *Oxford Dictionary of Quotations* sucht man das Zitat ebenfalls vergebens. Bemerkenswert ist hierbei, dass Sir Winston Churchill besonders in jungen Jahren dem Sport sehr wohl zugetan war. Er war sportlich unter anderem als Fechter, Schütze, Schwimmer, Reiter und Polospieler aktiv. Auch der englische Nationalsport Kricket gehörte zu seinen Vorlieben. Noch als über 70-Jähriger nahm er an Fuchsjagden teil. Reiten war überhaupt seine Passion. Churchill war also ein weit überdurchschnittlich sportlicher Mensch und feierte dabei auch viele Erfolge. Er starb schließlich 1965 im Alter von 91 Jahren. Der obige Spruch passt also gar nicht zu ihm. Er wird aber gerne als Ausrede von Sportgegnern benutzt, um die eigene Unsportlichkeit vor sich und den anderen zu entschuldigen. Man könne ja auch ohne Sport, aber dafür mit einigen Fässern Whisky, ein sehr hohes Alter erreichen.

Dass Sport gesundheitlich positive Wirkungen hat, ist in Medizinerkreisen heutzutage unstrittig. Aber andererseits ist es genauso unstrittig, dass Sport nicht unerhebliche Nebenwirkungen haben kann. In der Medizin gilt nun mal: „Die Dosis macht's." Schauen wir uns einmal einige der Nebenwirkungen an beziehungsweise, was man beim Sport tunlichst lassen sollte.

In der Schweiz hat man die Risiken von Bewegung und besonders von Sport und deren volkswirtschaftliche Bedeutung einmal näher untersucht. Zahlenmäßig von größter Bedeutung sind dabei die Sportunfälle. Hierzu wurden die Daten der Unfallversicherer und der Schweizerischen

W. Zägelein, *Move for Life*, DOI 10.1007/978-3-642-37643-6_5,
© Springer-Verlag Berlin Heidelberg 2013

Beratungsstelle für Unfallversicherung ausgewertet. Das Ergebnis waren rund 300.000 Verletzungen durch Sportunfälle pro Jahr, welche Gesamtkosten von etwa 3,5 Milliarden Schweizer Franken verursachten. Alle Unfallverletzungen zusammen summierten sich auf rund 970.000 pro Jahr mit Gesamtkosten von etwa 23,2 Milliarden Schweizer Franken. Dies bedeutet, dass etwa ein Drittel aller Unfallverletzungen auf Sport zurückzuführen sind. [103]

Ähnliche Erhebungen wurden auch in Deutschland vorgenommen. Laut einer Untersuchung der ARAG Allgemeine Versicherungs-AG und der Ruhr-Universität Bochum beläuft sich die Zahl auf 1,33 Millionen Sportverletzungen pro Jahr. [104]

Ein bedeutender Verletzungsgrund im Sport ist der Gegner- oder Fremdkontakt. Hier stehen besonders die kampfbetonten Sportarten mit hohem Körpereinsatz im Vordergrund. Man darf dabei die Physik und da insbesondere die Kinematik nicht vergessen. Ein scharf geschossener Elfmeter zum Beispiel trifft den Torwart mit etwa 70 Stundenkilometern und einer Gewichtskraft von etwa 250 Kilogramm. Im Profibereich liegen die Werte noch ein Stück höher. Ein auf der Piste stürzender Skifahrer wird schon bei 30 Stundenkilometern mit dem 30- bis 40-Fachen seines Körpergewichts gestaucht. Abfahrtsläufer, die mit 100 Stundenkilometern von der Piste getragen werden, durchschlagen den ersten Sicherheitszaun mit der Wucht von 3,7 Tonnen – als fielen sie ungebremst aus den 15. Stock. Seit der Erfindung des Carving-Skis ist die Drehbelastung des Skeletts der springende Punkt, was zahlreiche Bänderrisse zur Folge hat. Männliche Mountainbiker tragen noch ihr Scherflein zu unserer Kinderarmut bei, denn beim Bergabfahren fügen sie ihren Hoden so viele Mikroverletzungen zu, dass sich bei mehr als 90 Prozent von ihnen Zysten und Verkalkungen bilden. [105]

Selbst bei Sportarten, die manche erst im gesetzten Alter beginnen, wie Golf, ist Gefahr im Verzug. Ein kraftvoll ausgeführter und auch gelungener Schlag hat schon mal zum Abriss des Sitzbeinhöckers (Teil des Beckenknochens) geführt. Weiterhin kann der Golfspieler statt des Balles den Boden treffen und diesen mit seinem Schlagholz umackern. Handwurzelfrakturen oder Ähnliches sind die Ergebnisse solcher Misserfolge.

Sogar bei beschaulich anmutenden Sportarten, die in geschützter und meist gastfreundlicher Umgebung stattfinden, wie Kegeln, darf man sich nicht sicher vor Verletzungen fühlen. Es kommt hin und wieder vor, dass ein Kegler beim Aufsetzen der Kugel an der Startlinie ausrutscht. Dadurch werden die Adduktoren, das sind die Muskeln, die das Bein zur Körpermitte heranziehen, überbeansprucht. Operation nicht ausgeschlossen.

Dass bei Kampfsportarten wie Karate, Judo, Boxen oder ähnlichen Verletzungen auftreten können, ist für jedermann leicht vorstellbar. Bei den fernöstlichen Kampfsportarten wird vieles nur angedeutet, was natürlich auch einmal schiefgehen kann. Aber beim Boxen ist die gegenseitige Verletzung nicht unerwünschter Beipack, sondern Sinn des Ganzen. Am Ende droht die „Dementia pugilistica". Dies ist ein der Parkinson-Krankheit ähnliches Leiden, welches von Kampfsportfreunden jedoch liebevoll „Schlagtrunkenheit" genannt wird. [105, 106]

Schaut man sich mal die Verletzungshäufigkeiten näher an, so stellt man fest, dass Fußball der einsame Spitzenreiter ist, gefolgt von Skilauf und Handball. Das kommt natürlich auch daher, dass bei uns Fußball Volkssport Nummer 1 ist und zur wichtigsten Nebensache gehört. Meine beiden Söhne waren schon mit jeweils sechs Jahren Mitglied im ortsansässigen Fußballclub und haben dort in der F-Jugend begonnen. Der Jüngere hat nach relativ kurzer Zeit wieder unverletzt aufgehört, während der Ältere dem Fußball viele Jahre treu geblieben ist. Jetzt, Mitte Zwanzig, hat er Probleme mit dem Knie.

Etwa 80 Prozent aller Fußballunfälle ereignen sich bei Aktionen, bei denen der Zweikampf wesentlicher Bestandteil war. Bei einer Befragung gaben etwa 70 Prozent übertriebenen Kampfeseifer beziehungsweise das Zweikampfverhalten in Kombination mit der Nichtbeachtung sportlicher Regeln als wesentliche Verletzungsursache an. Hierbei war die Kniegelenksregion am häufigsten betroffen.

Beim Skifahren verletzen sich jedes Jahr etwa 70.000 bis 75.000 Bundesbürger so schwer, dass sie ärztlich behandelt werden müssen. Bei etwa 12.000 dieser verletzten Skifahrer ist sogar ein mehrtägiger Aufenthalt im Krankenhaus notwendig. Mehr als 1000 Skifahrer behalten aufgrund von Skiunfällen bleibende Beeinträchtigungen ihrer Gesundheit zurück und etwa 25 Skifahrer erleiden jedes Jahr tödliche Verletzungen. Am häufigsten sind auch hier Verletzungen im Kniebereich. Nahezu 40 Prozent aller ernsthaften Verletzungen betreffen diesen Körperteil. Der „Skidaumen" – Zerrung, Bänderriss oder Fraktur im Daumengrundgelenk – ist ebenfalls eine im alpinen Skisport häufig anzutreffende Verletzung.

Inlineskating, das Fahren auf acht Rollen, ist nicht nur gesund, sondern auch gefährlich. Durch die relativ hohen Geschwindigkeiten von 20 bis 30 Stundenkulometer – wobei in der Spitze bis zu 50 Stundenkilometer erreicht werden können – und den oftmaligen Mangel an Grundkenntnissen und Basistechniken ist die Verletzungsinzidenz relativ hoch. Besonders gefährdet sind die oberen Extremitäten. Bisher vorliegende Studien stellen übereinstimmend fest, dass die Bereitschaft zur passiven Prophylaxe und das

Tragen von Protektoren noch sehr zu wünschen übrig lassen. Bei Stürzen oder Kollisionen mit anderen Verkehrsteilnehmern sind vor allem die knöchernen Strukturen im Bereich des Handgelenks gefährdet. [104, 107]

So könnte man jetzt eine Sportart nach der anderen durchleuchten und zu dem Ergebnis kommen, dass beim Sport überall Gefahren lauern und Sport ohne Blessuren überhaupt nicht möglich ist. Sobald man das weiche warme Sofa verlässt, wird alles höchst riskant. Es hat offenbar alles seine Nebenwirkungen. Fragen Sie Ihren Arzt oder Apotheker. Selbst beim Schreiben dieser Zeilen hatte ich bei meinem seit über 20 Jahren allwöchentlich stattfindenden Tennisdoppel mal wieder eine unangenehme Erfahrung machen dürfen. Beim Sprint nach einem Stoppball, den ich zwar erreichte und retournieren konnte, stolperte ich beim nachfolgenden Abbremsen und knallte in das Netz und den daneben befindlichen Pfosten. Das Ergebnis war (nur) eine Prellung des kleinen Fingers. Diese war zwar sehr schmerzhaft, aber ich konnte sie ohne Zuhilfenahme der Solidargemeinschaft der Versicherten auskurieren. Nach zwei Wochen Pause ging es dann wieder auf den Platz. Dieser und ähnliche Fälle tauchen in keiner Statistik oder sonstigen öffentlich zugänglichen Unfallberichten auf. Sport ist anscheinend noch gefährlicher, als offiziell angenommen. Schauen wir uns beispielhaft eine Sportart an, die auf dem ersten Blick relativ unverdächtig erscheint, nämlich das Laufen. Außer im Straßenverkehr kann das doch gar nicht gefährlich sein. Oder doch?

Die selbstständige Fortbewegung des Menschen geschieht unter Einwirkung innerer und äußerer Kräfte. Als innere Kräfte, welche im Körper selbst erzeugt werden, kommen vor allem Muskelkräfte und elastische Zug- und Druckspannungen von Sehnen, Bändern und Gelenkknorpeln infrage. Als äußere Kräfte wirken die Erdanziehungskraft, die Reibung am Boden und der Luftwiderstand. [108]

Im Unterschied zum Gehen ist der Körper beim Laufen (z. B. Joggen) kurzzeitig in der Luft. Das Laufen stellt einem rhythmisch-dynamischen Bewegungsablauf dar. Der ganze Körper wird in die Bewegung einbezogen, wobei die größte Beanspruchung in den unteren Extremitäten (Beinen) liegt. Die Rhythmik des Bewegungsablaufs kann man in verschiedene Bewegungsphasen unterteilen. Schauen wir uns diese einmal genauer an.

Beim Abstoßen des Körpers vom Boden (hintere Stützphase) sind zuerst die vordere Oberschenkelmuskulatur und die Fußstreckmuskulatur und anschließend zunehmend auch die Waden- und hintere Oberschenkelmuskulatur gefordert.

Nach dem Ablösen des Fußes vom Boden wird das Bein nach hinten geführt (hintere Schwungphase). Hierbei kommt es zu einer Streckung des Hüftgelenks sowie einer Beugung im Kniegelenk und oberen Sprunggelenk. Die für diese Bewegung benötigten Muskeln sind die vordere Ober- und die vordere Unterschenkelmuskulatur.

Es folgen das Nach-vorneFühren des Beines (vordere Schwungphase) mit Streckung des Kniegelenks und die Vorbereitung auf das Aufsetzen des Fußes. Besonders aktiv in dieser Bewegungsphase ist die vordere Unterschenkelmuskulatur.

Beim Aufsetzen des Fußes (vordere Stützphase) müssen die Gelenke und Muskeln des Beines das Körpergewicht abfangen und den Aufprall abfedern. Insbesondere die vordere Oberschenkelmuskulatur, die Wadenmuskulatur und das Kniegelenk werden hierbei beansprucht. Danach beginnt wieder ein neuer Bewegungszyklus mit entsprechender Belastung der Muskulatur. [109]

Dies bedeutet letztendlich, dass zum Abheben beziehungsweise Abstoßen des Körpers eine größere Kraft als die Gewichtskraft notwendig ist. Deren Größe hängt von der Laufdynamik respektive der Laufgeschwindigkeit ab. Das nächste Problem stellt die „Landung" dar. Hierbei wirkt dann auch eine Kraft, die deutlich höher als die eigentliche Gewichtskraft ist. Wir müssen also beim Laufen mit unseren Muskeln permanent Kräfte aufbringen oder diese auffangen, welche deutlich über unserem Körpergewicht liegen.

In diesem Zusammenhang kamen zwei Forschungsstudien zu dem Ergebnis, es sei gelenkschonender, barfuß ohne Schuhe zu joggen. Dies rühre daher, dass beim Jogging mit Schuhen meistens zuerst die Ferse auf dem Boden aufsetze und dabei die Gelenke und das Knie mit etwa dem Dreifachen des Körpergewichts belastet würden. Ohne Schuhe setzen in der Regel zuerst der Ballen oder der Mittelfuß auf, wodurch der Stoß stark abgefedert werde. [110, 111]

Mit dieser Erkenntnis kann man jetzt horrende Rechnungen aufmachen. Man kann errechnen, welches Gewicht ein Jogger während eines Laufes von einem Kilometer abfangen muss. Nimmt man einen 75 Kilogramm schweren Jogger mit einer Schrittlänge von 0,7 Metern, dann ergibt sich nur bei Berücksichtigung des Körpergewichts alleine eine Gesamtkraft von über 107.000 Kilogramm pro Kilometer. Die Aufprallkraft liegt aber auf jeden Fall über dem Körpergewicht. Bei einer Belastung mit dem dreifachen Gewicht errechnet sich über einen Kilometer gesehen eine Gesamtkraft von über 321.000 Kilogramm. Das sind schlappe 321 Tonnen. Nimmt man abschließend noch die Marathonstrecke her und läuft diese anstatt barfuß mit Laufschuhen im „Fersengang", so resultiert daraus ein Gewicht von 13.562.679 Kilogramm. Das entspricht dem 1,3-fachen Gewicht des Eiffelturms. Können wir diese Last über längere Zeit überhaupt aushalten? Maschinen, die intensiv genutzt werden, brauchen schließlich eine regelmäßige Wartung und hin und wieder ist auch mal ein Wechsel eines Ersatzteiles notwendig. Ein Totalverschleiß ist ebenfalls nicht ausgeschlossen. Es ist daher kein Wunder, wenn die Verletzungsrate bei Läufern steigt. 30 bis 50 Prozent aller Beschwerden haben in irgendeiner Weise mit dem Kniegelenk zu tun. Als Ursachen werden eine ungenügende Schockabsorption auf hartem Untergrund, Achsfehlstellungen sowie Trainingsfehler angenommen. [112]

Mit den obigen Zahlenspielereien kann man die Dinge sehr plakativ ausdrücken. Wir sollten jedoch locker bleiben, aber die Dinge im Hinterkopf behalten. Das richtige Maß an Bewegung ist individuell sehr verschieden. Und es muss an geeigneter Stelle schon mal gefragt werden, wie viel Sport ist nützlich und ab wann treten die Nebenwirkungen ein. Um diese Thematik werden wir in den folgenden Kapiteln nicht herumkommen.

Zurück zum Laufen. Hierbei ist die Schrittlänge eine sehr individuelle Größe. Der obige Wert von 0,7 Metern ist willkürlich gewählt und dürfte etwa ein mittlerer Wert eines Gesundheitssportlers sein. Es geht hierbei ja stark die Körpergröße ein. Leistungssportler haben in der Regel Schrittlängen von über einem Meter. Eine zu große Schrittlänge bremst aber den Körperschwung bei der Gewichtsübertragung ab, da über das gestreckte Knie ein Bremsmoment erzeugt wird. Bei zu großer Schrittlänge wird zudem der Fuß vor dem Körperschwerpunkt aufgesetzt und man landet vermehrt auf dem Absatz. Dies ist dann wieder für das Knie kontraproduktiv. Ist die Schrittlänge hingegen zu klein, führt das zu einer verkürzten Kraftübertragung und damit zu einem langsameren Tempo. Allerdings gilt hinsichtlich der Schrittlänge gerade für Anfänger und Gesundheits-Jogger generell: Lieber zu kurze Schritte und dafür mehr als zu lange! [113]

Ausdauersport, zu dem auch das Joggen gehört, bedeutet eine enorm erhöhte Volumenbelastung für das Herz. Dem muss man Rechnung tragen. Leider wird das Ausdauertraining häufig ohne jegliche sportliche Voraussetzung begonnen und die Leistung wird gleich extrem gesteigert. Die Ursachen dafür sind Eitelkeit, Selbstüberschätzung oder totale Fehleinschätzung des eigenen körperlichen Zustands. Wer sich hohe Belastungen zumuten möchte, muss sich ordentlich darauf vorbereiten. [114]

Für ältere, untrainierte und schwerere Zeitgenossen wird oft Walking und da wiederum Nordic Walking besonders empfohlen. Man kann immer wieder hören, dass die Stöcke eine Erleichterung beim Walken brächten. Man

kann es empfinden, wie man will, aber dies ist nicht der Grund für die Verwendung von Stöcken. Der Stock ist keine Gehhilfe und ist auch nicht für das Verjagen von angreifenden Hunden konzipiert. Genau genommen will man damit das Ganze eigentlich erschweren. Durch den Stockeinsatz sollen die Arme, die Hände und die Schulter gezielt mitbewegt werden. Auf diese Weise werden 90 Prozent der gesamten menschlichen Muskulatur am Bewegungsablauf beteiligt. Der Arbeitseinsatz pro Wegstrecke wird dadurch höher. Aus gesundheitlichen Aspekten sollen ja möglichst viele Muskeln moderat und nicht nur einige wenige Muskeln dafür besonders stark beansprucht werden. Dann kommen wir der Bewegung in ihrer Wirkung als Gesundbrunnen schon ein bisschen näher.

Man kann fast machen, was man will. Wenn man es nur darauf anlegt, findet man in jeder Suppe ein Haar. So kann man bezüglich des Nordic Walkings auch Nachteile entdecken. In einer Studie wurden die Gelenksbelastungen beim Nordic Walking mit denen beim Walking und Laufen miteinander verglichen. Wie sich zeigte, ist die Gelenkbelastung beim Laufen (Joggen) im Vergleich zu Nordic Walking und Walking im Mittel höher einzuschätzen. Was schließlich auch zu erwarten war. Interessant ist aber noch, dass beim Auftritt (der kritischen „Landephase") beim Nordic Walking eine höhere Belastung als beim einfachen Walking gemessen wurde. Der Stockeinsatz führt also nicht zu einer Reduzierung der mechanischen Belastung im Kniegelenk. Was ja auch nicht der Sinn der Stöcke ist.

Es gibt allerdings auch einige Kräfte, die beim Laufen geringer als beim Nordic Walking und auch beim Walking sind. Dies wären die Knie- und Sprunggelenksmomente in der Transversalebene. Die Transversalebene ist die Ebene, die parallel zur Bodenfläche verläuft. Das lässt sich auch leicht durch die etwas schiebend anmutende Wirkung des Walkings erklären. Beim Laufen oder Joggen dominiert die Auf- und Abbewegung. Dort sind die Kräfte in den senkrechten Ebenen größer. [115] Aber dies merkt man auch ohne Studie, wenn man die Laufarten im persönlichen Test selbst miteinander vergleicht.

Da wäre noch das Radfahren. Ein schöner Sport, der von vielen Zeitgenossen begeistert ausgeübt wird. Auch ich fahre hin und wieder gerne mit dem Fahrrad. Nur ist hier im Gegensatz zum Nordic Walking ein kleinerer Prozentsatz der verfügbaren Muskeln im Einsatz. Der Oberkörper sitzt zusammen mit den Armen katzenbuckelartig fest und darunter wuseln die Beine auf und ab wie die Kolben eines Zweizylinder-Benzinmotors. Es arbeiten ausschließlich die Beine. Auch da gibt es eine schöne Studie. In dieser Studie wurde ein Vergleich zwischen Radfahren und Laufen durchgeführt und das sich hierbei bildende Lactat betrachtet. Hierzu wurde bei verschiedenen Belastungen sowohl beim Radfahren als auch beim Laufen das Lactat im Blut aus dem Ohrläppchen bestimmt (Abb. 5.1). [116]

Wie zu erkennen ist, liegt bei gleicher Belastung, ausgedrückt in Prozent der maximalen Herzfrequenz, beim Radfahren eine deutlich höhere Lactatkonzentration vor. Das liegt einfach daran, dass weniger Muskeln mehr leisten und dadurch schneller übersäuern. Beim Laufen dagegen sind wesentlich mehr Muskeln im Einsatz, sodass bei identischer Ausbelastung des Probanden der

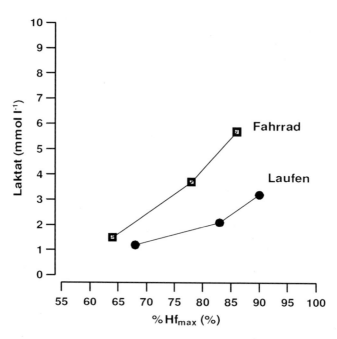

Abb. 5.1 Lactatverhalten in Relation zur Belastung

einzelne Muskel weniger belastet ist und somit nicht zur Übersäuerung neigt. Wer nicht die Medaillen, sondern nur die Gesundheit im Fokus hat, sollte eine Übersäuerung strikt vermeiden.

In diesem Zusammenhang rät Janet T. Wallace von der Universität Bloomington deshalb stillenden Sportlerinnen besonders zur Zurückhaltung. Sie erkannte, dass keine tiefenpsychologischen Probleme vorhanden sein müssen, wenn Säuglinge sich weigern, an der Brust ihrer sportlichen Mama zu nuckeln. Es könnte ja sein, dass nur die Milch sauer ist. Wallace' Messungen haben ergeben, dass manche Muttermilchprobe nach dem mütterlichen Sport von erwachsenen Testpersonen als sauer empfunden wurde. Man darf sich dann nicht wundern, wenn der Nachwuchs schreiend in den Hungerstreik tritt. Wer mag denn schon saure Milch? [38]

Ein wichtiges Thema ist auch noch unser Immunsystem. Wenn dieses gut ausgebildet ist, haben wir gute Chancen, ohne Erkältungskrankheiten über den Winter kommen, und sind auch gegen allgegenwärtige Ansteckungen besser gewappnet. Ebenso können wir damit allen anderen Krankheiten besser körpereigenen Widerstand bieten. Ein regelmäßig und moderat betriebenes Ausdauertraining ist durchaus ein Weg zur Stärkung des Immunsystems. Aber was ist, wenn wir damit übertreiben und uns an unsere Leistungsgrenzen herantasten. Dann braucht unser Körper die ganze Energie für die sportlichen

Aktivitäten. Das Immunsystem wird auf diese Weise herabgesetzt und Infektionen werden hierbei Tür und Tor geöffnet. Bei Spitzensportlern spricht man in diesem Zusammenhang vom Overtraining-Syndrom. Die Hauptursache ist eine zu hohe Trainingsdichte bei zu kurzen Erholungspausen. Die Sportler fühlen sich müde und abgeschlagen, ihre Leistung lässt nach.

In einer Beobachtungsstudie von 150 Ultramarathonläufern wiesen diejenigen die meisten Krankheitssymptome auf, die die besten Zeiten erreichten und die höchste Laufleistung pro Woche absolvierten. Ähnliches ergab eine Untersuchung an 530 Teilnehmern von Straßenrennen. Bei ihnen könnte die Infektionsrate regelrecht anhand der gelaufenen Kilometer ausgerechnet werden. [38, 117]

Besonders schlimm kann sich eine körperliche Anstrengung während einer akuten Infektion auswirken. Der Spruch „Was uns nicht umbringt, macht uns nur härter", kann hierbei fatale Folgen haben. Infekte aller Art beeinträchtigen nicht nur das Wohlbefinden, sondern greifen auch den Körper an und schwächen ihn. Läufer, die so vorbelastet auf die Piste gehen, haben schlechte Karten. Da schon reichliche Energien zur Abwehr des Infekts aufgewendet werden oder nach überstandener Krankheit aufgewendet wurden, kommt es zu einer Überlastung des Immunsystems beziehungsweise zu einer Infektverteilung im gesamten Körper. Auch das kann zu schweren Herzschäden führen und im ungünstigsten Fall den Tod zur Folge haben. [38]

Wenn ein Infekt einen Herzmuskel geschädigt hat, kann eine sogenannte Fibrose auftreten. Eine Fibrose (Sklerose) ist eine Organverhärtung oder Gewebeverhärtung infolge einer Neubildung von Bindegewebe. Durch diese Verdickung wird der Stoffaustausch erheblich verlangsamt. Wer dann bei Belastung in den anaeroben Bereich gerät, ist nahezu rettungslos verloren. Der Tod kommt schlagartig. Der Tod auf der Laufstrecke kündigt sich also nicht an. Er schlägt plötzlich zu. Darin eben besteht die große Gefahr. Wer im unmittelbaren Vorfeld eines Laufes an sich Unregelmäßigkeiten feststellt wie Brust- oder Rückenschmerzen, Kratzen im Hals, Schwächegefühl oder Ähnliches, sollte sich mit dem Arzt absprechen oder auf die Belastungen eines Laufes überhaupt verzichten. [114]

Die Zeilen dieses Kapitels lesen sich wie ein Handbuch für Sporthasser. Aber, was man auch tut, es besteht immer ein gewisses Restrisiko. Das gilt einerseits für Unfälle jedweder Art und andererseits auch für pathologische Folgen des Sports. Wenn ein Untrainierter plötzlich drauflos rennt und das Ganze womöglich zu schnell, zu lange und zu intensiv betreibt, darf er sich nicht wundern, wenn sich statt der erhofften positiven eher negative gesundheitliche Effekte einstellen. Zu große Beanspruchungen des Herz-Kreislauf-Systems sind mit entsprechenden Risiken verbunden. Es gibt auch immer wieder Meldungen vom plötzlichen Herztod von scheinbar gesunden Sportlern. Selbst junge Hochleistungssportler bleiben von plötzlichen Todesfällen während des Sports nicht verschont. An solchen nicht verletzungsbedingten Todesfällen im Sport sterben in Deutschland jährlich rund 1000 Menschen.

Wenn ein Athlet plötzlich beim Sport verstirbt, ist davon auszugehen, dass eigentlich immer eine bereits vorhandene Erkrankung die Ursache war. In 90 Prozent der Fälle war eine Herz-Kreislauf-Erkrankung der Grund. Allein durch Überanstrengung kommt es nicht zu einem Versagen der inneren Organe, da deren Reserven wesentlich größer als die des Bewegungsapparats sind. Die Art der zugrunde liegenden Erkrankung ist auch vom Alter des Sportlers abhängig. Besonders gefährdet sind bei den männlichen Breitensportlern die sogenannten Best Agers. Bei den dort vorkommenden Todesfällen kann mit einer 90-prozentigen Wahrscheinlichkeit eine bestehende koronare Herzerkrankung diagnostiziert werden. Frauen sind gegenüber Männern weniger oft von einer koronaren Herzerkrankung betroffen. Bei Athletinnen treten Todesfälle um den Faktor 10 seltener als bei männlichen Sportlern. [81]

Zu diesen inneren Ursachen kann eine Reihe äußerer Ursachen hinzukommen, wie beispielsweise ungünstige Umweltbedingungen. Sport bei zu großer Hitze und Luftfeuchtigkeit, Alkohol, Tabletten, Doping- und Aufputschmittel. Letztere können die natürlichen Ermüdungsgrenzen außer Kraft setzen, sodass auch ein an sich gesundes Kreislaufsystem versagen kann.

Auch sogenannte Gesundheitssportarten, wie Gehen, Joggen, Schwimmen und dergleichen bleiben von diesem Phänomen nicht ausgespart. Das rührt vor allem daher, dass Menschen mit gesundheitlichen Risiken oder Vorschäden diese „gesunden" Sportarten bevorzugen. Zur Vermeidung von Zwischenfällen ist es wesentlich, dass entsprechende Vorschäden rechtzeitig erkannt werden. Hierzu ist eine vorherige ärztliche Untersuchung notwendig. Warnhinweise wie Infektionen, Fieber, Herzrhythmusstörungen, Herzschmerzen und Ähnliches dürfen aus falsch verstandenem Ehrgeiz keinesfalls ignoriert werden. [81]

6

Move for life

Was nun? Ist Sport wirklich Mord? Einerseits wird von den Ärzten immer wieder gebetsmühlenartig behauptet, Sport sei förderlich für die Gesundheit, andererseits lebt eine ganze Reihe von Ärzten von den Schattenseiten des Sports. Besonders die Wartezimmer der Orthopäden sind meist wohl gefüllt. In diesem Zusammenhang stellt sich die Frage: Ist Sport gesund, und wenn ja, wie viel Sport braucht man wirklich für ein gesundes und bewegtes Leben? Man kann sich ja leicht vorstellen, dass ein Zuviel der Leibesertüchtigung einerseits eine körperliche Überforderung und andererseits eine erhöhte Verletzungsgefahr darstellen kann. Gelenke, Sehnen, Muskeln und das komplette Herz-Kreislauf-System sollen ja schließlich gestärkt und nicht geschwächt werden. Das Gleiche gilt auch für das Immunsystem. Denn gerade Überanstrengung führt ja dazu, dass dieses geschwächt wird und Krankheiten sich eher und leichter ausbreiten können, was ja nun wirklich kontraproduktiv wäre. Das richtige Quantum an sportlicher Betätigung zu finden, welches ausschließlich oder doch zumindest überwiegend gesundheitliche Vorteile bringt, scheint mir ein fundamentaler Punkt zu sein. Dies ist genau das Thema von *Move for life*.

Wie jeder aus eigener Erfahrung weiß, hat unser Körper gewisse Selbstheilungskräfte. Bei einem Wehwehchen sagt man gerne: Das vergeht schon wieder! Und meist ist es auch so. Kleine Wunden und Abschürfungen heilen einfach wieder von selbst. Im Zusammenhang mit einer einfachen Erkältung kennt auch jeder den Spruch: „Mit Doktor dauert es eine Woche und ohne ihn sieben Tage." Wir wären arm dran, würde es diese Selbstheilungsmechanismen nicht geben. Allerdings reichen diese Kräfte alleine nicht immer aus. Dann kommen wir ohne kompetenten medizinischen Beistand nicht aus. Aber der Erfolg der Ärzte hängt letztendlich auch wieder von der Reaktion des Körpers ab. Der Arzt kann nur Behandlungsmethoden einleiten. Diese müssen dann beim Patienten „bloß"

W. Zägelein, *Move for Life*, DOI 10.1007/978-3-642-37643-6_6,
© Springer-Verlag Berlin Heidelberg 2013

Abb. 6.1 Regelung einer Raumtemperatur [118]

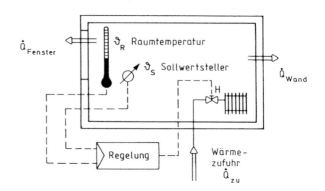

noch ansprechen. Der Heilungsprozess erfordert somit wieder die „Mithilfe" des Betroffenen. In der Regel geht dies unbewusst; aber es hängt auch vom mentalen Zustand des Patienten ab. Mit einem unbändigen Lebenswillen und/oder einer positiven Lebenseinstellung lassen sich Krankheiten leichter überwinden. Andererseits können depressive Momente den Heilungsprozess blockieren. Schließlich laufen in uns höchst komplizierte Prozesse ab. Alle Zellen und Organe sind irgendwie miteinander vernetzt und reagieren auf bestimmte Zustände. Die Informationen laufen einerseits mit hoher Geschwindigkeit über die einzelnen Nervenstränge, andererseits gibt es aber auch deutlich langsamere Informationswege über die Blutbahn und die darin fließenden Hormone, die an irgendwelchen Rezeptoren andocken und damit ihre Information weitergeben. Hormone sind biochemische Botenstoffe, die von spezialisierten Zellen produziert und abgegeben werden, um spezifische Wirkungen oder Regulationsfunktionen an den Zellen der Zielorgane zu verrichten. Auf diese Weise laufen in unserem Körper viele große und kleine Steuerungs- und Regelungsfunktionen ab, die alle weitgehend miteinander vernetzt sind und dafür sorgen, dass sich unser Körper in einem gesunden Gleichgewicht befindet.

Schauen wir uns zuerst einmal einen technischen Regelungsvorgang am Beispiel einer einfachen Raumtemperaturregelung an (Abb. 6.1).

Zur Regelung gehören ein Sollwertsteller zur Einstellung der gewünschten Raumtemperatur (Sollwert), ein Messfühler zur Bestimmung der tatsächlichen Raumtemperatur (Regelgröße), ein Regler und ein Stellglied in Form eines automatisch betätigten Ventils. Ist beispielsweise die Raumtemperatur niedriger als der gewünschte Sollwert, wird der Regler dafür sorgen, dass sich das Ventil am Heizkörper mehr öffnet und dadurch eine weitere Erwärmung bewirkt. Im umgekehrten Fall (Solltemperatur niedriger als die Raumtemperatur) schließt der Regler dieses Ventil stückweise. Aufgrund einer permanenten Wärmeabgabe über die Wand wird sich dann der Raum wieder abkühlen. Das ist eigentlich ganz einfach.

Um eine gewünschte Temperatur einzustellen bräuchte es im Grunde gar keiner Regelung. Man könnte ja auch selbst so lange an einem Knopf (Ventil) drehen, bis es passt. Aber was ist, wenn im Schema von Abbildung 6.1 jemand das Fenster öffnet, die Türe offen stehen lässt oder durch veränderliche Außentemperaturen im Zusammenhang mit einer mäßig isolierten Wand einmal mehr und einmal weniger Wärme entschwindet? Dann muss nachgestellt werden. Und dies ist der entscheidende Grund für den Einsatz einer Regelung. In der Regelungstechnik bezeichnet man diese zum Teil unvorhersehbaren Dinge (Öffnen des Fensters, der Türe oder eine schwankende Außentemperatur) als Störgrößen. Sobald eine der Störgrößen eintritt, weil zum Beispiel das Fenster geöffnet wird oder durch die Wand zu viel Wärme entweicht, regelt die Regelung sofort nach, ohne dass man selbst etwas dazu beitragen muss. Auf diese Weise stellt sich immer automatisch die gewünschte Temperatur ein.

Die lebenswichtigen Prozesse in unserem Körper unterliegen ebenfalls solchen Regulationsvorgängen, die permanent nachjustiert werden müssen. Regelgrößen können hierbei die Körpertemperatur, der Blutzuckerspiegel, der Blutdruck, bestimmte Hormonkonzentrationen, die Magenfüllung oder auch die Gleichgewichtslage beim Stehen sein. Im Folgenden sollen in vereinfachter Form einige gängige Regelungsprozesse des menschlichen Körpers kurz dargestellt werden.

Regelung der Körpertemperatur

Die Regelgröße ist die Körpertemperatur, die trotz aller Störungen von innen und außen konstant gehalten werden muss. Normalerweise liegt der Sollwert für die Kerntemperatur des Menschen bei 37 °C. Der aktuelle Istwert beziehungsweise besser gesagt die Istwerte werden an verschiedenen Stellen gemessen. Diese werden über Thermorezeptoren in der Haut, in den Aderwänden, in wichtigen Organen oder dem Gehirn aufgenommen. Dies bedeutet auch, dass verschiedene Sollwerte existieren müssen. Die Temperatur der Haut an der Hand ist in der Regel niedriger als die Körperkerntemperatur. Es muss somit ein komplexer Regler existieren, der durch entsprechende Soll-/Istwert-Vergleiche für alle Körperpartien die richtige Temperatur vorsieht. Dieser Regler sitzt im Gehirn, genauer gesagt im Wärmezentrum des Hypothalamus. Die Reaktionen des Reglers respektive dessen Änderungsbefehle gehen an verschiedene Stellglieder. Diese bewirken dann die Korrektur der Temperatur. Man sieht schon jetzt, dass die menschlichen Regelvorgänge deutlich komplizierter sind als bei dem obigen technischen Beispiel. Nicht nur, dass hier mehrere Stellglieder eingreifen; diese sind auch noch über den ganzen Körper verteilt. Eines dieser Stellglieder ist beispielsweise die Muskulatur, die durch Erhöhung des Muskeltonus das bekannte Muskelzittern erzeugt, was zu einer Erwärmung führt. Ähnlich soll das Aufstellen der Haare in Verbindung mit der sogenannten Gänsehaut unser „Fell" verdicken. Im Zeitalter der rasierten Körper ist das nur leider nicht mehr so wirkungsvoll. Weiterhin gehören die Hautkapillaren (Verengung oder Erweiterung) und die Schweißdrüsen (Verdunstungskälte) dazu. Durch die Schweißdrüsen entsteht Wasser auf der Haut, das beim Verdunsten dem Körper Wärmeenergie entzieht. Es ist somit sowohl ein Wärmen als auch ein Kühlen möglich. Als Stellglied kann auch die Stoffwechselwärme betrachtet werden. Durch Verbrennung von Zucker wird der Stoffwechsel erhöht. Daraus lässt sich unter anderem unsere Vorliebe für Plätzchen, Lebkuchen und Stollen im Winter erklären. Andererseits werden wir im Sommer, wenn es sehr warm ist, unsere körperlichen Aktivitäten einschränken und mehr Appetit auf leichte Speisen haben. Weiterhin führt das kalte Getränk im Sommer im ersten Moment zu einer Kältemeldung im Magen, die zum Aufheizen führt. Diese zusätzliche Wärme muss, wenn es sowieso schon zu warm ist, dann wieder abgeführt werden. Die immer wieder gehörte Aussage, bei Hitze nicht unbedingt etwas Kaltes zu trinken, ist hierdurch bestätigt.

Betrachten wir einmal die überhöhte Körpertemperatur in Form von Fieber. Hierzu muss man wissen, dass Fieber in den meisten Fällen nicht die Ursache einer Krankheit ist, sondern Teil der Antwort des Organismus auf eine Krankheit. Es wird quasi intern ganz bewusst der Sollwert erhöht. Durch den Anstieg der Temperatur werden Stoffwechselvorgänge beschleunigt, was die Abwehrreaktion des Körpers unterstützt. Fieber hilft also, die Erreger im Organismus zu bekämpfen. So kann sichzum Beispiel bei höheren Temperaturen ein Virus langsamer vermehren, was den Zellen des Immunsystems die Möglichkeit gibt, dieses anzugreifen. Nachdem der Körper das Virus abgewehrt hat, sinkt das Fieber und die Körpertemperatur kehrt wieder zum normalen Wert zurück. Die Krankheit ist vorüber. Leichtes Fieber sollte deshalb auch nicht gleich medikamentös gesenkt werden. Erst ab ca. 39,5 °C wird Fieber behandlungsbedürftig. Bei einer Infektion mit Bakterien muss man den Körper beim Kampf gegen die Eindringlinge eventuell mit Antibiotika unterstützen. Von einer bakteriellen Infektion verursachtes Fieber ist normalerweise etwas höher und dauert länger als Fieber, das von einem Virus hervorgerufen wird. [119]

Regelung des Blutzuckerspiegels

Wie wir bereits gesehen haben, ist Glucose ein wichtiger Lieferant für die Energieversorgung der Zellen. Ganz besonders gilt das für die Versorgung des Gehirns. Nach der Nahrungsaufnahme gelangt die Glucose in das Blut, sodass sich der Glucosegehalt des Blutes, der sogenannte Blutzuckerspiegel, verändert. Dieser liegt beim Gesunden im Normalfall etwa in dem Bereich von 80 bis 100 Milligramm je 100 Milliliter Blut. Nach den Mahlzeiten, besonders nach der Einnahme von kohlenhydrathaltiger Nahrung, steigt der Zuckerwert im Blut stark an. Dieser muss nun durch körpereigene Regelungsvorgänge wieder auf die Normalwerte heruntergeregelt werden. Mit anderen Worten, der Zucker muss aus dem Blut entnommen und in die Zellen geleitet werden. Glucoserezeptoren wirken als Messglieder und regen bei zu hohen Blutzuckerwerten die Bauchspeicheldrüse zur Insulinproduktion an. Das Insulin wird ans Blut abgegeben. Durch das Andocken von Insulinmolekülen an Rezeptoren auf der Zellmembran von Muskel- und Leberzellen können Glucosemoleküle aus dem Blut in das Zellinnere gelangen. Daraufhin sinkt der Blutzuckerspiegel wieder. Das Insulin wirkt hierbei quasi als Schlüssel für die Glucosemoleküle. Mithilfe des Insulins werden auch die Glucosemoleküle in Glykogen umgewandelt. Glykogen ist dabei die Speicherform der Glucose in den Leber- und Muskelzellen. Dadurch kann man Energiespeicher für längere kräftezehrende Tätigkeiten wie einen Langstreckenlauf oder auch für Notfälle aufbauen.

Übt man anstrengende körperliche Tätigkeiten aus, steigt der Energiebedarf der Muskelzellen stark an. Dadurch muss deutlich mehr Glucose in die Muskelzellen transportiert werden. Die Glucosekonzentration nimmt daraufhin ab und der Blutzuckerspiegel sinkt. Wird der oben angegebene Bereich des Normalwertes unterschritten, produzieren die Zellen der Bauchspeicheldrüse das Hormon Glucagon. Glucagon bewirkt die Umwandlung von dem in den Muskel- und Leberzellen gespeicherten Glykogen wieder zurück zu Glucose. Diese wird in das Blut abgegeben und damit der Blutzuckerspiegel wieder erhöht. Bei Stress produzieren die Nebennieren zusätzlich das Hormon Adrenalin, welches auch eine schnelle Mobilisierung der Glykogenreserven bewirkt. Bei der Regulation des Blutzuckerspiegels wirkt das Hormon Insulin gegensinnig zu den beiden Hormonen Glucagon und Adrenalin. Diese Hormone sind Gegenspieler oder Antagonisten. Durch ihre Wechselwirkung können Schwankungen des Blutzuckerspiegels in beide Richtungen ausgeglichen werden.

Kritisch wird es erst dann, wenn diese Regelung nicht mehr richtig funktioniert. Dies führt dann zu der weit verbreiteten Zuckerkrankheit. Hierbei gibt es bekanntermaßen zwei Typen. Bei Diabetes mellitus Typ 1 wird zu wenig oder auch gar kein Insulin mehr produziert. Damit kann kein Zucker mehr aus dem Blut entfernt und in die Muskel- und Leberzellen transportiert werden. Wegen des fehlenden Brennstoffs greift die Zelle deshalb zuerst die innerzellulären Fettvorräte an, anschließend geht es ans Protein. Die Zelle verheizt gewissermaßen ihr eigenes Mobiliar. Der im Blut angereicherte Traubenzucker wird in diesem Fall aus dem Blut mit dem Harn ungenutzt ausgeschieden und fehlt den Zellen als Energielieferant. Das führt unter anderem zu Müdigkeit, Sehstörungen, Gewichtsabnahme und allgemeiner Leistungsminderung. Für die Zuckerausscheidung über den Urin benötigt der Körper viel Flüssigkeit. Diesen Wasserverlust möchte der Körper wieder auffüllen; deshalb sind Zuckerkranke auch stark durstig. Abhilfe lässt sich nur durch das Spritzen von Insulin schaffen.

Die andere Form der Zuckerkrankheit, der Diabetes mellitus Typ 2, betrifft meist Übergewichtige und ist auch stark vom Alter abhängig. Die betroffenen Patienten produzieren in der Regel zwar noch genügend Insulin, sie besitzen jedoch nicht genug Rezeptoren auf der Zelloberfläche, um das Süße in das Zellinnere gelangen zu lassen. Sie reagieren somit deutlich unempfindlicher auf das Insulin. Hierbei kann den Betroffenen meist durch Diät und in Form von Tabletten geholfen werden. Diese Form der Zuckerkrankheit ist eine typische Wohlstandserkrankung. [15]

Regelung des Blutdrucks

Die Sache mit der Blutdruckregelung scheint noch ein wenig komplizierter zu sein. Da gibt es ebenfalls mehrere Messglieder und Stellglieder, was zu mehreren Regelkreisen führt. In der Technik spricht man dann von mehrläufigen Regelkreisen. Diese Regelkreise funktionieren auch noch unterschiedlich schnell. Es wird tatsächlich komplexer.

Zur Aufrechterhaltung aller Funktionen des menschlichen Organismus wird ein konstanter, angepasster Blutdruck benötigt. Der Blutdruck entsteht durch die Pumpleistung des Herzens, welches unter normalen Bedingungen ca. 70 Mal pro Minute schlägt und sich dabei anspannt und wieder erschlafft. Während der Anspannungsphase (Systole) wird das Blut in die Gefäße ausgeworfen, bei der Erschlaffung (Diastole) füllt sich das Herz wieder. Ein optimaler Blutdruck liegt bei Werten um die 120/80 Millimeter Quecksilbersäule (mmHG) vor. Der erste Wert ist dabei der systolische und der zweite der diastolische Wert. Darunter liegende Werte des Blutdrucks führen zur sogenannten Hypotonie (zu niedriger Blutdruck). Liegen die Werte über 140/90 mmHg, spricht man von Hypertonie (Bluthochdruck). Bluthochdruck resultiert einerseits aus genetischen Faktoren (primäre Form) und andererseits unter anderem aus Übergewicht, falschen Essgewohnheiten, Alkohol, Rauchen, Stress und mangelnder Bewegung.

Der Blutdruck in den Arterien darf sich über längere Zeit nur in relativ engen Grenzen bewegen, da sowohl Hypotonie als auch Hypertonie eine gesundheitliche Gefährdung darstellen. Vor allem anhaltend hoher Blutdruck kann zu allmählichen Veränderungen an den Wänden der Blutgefäße führen, sodass diese ihre ursprüngliche Elastizität verlieren. Dies kann dann den Beginn einer Arteriosklerose auslösen und bewirkt wegen der verdickten, starren Gefäßwände ein Risiko für akute Gefäßverschlüsse, zum Beispiel einen Gehirnschlag oder Herzinfarkt. Es darf auch nicht vergessen werden, dass sich der Blutdruck den ständig wechselnden Belastungen des Körpers anpassen muss. Dieser reagiert sehr sensibel auf momentane körperliche Tätigkeiten oder psychische Belastungen.

Wie lässt sich nun der Blutdruck im Rahmen einer körperinternen Regelung beeinflussen? Dieser kann beispielsweise durch die drei folgenden Faktoren erhöht werden:

- Steigerung der Herzarbeit,
- Verminderung des Gesamtquerschnitts der Blutgefäße,
- Vergrößerung der Blutmenge im Gefäßsystem.

Umgekehrt kann der Blutdruck gesenkt werden, wenn die Herzfrequenz sinkt, sich der Gesamtquerschnitt der Blutgefäße vergrößert oder weniger Blut vorhanden ist. Das wären quasi die Stellglieder, mit denen der Blutdruck verändert werden kann. Insgesamt gibt es kurzfristig, mittelfristig und langfristig eingreifende Regelkreise [120, 121]

Kurzfristige Blutdruckregulation

Für die kurzfristige Blutdruckregelung ist das vegetative (autonome) Nervensystem zuständig. Die Sensoren für die Bestimmung des Istwertes sind die so genannten Barorezeptoren. Diese befinden sich in der Wand der Aorta und anderer großer Arterien im Brust- und Halsbereich. Weiterhin existieren Dehnungsrezeptoren in den Herzvorhöfen, welche eine Blutdruckänderung von der Dehnung der Gefäßwände ableiten. Diese Signale werden von einer bestimmten Hirnregion, der sogenannten Medulla oblongata, verarbeitet. Dadurch kommt es zum Zusammenspiel von Sympathicus und Parasympathicus, die Teile des vegetativen Nervensystems sind und jeweils als Gegenspieler fungieren. Eine Erregung des sympathischen Nervensystems führt zu einer Blutgefäßverengung, zur Beschleunigung des Herzschlags und somit zu einer Blutdruckerhöhung. Der Parasympathicus löst eine gegensätzliche Reaktion aus, er verlangsamt den Herzschlag und erweitert die Blutgefäße. Dies bewirkt dann eine Senkung des Blutdrucks. Diese Vorgänge laufen vergleichsweise sehr schnell ab. Wir alle kennen die bekannte Schrecksekunde, auf die wir mit der Ausschüttung von Noradrenalin und Adrenalin reagieren. Die Folge sind beschleunigte Herztätigkeit (Herzklopfen), eine Verengung der Blutgefäße und somit ein erhöhter Blutdruck.

Mittelfristige Blutdruckregulation

Hierbei spielen Rezeptoren, welche die Durchblutung der Niere kontrollieren, eine große Rolle. Sinkt die Durchblutung, wird vermehrt Renin freigesetzt, was zu einer Ausschüttung von Angiotensin II führt. Das bewirkt ebenfalls eine Verengung der Gefäße und lässt den Blutdruck steigen. Renin erhöht somit indirekt den Blutdruck und wird immer dann ausgeschüttet, wenn im Körper zu wenig Flüssigkeit oder zu wenig Natrium ist. Einige Medikamente gegen Bluthochdruck sind nichts anderes als Antagonisten (Gegenspieler) von Angiotensin II und haben einzig die Aufgabe, dieses zu unterdrücken. [122] Dadurch wird eine Verengung der Blutgefäße und somit ein Ansteigen des Blutdrucks verhindert.

Langfristige Blutdruckregulation

Die langfristigste und auch langsamste Regulation des Blutdrucks geschieht über eine Änderung des Blutvolumens. Hier steht ebenfalls die Niere im Mittelpunkt des Geschehens, da dort kontrolliert wird, wie viel Wasser mit dem Urin ausgeschieden wird. Steigt der Blutdruck an, so wird vermehrt Wasser ausgeschieden, wodurch das Blutvolumen und damit auch der Druck sinken. Dies geschieht durch das Hormon ANP (atriales natriuretisches Peptid), welches durch den erhöhten Druck im Herzen ausgeschüttet wird. [123]
Eine ähnliche Wirkung hat auch das Hormon ADH (antidiuretisches Hormon). Dieses steuert den Wasserhaushalt im Körper. Eine Ausschüttung von ADH wird von Rezeptoren im Hypothalamus bei Wassermangel und über Barorezeptoren bei einem Volumenmangel im arteriellen System, also bei zu geringem Druck, veranlasst. In den Nieren bewirkt ADH eine vermehrte Reabsorption von Wasser aus dem Harn der Sammelröhre. Das heißt, bereits ausgeschiedenes Wasser gelangt wieder in die Blutbahn, sodass sich die Blutmenge im Gefäßsystem wieder vergrößert. Dies wiederum hat einen Blutdruckanstieg zur Folge. Andererseits kann durch eine Reduzierung der ADH-Sekretion eine erhöhte Diurese (Harnausscheidung) vonstattengehen, wodurch der Druck gesenkt wird. Ohne das Hormon ADH wird mehr Wasser beziehungsweise Urin ausgeschieden. Es lässt sich somit der Blutdruck sowohl steigern als auch senken. [121, 124, 125]
So viel zu den vielleicht drei bekanntesten Regelkreisen in unserem Körper. Es gibt hiervon noch jede Menge weitere Regelungsvorgänge, die alle deut-

lich komplizierter und viel komplexer als der Eingangs beschriebene einfache technische Regelkreis sind.

Stoffwechsel

Unter dem Begriff Stoffwechsel fasst man die chemischen Prozesse zusammen, die in allen Zellen und Geweben als essenzieller Teil des Lebens ablaufen. Der Stoffwechsel umfasst die Synthese und den Abbau von chemischen Verbindungen. Man unterscheidet hierbei zwei Phasen:

Der Katabolismus stellt die Phase des Abbaus im Stoffwechsel dar, wobei komplexe Verbindungen mit Nährstoffcharakter wie Kohlenhydrate, Fette und Proteine zu einfacheren Verbindungen wie Kohlendioxid (CO_2), Ammoniak (NH_3) und Wasser (H_2O) abgebaut werden. Dieser chemische Abbau liefert Energie in Form von ATP, die für die verschiedenen zellulären Prozesse und Aktivitäten erforderlich ist. Man spricht in diesem Zusammenhang auch von einem exergonen Prozess. Es wird also Energie freigesetzt. Dazu gehören die in Kapitel 3 beschriebene aerobe und anaerobe Glykolyse sowie die stets aerob ablaufende Lipolyse. Der Anabolismus dagegen stellt die Phase des Aufbaus (Biosynthese) im Stoffwechsel dar und umfasst den Aufbau von komplexen, für das Leben wichtigen Verbindungen wie Nucleinsäuren, Proteinen, Polysacchariden und Lipiden. Hierfür wird Energie benötigt, welche aus dem Katabolismus gewonnen wird. Katabolismus und Anabolismus sind somit wesentliche Bestandteile des menschlichen Stoffwechsels (Metabolismus).

Unser Körper ist eine einzigartige biochemische Anlage. Es laufen ständig Hunderte von individuellen und spezifischen chemischen Reaktionen zum Teil gleichzeitig in einer Zelle ab. Die meisten dieser chemischen Umwandlungen (z. B. von Glucose zu Pyruvat oder Lactat) laufen nicht in Form einer einzigen Reaktion innerhalb der Zelle ab. Vielmehr haben sich im Laufe der Evolution Mechanismen entwickelt, welche in vielen kleinen Schritten die chemische Struktur eines Moleküls verändern. Dies geschieht mittels sogenannter Enzyme, die nur eine kleine, sehr spezielle chemische Veränderung des Moleküls bewerkstelligen. Dadurch werden hohe Reaktionsgeschwindigkeiten erreicht. Die Vielseitigkeit der chemischen Reaktionen ergibt sich durch Querverbindungen der jeweiligen Zwischenprodukte zu anderen Stoffwechselwegen. Daraus resultiert letztlich ein ganzes Netz von chemischen Wechselbeziehungen. Abhängig von den jeweiligen Bedürfnissen der Zelle und den physiologischen Bedingungen des Gesamtorganismus können die einzelnen Moleküle in unterschiedliche Stoffwechselwege überführt werden. [126] Das Ganze ist somit ein einziger vielfältiger und bunter Strauß von ineinandergreifenden Regelvorgängen, die alle irgendwie miteinander in Verbindung stehen.

Technische Regelungen und selbst noch so beeindruckende automatisierte Anlagen, etwa in der technischen Produktionstechnik, wirken neben diesen biologischen Regelkreisen nahezu primitiv. Vergleicht man technische Systeme mit den inneren Regelkreisen im Menschen, muss man feststellen, dass Letztere deutlich komplexer und zumindest beim gesunden Menschen wesentlich perfekter aufeinander abgestimmt sind. Der Erbauer oder besser gesagt der Schöpfer dieser Spezies kann eigentlich nur ein ganz Großer sein. Das System ist eine einzige Meisterleistung. Die einzelnen Wirkungsmechanismen sind bis heute noch nicht in allen Details erforscht. Bis zur Aufdeckung aller Zusammenhänge wird es wohl noch einige Zeit dauern. Man kann aber die zwischenzeitlich bekannten Stoffwechselvorgänge auf sogenannten Stoffwechselkarten zusammenfassen. Dort sind die Stoffwechselwege wie auf einem elektronischen Schaltplan dargestellt. Abbildung 6.2 zeigt beispielshaft einen Ausschnitt einer solchen Stoffwechselkarte. Diese soll hier nicht im Detail erläutert und verstanden werden. Vielmehr geht es nur darum, einen anschaulichen Überblick über diese hochkomplexen Zusammenhänge und deren ineinandergreifende Wirkungen zu geben. [127]

Homöostase

Homöostase heißt so viel wie Selbstregulierung. Der Begriff beschreibt die Fähigkeit eines Systems, besonders eines Organismus, sich trotz Störungen der Umwelt in einem stabilen Zustand zu halten. Dazu gehört natürlich auch das Konstanthalten bestimmter physiologischer Größen wie Körpertemperatur, Blutzucker und Blutdruck. Aber auch der ganze Stoffwechsel ist der Homöostase unterworfen. Es laufen zu einem Zeitpunkt massenweise biochemische Vorgänge in unserem Körper ab. Energetisch gesehen wird auf der einen Seite ständig ATP aufgebaut und auf der anderen Seite laufend verbraucht. Und dies sogar ohne körperliche Betätigung, sondern alleine nur zur Aufrechterhaltung aller in uns ablaufenden lebensnotwendigen Vorgänge. Ständig kommt es zu Energieänderungen, welche letztendlich die Triebkräfte für alle biologischen Prozesse sind. Dabei strebt zwar alles einem Gleichgewichtszustand zu, bei dem dann keine Energieänderung mehr auftritt. Dieser Gleichgewichtszustand ist aber ohne energetischen Nutzen für den Organismus, da die Freisetzung von Energie, ihre Erhaltung und Verwendung die Manifestationen des Lebens selbst sind. Vorgänge, die den Stoffwechsel ausmachen, erreichen erst dann den endgültigen und bleibenden Gleichgewichtszustand, wenn der Organismus tot ist. Stoffwechselprozesse sind die Glieder eines dynamischen Systems, in dem eine andauernde Umwandlung sowohl von Materie als auch von Energie stattfindet. Der Gesamtprozess muss daher prinzipbedingt im-

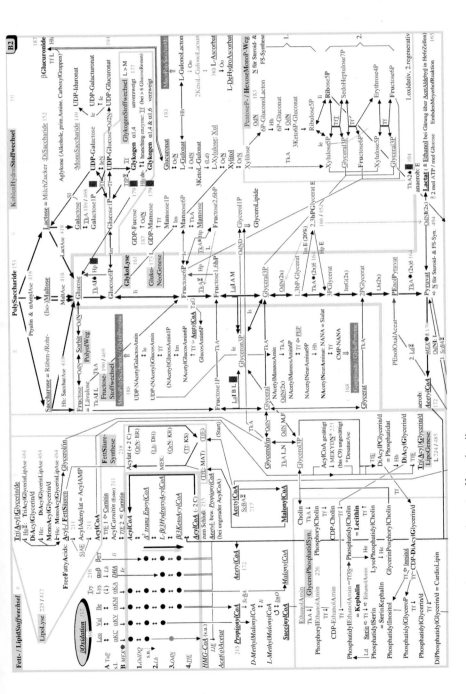

Abb. 6.2   Ausschnitt aus einer Stoffwechselkarte

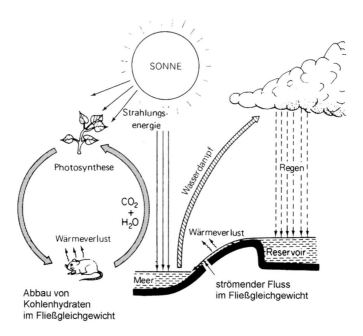

Abb. 6.3   Fließgleichgewicht [79]

mer vom Gleichgewicht entfernt sein, auch wenn einzelne Reaktionen nahe am Gleichgewicht sind. Die Richtung der Umwandlung innerhalb eines Stoffwechselwegs wird durch die Lage des Gleichgewichts bestimmt. [128]

Die Substrate der Stoffwechselwege (Fette, Kohlenhydrate, Proteine usw.) werden fortwährend durch die Nahrungsaufnahme aus der Umgebung aufgenommen und die Endprodukte wie Kohlendioxid und Wasser wieder an die Umgebung abgegeben. Der Zustand, bei dem sich die anabolen (aufbauenden) und katabolen (abbauenden) Vorgänge und deren Zwischenprodukte trotz der dauernden Umwandlung in einem Gleichgewicht befinden, wird als quasi-stationärer Zustand oder auch als Fließgleichgewicht bezeichnet.

Bei einer Folge von Reaktionen einer Stoffwechselkette verteilt sich der gesamte Energieverlust auf die einzelnen Reaktionen. Dies ähnelt einem zu Tal strömenden Fluss, bei dem die potenzielle Energie des Wassers fortwährend und ziemlich gleichmäßig entlang der gesamten Linie des Flusses abgegeben wird (Abb. 6.3). [79]

Die erhöhte Lage des Wassers im Reservoir bildet die Quelle für den Fluss, der Reservoir und Meer miteinander verbindet. Der Niveauunterschied zwischen Reservoir und Meer liefert die potenzielle Energie für das Strömen des Wassers. Das Funktionieren des Gesamtsystems wird dynamisch aufrechterhalten durch das Verdunsten des Wassers aus dem Meer, die Bildung von

Wolken, die über dem Reservoir abregnen. Die Energie für die Aufrechterhaltung des Fließgleichgewichts stammt letztendlich aus der Sonne.

Das Fließgleichgewicht der Kohlenhydratoxidation bei Lebewesen wird in analoger Weise gewahrt. Die chemische Energie der Kohlenhydrate wird durch den Oxidationsvorgang im lebenden Körper freigesetzt. Gewonnen werden die Kohlenhydrate durch photosynthetisch aktive Organismen aus Kohlendioxid und Wasser mithilfe der Strahlungsenergie der Sonne. Oder mit anderen Worten: Alles, was die Maus in Abbildung 6.3 frisst und verstoffwechselt, muss durch den natürlichen Kreislauf der Photosynthese unter Zuhilfenahme der Sonne erzeugt werden. Der Prozess fände erst sein Ende, wenn die Sonne nicht mehr vorhanden wäre. Sowohl die Photosynthese als auch die Wolkenbildung würden aufhören und das Wasserreservoir (wenn nicht schon vorher alles gefröre) leer laufen. Das oben beschriebene Fließgleichgewicht würde nicht mehr existieren. Der Prozess wäre dann „mausetot".

Die biochemischen Vorgänge laufen bei bestehendem Fließgleichgewicht völlig selbstständig und automatisch in unserem Körper ab. Wenn Sie beispielsweise körperlich schwer arbeiten, produzieren Sie Wärme und die Körpertemperatur steigt. Ihr interner Temperaturregelkreis versucht dies entsprechend wieder auszugleichen. All dies passiert vollautomatisch zusammen mit all den anderen für das Leben notwendigen Regelkreisen.

Genauso kann man auch die Anpassungsreaktionen beim Trainingseffekt (Kapitel 4) der Homöostase zuordnen. Zwischen der muskulären Belastung und der Anpassungsreaktion des Körpers besteht ein dynamischer Zusammenhang. Die durch erhöhte Belastung ausgelösten Wiederherstellungsvorgänge verbessern das Leistungsniveau über den Ausgangswert hinaus, was zu der oben beschriebenen Superkompensation führt.

Die an der Homöostase beteiligten Prozesse reichen von physikalisch-chemischen über biochemische bis hin zu komplexen, die Triebe und Bedürfnisse regulierenden Vorgängen. Das kybernetische Modell der Homöostase ist im einfachsten Fall das eines Regelkreises, bei dem die jeweilige Differenz eines Istwerts zu einem Sollwert ausgeglichen wird. Bei einigen dieser selbstregulatorischen Prozesse werden die Diskrepanzen zwischen Ist- und Sollwert als Bedürfnisse wahrgenommen und sind aus dem Verhalten erkennbar. Dies trifft vor allem auf Hunger, Durst und Temperaturausgleichsbedürfnisse zu, die man deswegen auch als homöostatische Triebe bezeichnet. [79]

Dieses Fließgleichgewicht findet man ebenso in der unberührten Natur. Dort, wo beispielsweise ein Überangebot an Blattläusen herrscht, trifft man in der Regel auch Marienkäfer, die diese wieder dezimieren. Ein Ungleichgewicht wird meist erst durch den Menschen verursacht. Im Urwald mag zwar ohne Machete kein Durchkommen sein, die Natur selbst befindet sich aber in

ihrem ausbalancierten Gleichgewicht. Ein weiteres kleines Beispiel zu diesem Gleichgewicht der Natur ist auch der Juchtenkäfer, der es durch Presseberichte zu einem gewissen allgemeinen Bekanntheitsgrad gebracht hat. Er war es, der das Bahnprojekt Stuttgart 21 aufgrund eines Entscheids des Verwaltungsgerichtshofs Baden-Württemberg vorübergehend stoppte. Der Juchtenkäfer wurde von Umweltschützern im Bereich der dortigen Baustelle entdeckt, was dann den Baustopp nach sich zog. Wegen seiner Nützlichkeit ist dieser Käfer europarechtlich geschützt. Seine Larven fressen faule Stellen im Inneren des Baumes und können dadurch die Ausbreitung schädlicher Pilze verhindern. Man muss die Natur nur lassen, sie arbeitet für sich alleine geradezu genial. Eingriffe von außen sind da nur nachteilig.

Schließlich soll hier noch kurz ein Beispiel für eine falsche Denkweise vorgestellt werden. Anhand von Blutuntersuchungen werden oft Mangelerscheinungen an Vitaminen, Spurenelementen und dergleichen festgestellt, die dann durch Nahrungsergänzungsmittel zugeführt werden sollen. Raucher haben in der Regel niedrigere Carotinspiegel im Blut und erkranken häufiger an Lungenkrebs. Dies kann a) Zufall sein, b) der Hinweis auf einen Mangel, der Krebs begünstigt, oder c) eine Schutzreaktion des Körpers gegenüber der krebsfördernden Wirkung des Vitamins.

Wir sind durch Presse und Vitaminanbieter darauf getrimmt, in solchen Situationen nur eine Alternative in Erwägung zu ziehen, nämlich b), die „Mangelhypothese", auch wenn wissenschaftliche Studien seit Jahrzehnten die Auffassung c) stützen, also die These, dass sich der Körper davor schützen möchte. Der Körper versucht in jeder Lebenssituation, sich anzupassen, Schaden abzuwenden oder – im Falle einer Krankheit – Heilung herbeizuführen. Dafür regelt er über die Homöostase die Konzentrationen wichtiger Substanzen und verändert sie entsprechend der äußeren und inneren Bedingungen.

Aufgrund von zwei Studien weiß man inzwischen, dass Carotin in Form von Beta-Carotin bei Rauchern extrem kontraproduktiv ist. Bei der ATBC-Studie in Finnland erhielten 29.000 männliche Raucher und bei der sogenannten CARET-Studie in den USA 18.000 männliche Raucher und Asbestarbeiter entweder ein Placebo oder aber Dosierungen von 15 bis 30 Milligramm Beta-Carotin pro Tag – teilweise in Kombination mit Vitamin E oder A. Die Wissenschaftler erwarteten in beiden Fällen eine positive Wirkung auf das Lungenkrebsrisiko bei diesen Hochrisikopatienten.

Doch das Gegenteil geschah: In der ATBC-Studie stieg durch die Verabreichung des Beta-Carotins bei den entsprechenden Probanden die Häufigkeit von Lungenkrebs um 18 Prozent, in der CARET-Studie sogar um 28 Prozent. Bei Letzterer erhöhten sich auch die Todesfälle durch Herz-Kreislauf-Erkrankungen dramatisch um fast ein Viertel. Aufgeschreckt durch diese Ergebnisse brachen die Forscher die CARET-Studie 21 Monate vor ihrem geplanten Ende ab, um ihre Versuchsteilnehmer nicht länger einem offensichtlichen Gesundheitsrisiko auszusetzen.

Es wäre sinnvoller, bei sich verändernden Blutwerten erst einmal nach dem biologischen Zweck zu fragen, statt gleich einen Mangel zu verkünden. Der Körper hat sich letztendlich durch Absenkung des Carotinspiegels mehr oder weniger selbst geschützt. [129]

Aus einem weiteren Beispiel kann man ersehen, wie der Körper versucht, den Krankheitserregern die für sie lebenswichtigen Wachstumsfaktoren, zum Beispiel Eisen, zu entziehen. Auch hier könnte man aus der Beobachtung, dass eine Infektion mit einem niedrigen Eisenspiegel einhergeht, die Ursache und die Wirkung miteinander vertauschen und die Behauptung aufstellen, der Eisenmangel schwäche das Immunsystem und habe dadurch die Infektion ausgelöst. In Wirklichkeit schützt sich der Körper vor der Infektion durch die Senkung des Eisenspiegels. [130]

Die Homöostase sorgt für die automatische Aufrechterhaltung eines konstanten inneren Milieus im Organismus mithilfe von Regelkreisen, die zwischen Hypothalamus, Hormon- und Nervensystem sowie allen beteiligten Organen ablaufen. Sie dient der Optimierung aller Körperfunktionen um der Gesundheit willen. Das Ganze ist kein statischer Zustand, sondern ein permanent wechselnder Prozess zwischen Anpassungsvorgängen an unterschiedliche innere und äußere Bedingungen. Mechanische, elektrophysiologische und chemische Prozesse steuern die Körperfunktionen. Druckgradienten, Polaritäten, Temperaturunterschiede und Konzentrationsgefälle garantieren den Stoffwechsel.

Jede Zelle beteiligt sich an der Homöostase und profitiert gleichzeitig davon. Dadurch werden automatische Regulationen aller Körperfunktionen ermöglicht. Wenn nun eine Dysfunktion entsteht, werden die Mechanismen der Homöostase darauf reagieren, um das Problem zu korrigieren. Gelingt dies nicht, werden immer mehr Systeme davon betroffen sein. Sie sind dann, je nach Ausprägung, eventuell nicht mehr in der Lage, ihren Beitrag zur Homöostase zu leisten. Dies wäre dann der Beginn einer Krankheit. [131]

Daher muss es das erklärte Ziel sein, die Selbstheilungskräfte unseres Körpers zu stärken. Eine gesunde Lebensweise, Bewegung, Sport und regelmäßige Entspannung sind ein Schritt in die richtige Richtung. Wenn wir uns bei einem Sturz einen Knochen brechen, dann lässt unser Körper diesen wieder zusammenwachsen. Dies geschieht völlig ohne fremde Hilfe. Der Arzt kann nur einen Gipsverband anlegen, damit der Knochen wieder gerade zusammenwächst. Es ist jedoch unser Körper, der diesen Knochen wieder zusammenwachsen lässt. Ein Arzt kann nicht mehr tun, als die bestmöglichsten Bedingungen zu schaffen, damit unserer sogenannter „innerer Arzt" und die im Menschen vorhandenen Selbstheilungskräfte in Tätigkeit treten können. Gemäß dem englischen Arzt Vernon Coleman sind die Selbstheilungskräfte unseres Körpers so wirksam, dass sie ohne fremde Hilfe mehr als 90 Prozent aller Krankheiten selbst überwinden können. Unser Körper verfügt quasi über eine körpereigene Apotheke. Er kann die wichtigsten Medikamente, die wir für die Heilung der verschiedenen Krankheiten brauchen, bei Bedarf selbst produzieren. Unser Körper gleicht einer pharmazeutischen Fabrik, die völlig kostenlos die gerade benötigten Medikamente herstellt. Neben der finanziellen Einsparung kommt noch hinzu, dass diese keine Nebenwirkungen aufweisen und auch keine Medikamentenabhängigkeit entstehen kann. [132, 133]

Die Heilkraft des inneren Arztes wird dramatisch durch Stress und ungesunden Lebensstil gemindert. Schon negative Gedanken können diese Heilkraft beeinflussen. Depressive Patienten liegen nach Operationen länger im Krankenhaus. Wunden heilen bei rettungslos zerstrittenen Ehepaaren langsamer. Wie wenn man krank ist und die Hoffnung auf Genesung aufgibt, führt diese negative Erwartungshaltung dazu, dass die Selbstheilungskräfte blockiert werden und die Genesung dadurch verhindert wird. Wenn wir seelisch und körperlich gesund sind, dann herrscht in unserem Körper ein inneres Gleichgewicht. Diese innere Harmonie ist allerdings sehr empfindlich und kann durch negative Gedanken und Gefühle sehr schnell aus dem Gleichgewicht geraten.

Émile Coué, französischer Apotheker und Begründer der modernen, bewussten Autosuggestion, meinte zu seinen Patienten: „Ich habe keine Heilkraft, nur Sie selbst." [134] *„Medicus curat, natura sanat"*, lautete der ärztliche Leitspruch schon vor über 2000 Jahren – der Arzt behandelt, die Natur heilt. [135]

Zur weiteren Untermauerung der zweifellos vorhandenen Selbstheilungskräfte sollen die zwei folgenden einfachen Beispiele dienen, die in unserem Körper ganz ohne unser Zutun ablaufen.

Hat man sich eine blutende Wunde zugezogen, setzt sofort ein Gerinnungsprozess ein, damit der Blutverlust des Körpers auf ein Minimum reduziert wird. Nachdem sich ein Gerinnsel gebildet hat, setzen die beschädigten Zellen eine Substanz frei, die zur Erweiterung der umliegenden Blutgefäße führt. Damit gelangt mehr Blut an die verletzte Stelle, sodass der betroffene Bereich warm wird, sich rot verfärbt und anschwillt. Die erhöhte Temperatur sorgt dafür, dass infektiöse Organismen abgetötet werden, während die Schwellung den verletzten Körperteil vor zu großer Belastung schützt. Die Einschränkung der Bewegungsfreiheit, der Schmerz und die Steifheit wirken dabei als natürliche Schiene. Weiße Blutkörperchen, die zur verletzten Stelle gelangen, transportieren den dort befindlichen Schmutz und die Bakterien ab. Das Ganze wird dann einfach als Eiter ausgeschieden. Sind die Schadstoffe erst einmal verschwunden, beginnt die Verletzung zu heilen. [132]

Ein weiteres Beispiel stammt aus dem Bereich des Sports. Als die Olympischen Sommerspiele 1968 in Mexiko-Stadt ausgetragen wurden, reisten viele Athleten schon Monate vor Beginn der Wettkämpfe an. Der Grund hierfür war die Höhenlage des Wettkampfortes. Mexiko-Stadt liegt über 2300 Meter über dem Meeresspiegel. Wie wir inzwischen wissen, hängt die Leistungsfähigkeit des menschlichen Körpers stark vom verfügbaren Sauerstoff ab. Die roten Blutkörperchen, die in den Lungen den Sauerstoff aufnehmen, um ihn unter anderem zu den aktiven Muskeln zu transportieren, erhalten nun aus der Atemluft in dieser Höhe nicht mehr genügend Sauerstoff. Das hat zur Folge, dass die allgemeine Leistungsfähigkeit nicht mehr gegeben ist, was besonders für Leistungssportler ein Thema ist. Das Problem haben aber nur die Menschen, die nicht lange genug in solchen hoch gelegenen Gebieten leben. Jeder, der ein paar Monate in großer Höhe verbringt, gewöhnt sich langsam an diese Umgebung mit dem geringeren Sauerstoffgehalt. Im Rahmen der Anpassungsvorgänge werden in dieser Höhe zusätzliche rote Blutkörperchen gebildet. Dies bedeutet, dass der Mensch, wenn er mit dünner Luft und weniger Sauerstoff konfrontiert wird, mehr rote Blutkörperchen besitzt, die dann zusätzlich für den Transport von Sauerstoff im Blut zur Verfügung stehen. [132] Auch das geschieht ganz von selbst. All diese Dinge laufen in uns völlig automatisch ab. Es regeln sich die verschiedensten Dinge auf eine wundersame Weise. Es kommt nur darauf an, dass man den Körper lässt oder ihn in seinem Tun zusätzlich noch unterstützt.

Das Wunder der Muskulatur

Der größte Teil des Stoffwechsels findet, wie wir inzwischen wissen, in der Muskulatur statt. Der Muskel braucht ständig Energie. Diese produziert er in jeder seiner einzelnen Zellen selbst. Es wird permanent ATP gebildet und auch verbraucht. Und nicht nur das! Muskeln senden eine Vielzahl von größtenteils noch unerforschten Botenstoffen aus und kommunizieren auf diese Weise auch mit anderen Organen. Der Stoffwechsel der arbeitenden Muskulatur hat einen sehr großen Einfluss auf unsere Gesundheit und unser gesamtes Wohlbefinden. Er ist gewissermaßen direkt für unsere Lebensqualität verantwortlich. Durch die verschiedensten experimentellen Studien kennt man die gesundheitliche Wirkung des Sports schon seit geraumer Zeit. Man weiß, dass Sport gesundheitsförderlich ist. Dies ist in Medizinerkreisen zwischenzeitlich auch unbestrittenes Allgemeingut. Sport im richtigen Umfang betrieben gehört heutzutage zum täglichen Therapieangebot ärztlicher Heilkunst. Aber was steckt im Detail dahinter? Welche biochemischen Vorgänge laufen im Menschen ab und bewirken diese positiven Aspekte?

Erst in letzter Zeit, etwa seit Anfang dieses Jahrtausends, scheint sich der Schleier dieses Geheimnisses etwas zu lüften. Man betrachtet unsere Muskulatur nicht nur als reines Bewegungsorgan, sondern sieht immer mehr die offenbar ebenso wichtige Rolle der Muskeln als Stoffwechselorgan. Der Wahnsinn an der Sache ist, dass wir selbst die quantitative Wirkung des Stoffwechsels weitgehend beeinflussen können. Wir haben es in der Hand, ob wir den Stoffwechsel aufdrehen, indem wir uns adäquat bewegen, oder ob wir den Stoffwechsel auf ein Minimum reduzieren. Im letzteren Fall brauchen wir es uns nur auf der Couch bequem zu machen, den Fernseher einzuschalten und dazu

eine Packung Chips zu vernaschen. Gut, das sei uns mal gegönnt; Entspannung muss auch sein. Aber bitte nicht nur. Das Zentrum dieser neuen Forschungsarbeiten auf dem Gebiet der Muskulatur als Stoffwechselorgan liegt in Dänemark am „Centre of Inflammation and Metabolism" des Rigshospitalet in Kopenhagen. Federführend an den Arbeiten ist hierbei Frau Professor Bente Klarlund Pedersen. [136]

In Kopenhagen wurde gezielt eine Studie durchgeführt, um zu sehen, was passiert, wenn gesunde junge Menschen anfangen, faul zu werden. Hierzu wurden jungen, gesunden, sportlich aktiven Männern die ungesunden Lebensgewohnheiten des Durchschnittsdänen auferlegt. Das heißt, die Probanden durften keinesfalls mehr als 1500 Schritte pro Tag gehen. Kontrolliert wurde dies mit Schrittzählern. Nach nur zwei Wochen wurden die Ergebnisse ausgewertet. Diese waren dramatisch. Die Ausdauerleistung, ausgedrückt in der maximalen Sauerstoffaufnahme $\dot{V}_{O2max}$, der jungen Burschen sank hierbei um sieben Prozent. Gleichzeitig stieg der Fettgehalt im Bauchraum ebenfalls um sieben Prozent. Das konnte mithilfe der Magnetresonanztomografie gemessen werden. Dieses Fett ist besonders gefährlich, denn es steht im Verdacht, Auslöser vieler Krankheiten zu sein. Hinzu kam, dass zusätzlich noch wertvolle Muskelmasse abgebaut wurde. Weiterhin stellte man eine deutlich gestörte Glucosetoleranz der Probanden fest. Das bedeutet, der Körper entwickelt eine Insulinresistenz und benötigt somit wesentlich höhere Dosen Insulin, um den Blutzuckerspiegel auf einem normalen Niveau zu halten. Daraus kann dann mit der Zeit durch schlichtes Nichtstun Diabetes mellitus Typ 2 entstehen. [71, 136, 137]

In einer anderen Studie wurden die kognitiven Fähigkeiten des Menschen im Hinblick auf den Einfluss von Bewegung untersucht. Es wurden Patienten mit Schizophrenie und gesunde Menschen betrachtet und auch entsprechende Kontrollgruppen gebildet. Die sportlichen Gruppen (Patienten und Gesunde) absolvierten über einen Zeitraum von zwölf Wochen ein Ausdauertraining mit dem Fahrrad. Die unsportlichen Kontrollgruppen spielten jeweils nur Tischfußball. Am Ende stellte sich heraus, dass das Volumen des Hippocampus bei den Sport treibenden Patienten um zwölf Prozent und bei den bewegten gesunden Teilnehmern um 16 Prozent gestiegen war. Bei den Unsportlichen ergab sich keine Änderung des Hippocampusvolumens. [136, 138]

Zusammenfassend lässt sich feststellen, dass Bewegungsmangel sowohl zur Ansammlung von viszeralem Fettgewebe (Bauchfett) und daraus resultierender Insulinresistenz führen kann als auch die kognitiven Fähigkeiten des Menschen nachteilig beeinflusst.

Diese Erkenntnisse und die Ergebnisse vieler anderer Studien, aus denen die positiven Wirkungen der Bewegung mehr oder weniger empirisch hervorgehen, bildeten die Ausgangssituation der Forschungsarbeiten am Centre of Inflammation and Metabolism, um die Wirkungsmechanismen von muskulärer Arbeit etwas näher unter die Lupe zu nehmen. [136]

Myokine

Das entscheidende Ergebnis der Arbeiten der Wissenschaftler vom Rigshospitalet in Kopenhagen war die Entdeckung von Botenstoffen, die der arbeitende Muskel aussendet. Diese Botenstoffe regulieren unter anderem auch die Fettverbrennung im Körper. Bente Pedersen hat ihnen den Namen Myokine gegeben (*myo*: den Muskel betreffend, *kinos*: Bewegung). Myokine sind somit Stoffe, die vom Muskel während der Muskelarbeit freigesetzt werden und im Körper hormonähnliche Wirkungen haben. Sie können sich an Zellen von Organen binden, welche nur die für sie vorgesehenen Rezeptoren haben. Myokine entfalten eine sogenannte autokrine, parakrine und endokrine Wirkung, die in der Bildung sehr komplexer homöostatischer Netzwerke mündet. Sie sind also ein wesentlicher Bestandteil einer funktionierenden selbstregulierenden Homöostase. [136]

Zuerst einmal zu den Begriffen:

Als endokrin bezeichnet man die Absonderung von Drüsenzellen in die Blutbahn, zum Beispiel von Hormonen.

Als parakrin bezeichnet man die Absonderung der Produkte von Drüsenzellen in ihre unmittelbare Umgebung. Viele endokrine Zellen schütten beispielsweise Hormone (neben der klassischen endokrinen Sekretion) auch pa-

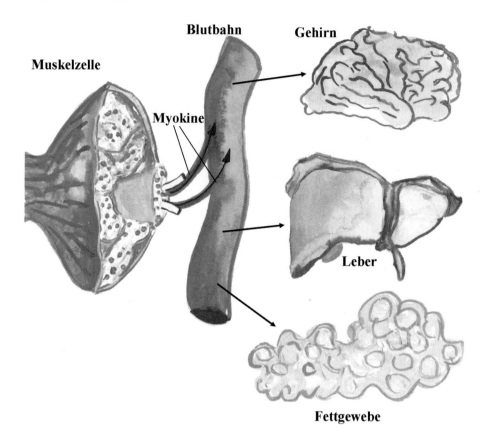

Abb. 6.4 Wirkungsweg der Myokine [136]

rakrin aus, was nicht selten dazu führt, dass die Wirkung der betreffenden Signalstoffe dann eine ganz andere ist.

Als autokrin bezeichnet man den Sekretionsmodus von Drüsenzellen, welche ihr Sekret in ihre unmittelbaren Umgebung abgeben, sodass sie auf die ausschüttende Zelle selbst zurückwirken (Ultrashort-Feedback-Mechanismus). Die autokrine Sekretion ist daher ein Sonderfall der parakrinen Sekretion.

Die Skelettmuskulatur ist somit ein endokrines Organ, was den gesamten Stoffwechsel des Menschen maßgeblich beeinflusst. Von der arbeitenden kontrahierenden Muskulatur werden also diese sogenannten Myokine freigesetzt. Fast 400 derartiger Substanzen soll der Muskel absondern. Eine Handvoll davon ist bisher jedoch erst näher erforscht. Aber die unterschiedlichen Wirkungen der bereits bekannten Myokine scheinen endlich erklären zu können, warum Sport gegen so viele unterschiedliche Erkrankungen hilft. Diese Myokine kommunizieren – ähnlich wie die Hormone – mit den anderen Organen des menschlichen Körpers (Abb. 6.4). Daraus wird schon ersichtlich, dass Muskelarbeit sich zwangsläufig auf alle anderen Organe auswirken muss.

Myokine können aber nicht nur eine endokrine Wirkung auf andere Organe haben; es sind auch parakrine Mechanismen direkt vor Ort möglich. Fakt ist damit auch, dass die Signalwege von kontrahierenden Muskeln nicht nur über das Nervensystem laufen; vielmehr existieren noch Kommunikationswege über die Myokine. Diese sind wegen des Übertragungsweges über die Blutbahn nur deutlich langsamer. Dieser zweite, langsamere Kommunikationsweg konnte speziell bei gelähmten und am Rückenmark verletzten Patienten verifiziert werden. [136, 139–141]

Interleukin-6

Ein erster Durchbruch bei der Erforschung der Myokine gelang im Jahr 2000, als Steensberg und andere feststellten, dass die arbeitende Skelettmuskulatur große Mengen von Interleukin-6 freisetzt. [139] Wie die Ergebnisse weiterer Arbeiten in den folgenden Jahren zeigten, spielt dieses Interleukin-6 (IL-6) eine wichtige Rolle im menschlichen Stoffwechsel. Das von den Muskeln erzeugte IL-6 ist deshalb von Bente Pedersen als erstes Myokin identifiziert worden. [142] Es ist einer der Bestandteile, welches für die positiven Seiten des Sports verantwortlich ist. Aufgrund des durch Bewegung gebildeten Muskel-IL-6 werden unter anderem die Glucoseaufnahme und die Fettoxidation erhöht. IL-6 kann einerseits entzündungsfördernde und andererseits entzündungshemmende Wirkung aufweisen. [143]

Im entzündungshemmenden Modus wirkt Interleukin-6 auch als der Gegenspieler eines anderen Botenstoffs, des Tumornekrosefaktors TNF. Das ist ein entzündungsförderndes Molekül, das bei jeder kleinen Entzündung im Körper produziert wird, aber auch bei Diabetes, Herzerkrankungen und Arteriosklerose erhöht ist. Es ist also gesünder, wenig TNF im Blut zu haben. Bei sportlicher Betätigung steigen die IL-6-Werte an und der TNF-Spiegel sinkt. Aktiviert man seine Muskeln nicht, produziert man wenig IL-6, aber dafür TNF. Deshalb ist Bewegung sowohl Vorbeugung als auch Therapie von vielen Lifestyle-Erkrankungen. [144]

Wie passt das nun zu der bekannten These, dass zu viel Sport das Immunsystem schwächt? Das kommt daher, dass zuerst zwar das IL-6 stark ansteigt; bei sehr hohen, besser gesagt bei zu hohen Werten von IL-6 bildet der Körper jedoch das Stresshormon Cortisol, was seinerseits zur Unterdrückung der Immunfunktionen führt. Dadurch sind die Abwehrkräfte gegenüber Viren und Bakterien reduziert. Hinzu kommt, dass ein Muskel mit weniger Glykogenreserven mehr IL-6 produziert. Dies führt dann zu einem weiteren Problem. Wie wir wissen, werden bei einem intensiven Training die Glykogenvorräte der Muskulatur sehr beansprucht. Beginnt man nun mit einem weiteren Intensivtraining, aber zu früh, ehe die Glykogenspeicher wieder aufgefüllt sind, dann schütten die Muskeln noch schneller noch mehr Interleukin-6 aus. Dies führt dann durch das daraufhin auftretende Cortisol wieder zu einer Reduzierung der Immunkräfte. Auch hier sind ebenso wie beim Trainingseffekt der richtige Zeitpunkt und die richtige Regenerationszeit entscheidend. Bekannte Erfahrungstatsachen lassen sich nun auf diese Weise auch biochemisch erklären.

Für das richtige Maß von IL-6 reicht moderate sportliche Betätigung vollkommen aus. Bente Pedersen empfiehlt daher dreimal 30 Minuten in der Woche mäßige Bewegung, wie Fahrradfahren, Laufen oder Walken. Dies genügt, um den gesundheitlichen Nutzen von IL-6 zu erhalten. Exzessives Training würde das Ganze schnell in das Gegenteil verkehren. [144, 145]

Interleukin-8

Das ebenfalls von der arbeitenden Muskulatur ausgeschüttete Interleukin-8 (IL-8) entfaltet seine Wirkung nur lokal. Dieser Botenstoff wird ebenfalls zu den Myokinen gezählt, hat aber nur eine parakrine beziehungsweise autokrine Reaktion. Das IL-8 wirkt lokal an der Angiogenese, dem Wachstum von kleinen Blutgefäßen (Kapillaren). [136, 146] Dieser Vorgang wird als Kapillarisierung bezeichnet und betrifft nur die aktiv arbeitenden Muskeln. Es handelt sich dabei um die schon länger bekannte Tatsache, dass Ausdauertraining zu einer Erhöhung der Kapillardichte führt. Dabei kann es sich um eine Öffnung von Ruhekapillaren, eine Verlängerung und Erweiterung vorhandener Kapillaren oder um eine echte Kapillarneubildung handeln. Durch diese Kapillarisierung kann bei nachfolgenden Belastungen mehr Sauerstoff an die Muskulatur herangeführt werden, was diese merkbar leistungsfähiger macht.

Interleukin-15

Ein weiterer, ebenfalls zu den Myokinen gehörender Botenstoff ist das Interleukin-15 (IL-15). Auch dieser wird von der Muskulatur erzeugt. IL-15 besitzt eine anabole (aufbauende) Wirkung auf die Skelettmuskulatur und spielt auch eine Rolle bei der Verringerung der Fettgewebemasse. Bei Mäusen konnte man zusätzlich feststellen, dass IL-15 neben einer Reduktion des Körperfetts auch noch zu einer erhöhten Knochendichte führte. [140, 146, 147]

Wachstumsfaktor BDNF

Der Wachstumsfaktor BDNF (für *brain-derived neurotrophic factor*) ist ein Protein (Eiweiß) aus der Gruppe der Neutrophine. Dies sind körpereigene Signalstoffe, die zielgerichtete Verbindungen zwischen Nervenzellen bewirken. Sie sichern damit den Fortbestand neuronaler Verbindungen. [148] Weiterhin sind sie am Lernen, an der Gedächtnisbildung und an der schnellen Weitergabe von Informationen zwischen Nervenzellen im Gehirn beteiligt.

BDNF wirkt auf verschiedene Nervenzellen des zentralen und des peripheren Nervensystems. Weiterhin schützt es vorhandene und fördert den Aufbau neuer Nervenzellen und Synapsen. Es ist im Gehirn im Hippocampus, in der Großhirnrinde und im Vorderhirn aktiv, also in Bereichen, die von grundlegender Bedeutung für Gedächtnis und abstraktes Denken sind. BDNF spielt auch eine Rolle im Langzeitgedächtnis und ist vor allem wichtig bei der adulten Neurogenese (Neubildung von Nervenzellen). Bis in die 1990er-Jahre hinein galt Neurogenese im menschlichen, erwachsenen Zentralnervensystem (ZNS) als ausgeschlossen. Neuere Untersuchungen zur Neurogenese zeigten jedoch, dass es beim Menschen wie auch bei anderen Säugetieren zu einer Vermehrung neuronaler Stammzellen und zur Bildung neuer Nervenzellen selbst in hohem Alter kommen kann. Bei Ratten und Mäusen wurde nachgewiesen, dass die Erzeugung neuer Zellen sowohl von neuronaler als auch von körperlicher Aktivität abhängig ist. Vermutlich wird die adulte Neurogenese beim Menschen auf gleiche Art und Weise reguliert. Im Tierversuch zeigte sich weiterhin, dass Mäuse ohne BDNF Entwicklungsdefizite im Gehirn aufweisen und meist kurz nach der Geburt sterben. [149]

Beim Menschen konnte festgestellt werden, dass während sportlicher Betätigung das im Gehirn befindliche BDNF um das Zwei- bis Dreifache erhöht war. Nach einer einstündigen Erholungsphase verringerte sich die Menge allerdings wieder. Erzeugt wird das BDNF sowohl im Gehirn selbst als auch in der Skelettmuskulatur. Deshalb gehört das BDNF ebenfalls zu den Myokinen. In der Muskulatur entfaltet das BDNF eine autokrine und/oder parakrine Wirkung. Dies führt zu einem deutlich verbesserten Einfluss auf die muskuläre Fettverbrennung. Aufgrund dieser Tatsache spielt das BDNF nicht nur in der Neurobiologie, sondern auch im Bereich des Stoffwechsels eine wesentliche Rolle. [136] Interessant ist dabei noch, dass Menschen mit Depressionen oder Alzheimer-Demenz deutlich geringere BDNF-Spiegel haben als gesunde Probanden. Durch regelmäßige Bewegung kann man die BDNF-Produktion steigern. [150] Muskeltätigkeit ist ein Stimulator für BDNF, das für eine Verbesserung kognitiver Fähigkeiten und somit der Lernleistung sorgt und das auch noch im hohen Alter. Sie sehen anhand dieser Betrachtung, dass Sie auch hier Ihr Wohl wieder in der eigenen Hand haben.

Fazit

Die Erkenntnis, dass Muskeln selbst Botenstoffe (Myokine) produzieren und aussenden, ist das eigentlich Neue der Forschungsarbeiten aus Kopenhagen. Bisher konnte man nur allgemein festhalten, dass sportliche Bewegung eine positive Auswirkung auf die Gesundheit hat. Dies zeigten über viele Jahre hinweg die unterschiedlichsten Studien. Am auffälligsten war der Paradigmenwechsel bei Herzinfarktpatienten in den 70er-Jahren. Bis dahin wurde den Patienten strengste Ruhe verordnet, um ihr Herz keinesfalls zu überlasten. Aber dann kam die Wende und ab sofort standen in den Krankenzimmern Standfahrräder und die Herzmaladen wurden nach allen Regeln der Kunst bewegt. Inzwischen gibt es in der Republik auch Tausende von Herzsportgruppen. Das eigentliche Warum blieb indes schwammig und wurde nur allgemein mit einem erhöhten, verbesserten Stoffwechsel erklärt. Man sah nur an den Auswirkungen die positiven Seiten der Bewegung. Durch die Existenz der Myokine eröffnen sich der Sportwissenschaft völlig neue wissenschaftliche und technologische Horizonte. Man kann jetzt Ursache und Wirkung einander zuordnen. Auch die quantitative Seite der sportlichen Wirkungen lässt sich damit besser fassen. Was und wie viel wird bei welcher Aktivität ausgeschüttet und welche Wechselwirkungen ergeben sich hierbei. Mehr als 400 von diesen Botenstoffen soll es insgesamt geben, die tief in Stoffwechselprozesse des gesamten Körpers und des Organsystems eingreifen. Aber erst etwa ein Dutzend ist zwischenzeitlich erforscht. Viele sind noch zu entschlüsseln. Hier sind in der Zukunft noch einige interessante Ergebnisse zu erwarten. [151]

Endorphine

Klar ist, dass noch vieles unklar ist. Es sind wesentlich mehr Botenstoffe, Hormone und andere Neurochemikalien an den Prozessen im Gehirn beteiligt, als die Medizin bis heute erforscht hat. Neuropsychologische Studien belegen immerhin so viel, dass aktives Sporttreiben zur Erhöhung der Gehirndurchblutung führt. Die Sauerstoffversorgung im Gehirn wird angeregt und Nährstoffe wie Glucose finden schneller ihren Weg zum Ziel. Dies wirkt sich in einer schnelleren Informationsübertragung aus.

Ein weiterer Aspekt der Geschehnisse, die in unserem Körper bei muskulärer Betätigung ablaufen, betrifft die Endorphine. Dies sind körpereigene Opiate, die bei ausdauernder sportlicher Belastung wie Joggen die Stimmung heben und zu einem richtigen Hochgefühl, dem sogenannten „Runner's High" (Läuferhoch), führen können. Weiterhin wirken Endorphine auch noch schmerzunterdrückend. In früheren Jahren, im Zeitalter der Jäger und

Sammler, hatten die Endorphine ureigentlich eine schützende Wirkung. Sowohl bei der Jagd nach wilden Tieren als auch auf der Flucht vor solchen war höchste körperliche Anstrengung angesagt. Diese Schuftereien wurden teilweise erst durch die schmerzunterdrückende Wirkung dieser Opiate erträglich.

Ich selbst bin (früher) schon überglücklich nach einem Waldlauf zurück nach Hause gekommen. Meine Frau hat sich bei meinem Anblick derart erschrocken, dass ich sie nur mit Mühe davon abhalten konnte, den Notarzt zu holen. Mein Aussehen muss furchtbar gewesen sein, bleich, abgekämpft und eingefallene Augen, gefühlt habe ich mich jedoch großartig. Solche Situationen muss man eigentlich nur schlicht und einfach überleben. In solchen Krisensituationen greifen die Beta-Endorphine ein und machen das Leben für den Betroffenen deutlich erträglicher. Anstelle von Schmerzen wird der Körper mit einem Hochgefühl überflutet. Was sagt nun die Wissenschaft zu diesem Phänomen?

Die Beta-Endorphine wurden 1977 entdeckt und es galt bisher als unbestritten, dass diese bei körperlicher Belastung ausgeschüttet werden. Je größer die Belastung, desto mehr Endorphine ist die Devise. Eine Reihe von Studien bestätigte auch den Anstieg der Schmerztoleranz und eine hochsignifikante Steigerung der Stimmungslage der Probanden. Durch Analyse des Blutplasmas konnte festgestellt werden, dass Ausdauersport eindeutig zu Erhöhungen des Beta-Endorphins führt. Die Theorie besagt weiterhin, dass die Beta-Endorphine an den sogenannten Opiatrezeptoren im Gehirn andocken und dort ihre wohltuende Wirkung verbreiten. [152]

Unterstützt wurden diese Erfahrungen durch eine von Hollmann und De Meirleir im Jahre 1988 durchgeführten Studie. Zur Bestätigung der Existenz und der Wirkung der Endorphine spritzten diese den Probanden zusätzlich Naloxon. Das ist ein sogenannter Opiatantagonist, der ebenfalls an den Opiatrezeptoren andockt, aber dort keine Wirkung entfaltet. Er blockiert lediglich die Rezeptoren, sodass kein Beta-Endorphin festmachen kann. Im Rahmen der Studie wurde eine Probandengruppe ohne Naloxon maximal mit dem Ergometer ausbelastet. Im Blut konnte daraufhin – wie erwartet – ein Anstieg der Endorphinkonzentration festgestellt werden. Schließlich wurden über eine elektrische Reizung der Zahnpulpa den Kandidaten Zahnschmerzen induziert. Diese waren aufgrund des Beta-Endorphins trotz dieser Traktur in einer gehobenen Stimmung und berichteten nur über eine reduzierte Schmerzempfindung. Anschließend wurde der gleiche Versuch nochmals durchgeführt, aber die Opiatrezeptoren wurden vorher durch Naloxongaben blockiert. Die Schmerzempfindung war nun erheblich und die Stimmung der Versuchspersonen kaum mehr zu unterbieten. [152]

So weit, so gut. Aber der endgültige Beweis über die Existenz von Endorphinen war damit noch immer nicht erbracht. Festgestellt wurden ja nur die Endorphine im Blutplasma der Körperperipherie und nicht im Kopf an den Opiatrezeptoren. Wer oder was erzeugt diese Endorphine? Kann das im Blut befindliche Beta-Endorphin überhaupt die Blut-Gehirn-Schranke überwinden? Diese Schranke ist eine physiologische Barriere zwischen dem Blutkreislauf und dem Zentralnervensystem (ZNS). Sie dient dazu, die Milieubedingungen (Homöostase) im Gehirn aufrechtzuerhalten und sie von denen des Blutes abzugrenzen. Die Blut-Gehirn-Schranke schützt das Gehirn vor im Blut zirkulierenden Krankheitserregern, Toxinen und Botenstoffen. Sie stellt einen hochselektiven Filter dar, über den die vom Gehirn benötigten Nährstoffe zugeführt und die entstandenen Stoffwechselprodukte abgeführt werden. Die Ver- und Entsorgung wird durch eine Reihe spezieller Transportprozesse gewährleistet. Andererseits erschwert diese Schutzfunktion des Gehirns die medikamentöse Behandlung einer Vielzahl neurologischer Erkrankungen, da auch sehr viele Wirkstoffe die Blut-Gehirn-Schranke nicht passieren können. [153]

Der Beweis, dass Sportler nach zweistündigem Jogging eine erhöhte Ausschüttung von Endorphinen in bestimmten Gehirnregionen aufweisen, konnte erst vor einigen Jahren durch eine bildgebende Messmethode angetreten werden. Forschern der Technischen Universität München und der Universität Bonn gelang es dabei erstmals, mithilfe der sogenannten Positronenemissionstomografie (PET) den schlüssigen Nachweis zu führen. Dabei wurden zehn Athleten jeweils vor und nach einem zweistündigen Langstreckenlauf mit dem bildgebenden Verfahren der PET untersucht. Die Forscher setzten dazu die schwer aussprechbare radioaktive Substanz [18 F]Diprenorphin ([18 F]FDPN) ein, die im Gehirn an Opiatrezeptoren bindet und dabei in Konkurrenz zu Endorphinen tritt. „Je mehr Endorphine im Gehirn des Athleten aufgrund von sportlicher Aktivität ausgeschüttet werden, desto mehr Opiatrezeptoren werden besetzt und desto geringer sind die Chancen für das [18 F]FDPN, ebenfalls an den Opiatrezeptoren zu binden", erklärt Professor Dr. Henning Boecker, der die Studie an der TU München koordinierte und jetzt den Bereich „Klinische Funktionelle Neurobildgebung" der Radiologischen Universitätsklinik Bonn leitet. [154]

Mithilfe der Positronenemissionstomografie (PET) wurden Bilder vor und nach einem zweistündigen Dauerlauf erstellt. Dazu wurde jeweils die oben erwähnte radioaktive Substanz gespritzt, welche im PET-Bild sichtbar gemacht werden kann. Vor der sportlichen Betätigung konnte sich das [18 F]FDPN konkurrenzlos in allen Gehirnregionen ausbreiten, was im PET-Bild auch deutlich sichtbar war. Nach dem Dauerlauf jedoch waren es die Endorphine, die an den Opiatrezeptoren des Gehirns angedockt hatten. Für die gespritz-

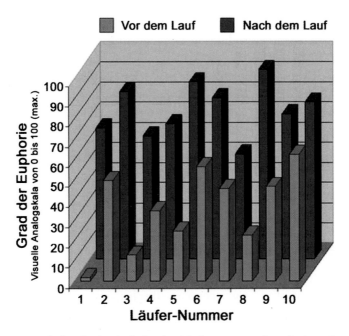

Abb. 6.5 Ausmaß der Euphorie bei zehn Läufern vor und nach dem Ausdauerlauf
[155]

te radioaktive Substanz waren kaum mehr Opiarezeptoren frei. Anhand des
Bildes konnte eine signifikant verminderte Bindung von [18 F]FDPN nachgewiesen werden. Das beweist eine vermehrte Ausschüttung körpereigener
Opioide beim Ausdauerlauf. „Damit haben wir nun erstmals Belege dafür
finden können, wo und in welchem Ausmaß bei Ausdauerbelastung Endorphine im Gehirn freigesetzt werden", so Boecker. „Interessanterweise
fanden wir Endorphinfreisetzungen vorwiegend in Bereichen des Frontal-
lappens der Großhirnrinde und des sogenannten limbischen Systems, beides
Gehirnregionen, die eine Schlüsselrolle in der emotionalen Verarbeitung in-
nehaben. Darüber hinaus konnten wir signifikante Veränderungen des Hoch-
und Glücksgefühls nach dem Ausdauerlauf feststellen." Dazu Professor Dr.
Thomas Tölle, der seit vielen Jahren eine Forschungsgruppe „Funktionelle
Bildgebung bei Schmerz" an der TU München leitet: „Unsere Auswertun-
gen zeigen, dass das erlebte Hochgefühl umso intensiver war, je geringer die
[18 F]FDPN-Bindung in der PET-Messung war." Das bedeutet, dass das Ausmaß des Hoch- und Glücksgefühls nach dem Ausdauerlauf mit der Menge der
ausgeschütteten Endorphine korrelierte. Dies zeigte auch eine nachträgliche
Euphoriebewertung der einzelnen Probanden der Studie (Abb. 6.5).
    Endorphine werden auch in Hirnregionen freigesetzt, denen eine zen-
trale Bedeutung für die Schmerzunterdrückung zukommt. Sie beeinflussen

die Schmerzweiterleitung und -verarbeitung in den Nervenbahnen und im Gehirn. Die vermehrte Produktion von Endorphinen durch Ausdauersport könnte dem Körper also auch als körpereigenes Schmerzmittel dienen. [154]

Nach wie vor unklar ist noch die Quelle der Endorphine, welche Organe diese Glücksbringer ausschütten. Womöglich können diese eines Tages auch zu den Myokinen gezählt werden.

Was ist zu tun? – *move for life*

Was ist zu tun, damit die Myokine und Endorphine unseren Körper durchfluten und all die positiven Wirkungen des Sports zum Tragen kommen? Es gibt zwar den Spruch: „Viel hilft viel!" Gerade in der Medizin und der Pharmazie liegt diese Aussage aber völlig daneben. Hier gilt vielmehr: „Die Dosierung macht's!" Ein Zuviel kann hier leicht in die gegenteilige Wirkung umschlagen. Dies gilt vor allem auch beim Gesundheitssport. Wichtig ist, dass es hierbei nicht um Leistung geht, sondern um die eigene Gesundheit. *Move for life* definiert genau die für ein gesundes Leben erforderliche beziehungsweise notwendige Bewegung. Es soll damit die wichtige Frage beantwortet werden, wie viel und welche Art von Leibesertüchtigung die gewünschten gesundheitlichen Vorteile verspricht, ohne in die angesprochenen Nachteile zu verfallen.

In der Literatur finden sich hierzu eine Vielzahl von Empfehlungen von Ärzten und Sportmedizinern. Die folgenden Aussagen sollen nur einen repräsentativen Querschnitt zu diesem Thema geben.

Mindestens zweimal pro Woche „zügiges Gehen, sodass man nur leicht schwitzt, und wenn es nur sieben Minuten am Tag sind", empfiehlt Professor Halle, ärztlicher Direktor des medizinischen Präventionszentrums an der Technischen Universität München. Dass nur 30 Minuten Sport am Stück etwas bewirken, sei inzwischen wissenschaftlich überholt, ist seine Devise. [156] Schon Wildor Hollmann konnte mit seinen Arbeiten in dem von ihm gegründeten Institut für Kreislaufforschung in Köln nachweisen, dass auch kleinere Trainingseinheiten messbare positive Veränderungen zeigen. Der *FOCUS* schrieb schon am 17. November 1997: „Elf bis 24 Minuten Sport pro Tag sind genug." Das belegt eine Studie, die Claudia Chae vom Brigham and Women's Hospital, Boston, präsentiert hat. [157] Die sportliche Betätigung kann hierbei durchaus in den Alltag integriert werden, wie Treppensteigen oder Radfahren, sagt sie.

Das *Wall Street Journal* titelte am 3. Januar 2006: *„Health move is no sweat."* Das bedeutet nichts anderes, als dass Überanstrengungen und Gesundheitssport nicht zusammengehören. Ein zusätzliches, durch Sport bedingtes Verbrennen von 1000 Kilokalorien pro Woche wird dort vorgeschlagen. Bente

Pedersen zum Beispiel empfiehlt in diesem Zusammenhang dreimal 30 Minuten in der Woche moderate Bewegung. Das alles ist nun wirklich nicht viel. Wildor Hollmann befürwortet zur Gesunderhaltung ein Ausdauertraining, mit dem wöchentlich etwa 1500 bis 2000 zusätzliche Kilokalorien verbrannt werden. [13]

Es gibt da sicher keine feste Größe, die für jedermann Gültigkeit hat. Die Vorschläge, die durch den Blätterwald der Literatur geistern, liegen im Prinzip im Bereich zwischen 1000 und 2000 Kilokalorien in der Woche. Das ist trotz unterschiedlicher Meinungen immerhin eine Aussage, nach der man sich grob richten kann. Wir sind schließlich auch nicht alle gleich. Das Ergebnis einer anderen Studie zeigt ferner, dass ein höherer Verbrauch durch körperliche Tätigkeit von mehr als 3000 bis 4000 Kilokalorien pro Woche der Gesundheit wieder abträglich werden kann. [158] Mit anderen Worten, es gibt auch ein Zviel des Guten. [38]

Bleibt noch die Frage, was muss man sich hinter diesen Angaben in Kilokalorien vorstellen. Wie lange muss man da laufen, schwimmen oder Rad fahren. Hierzu soll uns Tabelle 6.1 eine ungefähre Richtung geben. Der Kalorienverbrauch hängt natürlich auch davon ab, wie viele Kilos man mit sich herumschleppt. Um beiden Geschlechtern halbwegs gerecht zu werden, habe ich zwei Gewichtsklassen, nämlich 60 und 80 Kilogramm, in die Tabelle aufgenommen.

Meine Damen, wenn Sie als Hausfrau und Mutter einen Ehemann haben, der tagtäglich im Schweiße seines Angesichts eine computergestützte Büroarbeit verrichtet, können Sie anhand der Tabelle 6.1 neu überdenken, wer abends wem das Bier aus dem Keller holt.

Mit der Tabelle können Sie sich auf einfache Weise Ihre Tätigkeiten zusammenstellen, damit Sie auf einen zusätzlichen wöchentlichen Kalorienverbrauch von etwa 1000 bis 2000 Kilokalorien kommen. An dieser Stelle möchte ich darauf hinweisen, dass es alleine im Internet eine Vielzahl von Kalorienrechnern gibt, die bei gleichen Tätigkeitsangaben teilweise erheblich voneinander abweichende Werte liefern. Bitte betrachten Sie daher die Angaben nur als ungefähre Anhaltswerte.

Zur Erstellung der obigen Tabelle müsste der Energieumsatz bei einem bestimmten Gewicht und einer bestimmten Betätigung zuerst einmal gemessen werden. Und dies ist gar nicht so einfach. Es lässt sich aber mit der sogenannten indirekten Kalimetrie über die Messung der Sauerstoffaufnahme näherungsweise bewerkstelligen. Pro Liter aufgenommenen Sauerstoff werden bei ausschließlicher Fettverbrennung 4,7 Kilokalorien und bei alleiniger Verstoffwechselung von Kohlenhydraten 5,0 Kilokalorien verbraucht. Bei intensiver Betätigung liegt der Wert, wie wir inzwischen wissen, näher bei 5,0 Kilokalorien. Beeinflusst wird der Sauerstoffverbrauch vom Körpergewicht, von der

Tab. 6.1 Kalorienverbrauch bei bestimmten Aktivitäten für je 30 Minuten Dauer [159]

Betätigung (30 min)	Kalorienverbrauch in kcal Körpergewicht 60 kg	Kalorienverbrauch in kcal Körpergewicht 80 kg
Wandern	190	254
Gehen (5,5 km/h)	127	169
Joggeln (8 km/h)	254	338
Joggen (12 km/h)	396	528
Walking	206	274
Radfahren (19–22 km/h)	254	338
Schwimmen (moderat)	190	254
Tennis	222	296
Golf ohne Caddy	174	232
Büroarbeit	55	74
Arbeiten am Computer	44	58
Kochen	79	106
Einkaufen	111	148
Spielen mit Kindern	127	169
Rasenmähen	174	232
Gras und Blätter aufsammeln	127	169
Schnee schaufeln	190	254

Laufgeschwindigkeit, vom Streckenprofil, von der Bodenbeschaffenheit und von der Lauftechnik. Besonders Letzteres kann zwischen unterschiedlichen Läufern teilweise deutlich schwanken. Eine Messung der Sauerstoffaufnahme ist in vielen Fällen nicht unbedingt praktikabel, da man hierzu eine Sauerstoffmaske benötigen würde. Man kann sich aber über die Messung des Pulses behelfen. Hierzu muss lediglich aus einer früheren leistungstechnischen Untersuchung der Zusammenhang zwischen der Sauerstoffaufnahme und der jeweiligen Herzfrequenz bekannt sein. [160] Dies führt dann prinzipbedingt nur zu relativ groben Näherungswerten des Kalorienverbrauchs.

Wieder zurück zu den von den Sportmedizinern aus gesundheitlichen Gründen empfohlenen Trainingseinheiten. Wir müssten täglich 9000 Schritte gehen, kommen aber tatsächlich nur auf 2000 bis 3000 Schritte. Das wurde in einer Studie von SKOLAMED Köln/Bonn über das Bewegungsverhalten der Deutschen ermittelt. Der Durchschnittsdäne geht sogar nur 1500 Schritte am Tag, gemäß einer schon vorne angesprochenen Einschätzung von Bente Pedersen aus Kopenhagen. Die Empfehlungen der Sportmedizin für ein gesundes Leben liegen heute bei 10.000 Schritten täglich. „Gehen repräsentiert etwa 80 Prozent der Tagesaktivität. Aber kaum jemand erreicht diese 10.000 Schritte am Tag", erläuterte Professor Klaus Völker aus Münster beim Internistenkongress 2010 in Wiesbaden. So gehe ein Rezeptionist etwa 1200 Schritte am Tag, ein Manager 3000, ein Verkäufer 5000 Schritte. Nur Hausfrauen mit mehreren Kindern und Postboten liegen deutlich über der 10.000er-Schwelle. [161] Auch das Institut für Sportwissenschaft und Sport der Universität Erlangen empfiehlt 10.000 Schritte am Tag. [162] Diese Empfehlung findet sich in einer Vielzahl von Publikationen über Gesundheit und Bewegung. [163]

Wenn man also optimales für seine Gesundheit tun will, dann braucht man nach all diesen Aussagen täglich nur etwa insgesamt 10.000 Schritte zu gehen *oder* den Gegenwert dieser Arbeit in irgendeiner sportlichen Bewegung verrichten. Rechnet man nun diese 10.000 Schritte in Kilokalorien um, kann man sich „seine sportlichen Tätigkeiten" aus Tabelle 6.1 oder den vielen anderen in der Literatur und Internet verfügbaren Tabellen auswählen.

Die Umrechnung kann zum Beispiel folgendermaßen aussehen: Die 10.000 Schritte entsprechen bei einer durchschnittlichen Schrittweite von 70 Zentimetern einer Entfernung von 7000 Metern. Damit lässt sich nun eine in der Sportmedizin gebräuchliche Faustformel anwenden, mit welcher der Kalorienverbrauch beim *normalen Gehen* berechnet werden kann. Hierbei werden näherungsweise 0,66 Kilokalorien pro Kilogramm Körpergewicht und Kilometer angenommen. [73] Bei 80 Kilogramm Körpergewicht ergeben sich daraus 53,8 Kilokalorien pro Kilometer. Für die sieben Kilometer lange Strecke folgt schließlich ein Kalorienverbrauch von rund 370 Kilokalorien am Tag, was wiederum einem Kalorienverbrauch von etwa 2590 Kilokalorien pro Woche entspricht. Mit anderen Worten, die täglichen 10.000 Schritte entsprechen bei einer 80 Kilogramm schweren Person einem wöchentlichen Arbeitspensum von 2590 Kilokalorien.

Rechnen wir einmal nach, wie diese Ergebnisse mit den oben empfohlenen *zusätzlichen* 1000 bis 2000 Kilokalorien pro Woche zusammenpassen. Wenn man 10.000 Schritte pro Tag gehen sollte, der Durchschnittsbürger in Deutschland aber ohnehin schon täglich 2000 bis 3000 Schritte geht, dann bedeutet das, der Kalorienbedarf dieser sowieso erbrachten Kilometer kann von dem oben berechneten Kalorienbedarf der 10.000 Schritte abgezogen werden. Für die im Mittel bereits geleisteten 2500 Schritte ergibt sich wiederum für eine 80 Kilogramm schwere Person ein Wert von 647 Kilokalorien pro Woche. Zieht man diese Werte von dem oben berechneten Kalorienbedarf der 10.000 Schritte (2590 Kilokalorien) ab, so verbleibt schließlich ein *zusätzlicher* wöchentlicher Kalorienverbrauch von annähernd 2000 Kilokalorien. Rechnerisch genau ergeben sich für das Beispiel einer 80 Kilogramm schweren Person 1943 Kilokalorien pro Woche. Dieser Wert liegt exakt im Bereich der

Empfehlungen aus der Sportmedizin für die persönliche Gesunderhaltung. Das passt! So viele verschiedene Sportmediziner können sich offenbar doch nicht irren.

Versucht man den zusätzlichen Kalorienverbrauch durch Sport abzuarbeiten, dann schafft man das Pensum von mindestens 1000 Kilokalorien beim normalen Joggen relativ leicht. Aus der Sicht eines wiederum 80 Kilogramm schweren Mannes benötigt man gemäß Tabelle 6.1 hierfür einen zeitlichen Aufwand von etwa einer Stunde pro Woche. Bei dem langsameren Joggen (Joggeln) und beim moderaten Radfahren wird diese Mindestgrenze erst nach eineinhalb Stunden erreicht.

Nimmt man die Obergrenze von 2000 Kilokalorien als Ziel, müssen nochmals 1000 Kilokalorien verbrannt werden. Dies wäre beispielsweise mit etwa 3500 zusätzlichen Schritten pro Tag leicht möglich. Mit anderen Worten, wer dreimal in der Woche je eine halbe Stunde joggelt, der braucht neben den statistisch sowieso erbrachten 2500 Schritten nur noch 3000 bis 4000 zusätzliche Schritte pro Tag gehen, um damit ein gesundheitlich optimales wöchentliches Ausdauertraining absolviert zu haben.

Für eine Gewichtsreduzierung mag das Verbrennen von möglichst vielen Kalorien erstrebenswert sein. Auch ein Leistungssportler der sein sportliches Niveau verbessern oder halten will, muss gegenüber einem Gesundheitssportler deutlich mehr trainieren. Das darf an dieser Stelle nicht vergessen werden. Steht dagegen die Gesundheit im Vordergrund, ist dieses Übermaß keinesfalls empfehlenswert. Nicht nur, dass das Verletzungsrisiko steigt. Es sind auch die Dauerbelastungen der Gelenke, Sehnen und Bänder zu berücksichtigen, was sich auf Dauer abträglich auswirken kann. Grundsätzlich werden zwar alle Organe nur durch Bewegung gestärkt, aber wenn die Gesundheit im Fokus stehen soll, muss hier das richtige Maß gefunden werden. Viel bedeutsamer sind die Freisetzung von Botenstoffen und die vielfältigen chemischen Reaktionen durch die arbeitende Muskulatur. Es kommt letztendlich auf die Myokine an, die durch sportliche Betätigung freigesetzt werden.

Von der Wirkung der Muskulatur war schon Professor Hollmann in den 90er-Jahren des letzten Jahrhunderts überzeugt. Er erklärte damals schon: „Gesundheits- und Leistungszustand eines Organismus werden bestimmt vom Erbgut sowie von der Qualität und der Quantität der muskulären Beanspruchung. Der Mensch ist so konstruiert, dass die Skelettmuskulatur das größte Organ des menschlichen Körpers darstellt. Muskuläre Beanspruchung wirkt sich auf den gesamten Organismus aus, vom Gehirn bis zu den Nieren, auf den Halte- und Bewegungsapparat sowie auf die gesamte nervale und hormonelle Steuerung des Körpers. Jede muskuläre Aktivität löst Tausende von chemischen Reaktionen im gesamten Organismus aus, insbesondere im Gehirn." [13]

Für die erforderliche Muskelarbeit kommen Ausdauersportarten mit den folgenden prinzipiellen Betätigungsformen in Frage:

- Gehen bzw. schnelleres Gehen (Walking)
- Wandern, insbesondere Bergwandern
- langsamer Dauerlauf, Joggeln
- Radfahren
- Schwimmen
- Skilanglauf
- Rudern usw.

An vorderster Stelle stehen hier nach Professor Hollmann die Laufsportarten. Nach seiner Sicht kommt es darauf an, mit einem Minimum an Organbelastung ein Maximum an gesundheitlich gewünschten Effekten zu erzielen. Diese können sowohl physikalischer als auch chemischer Natur sein. Physikalisch bedeutet über das Herz-Kreislauf-System und chemisch über den Stoffwechsel. Professor Hollmann hat an seinem Institut an der Sporthochschule Köln alle gängigen Sportarten untersucht. In diesem Zusammenhang wurden Katheter mit Druckmesselementen in die Arterien eingeführt und während der Ausübung der verschiedenen Sportarten erfolgten permanent Messungen des Blutdrucks. Dabei zeigte sich, dass es nur eine Art von Betätigungsform gibt, bei der der untere (diastolische) Blutdruck überhaupt nicht ansteigt und somit auf eine reduzierte physikalische Belastung hindeutet. Dies sind die Laufsportarten Gehen, Wandern, Laufen. Eine entsprechende Untersuchung wurde auch in Bezug auf die chemischen Einflüsse durchgeführt. Dabei wurde der Sauerstoffverbrauch mit der Milchsäurebildung in Relation gesetzt. Auch hier wieder das gleiche Ergebnis: Am günstigsten aus chemischer und damit stoffwechselmäßiger Sicht sind wiederum Gehen, Wandern und Laufen, gefolgt von Treppensteigen und Radfahren. Die Belastungsintensitäten sollten so bemessen sein, dass die Pulszahlen während der sportlichen Betätigung nicht höher liegen als 180 minus Lebensalter in Jahren. [13]

Die Gefahr, sich zu hoch zu belasten, ist relativ groß. Die richtige Belastung hängt auch vom aktuellen Trainingszustand ab. „Laufen ohne zu schnaufen" lautet eine griffige Devise in der Sportmedizin. Man sollte sich während der sportlichen Betätigung noch problemlos unterhalten können. Gert von Kunhardt hat es mit seinem Prinzip der subjektiven Unterforderung auf den Punkt gebracht. [164] Man muss sich unterfordert fühlen, es muss jederzeit eine zusätzliche Leistungssteigerung problemlos abrufbar sein. Oder mit anderen Worten, man darf sich keinesfalls an seinem persönlichen Grenzbereich bewegen. Er sagt: „Sie haben genau dann richtig trainiert, wenn Sie sich nach dem Training so erfrischt und erholt fühlen, dass Sie fit und zu neuen Taten aufgelegt sind." [164]

Mit steigender sportlicher Betätigung und damit verbundener besserer Fitness kann sich der Bereich der sogenannten subjektiven Unterforderung durchaus etwas nach oben verschieben. Diese Verschiebung sollte aber nicht unbedingt das Ziel sein. Es ist gar nicht so einfach, seine eigene persönliche Leistungsfähigkeit selbst einzuschätzen. Wie wir wissen, können Überanstrengungen durchaus als höchst angenehm empfunden werden. Das liegt an den dann ausgeschütteten Endorphinen. Das daraus resultierende kurzzeitige Rauschempfinden verhindert aber eine realistische Einschätzung des eigenen Fitnessgrades. Hier müssen Sie sich in der Regel bewusst zurücknehmen und konzentriert Ihr eigenes persönliches Tempo finden.

Wenn Ihnen dann ein adipös anmutender und etwas unsportlich aussehender Herr beim Vorbeilaufen aus seinem Vorgarten ein „schneller, schneller, go, go, go" zuruft – was dem Autor dieser Zeilen schon passiert ist –, dann müssen Sie ganz ganz ganz stark sein. Das Gleiche gilt auch dann, wenn Sie von einem sportlichen Mitmenschen, egal welchen Geschlechts, überholt werden. Das mitleidige Lächeln des Anderen ist sicher nur freundlich gemeint.

Der Sportmediziner Klaus Völker nahm bei 50 per Zufall ausgewählten Freizeitjoggern Blutproben. Das Ergebnis: In deren Blut zirkulierte durchweg doppelt so viel Milchsäure, wie zuträglich wäre. [165] In einem anderen Fall bat Völker in weit über 1000 Tests Probanden, so zu laufen, wie sie es für richtig hielten, und maß dann deren Lactatwerte. Auch hier klafften im Ergebnis zwischen der eigenen Einschätzung und dem medizinischen Nachweis große Lücken. Zwei Drittel aller Probanden trainierten im anaeroben Bereich. Hierbei gewinnt der Körper seine Energie nicht mehr durch Verbrennung von Sauerstoff, sondern über die Produktion von Milchsäure. Das beeinträchtigt die Leistungsfähigkeit. [166] Professor Hollmann warnt in diesem Fall: „Dann entfalten sich die gewünschten Anpassungsprozesse im Körper nur bedingt." [165]

Laufen Sie nach dem von Gert von Kunhardt propagierten Prinzip der subjektiven Unterforderung. Dann sind Sie persönlich in Ihrem richtigen Leistungsbereich. Von ihm stammt auch der Begriff „Joggeln", der hier schon mehrfach verwendet wurde. Damit meint er im Prinzip einen langsamen Dauerlauf, bei dem es mehr auf die Bewegung selbst als auf die erreichte Geschwindigkeit ankommt. Auch beim langsamen Joggen heben Sie ab, Sie „fliegen", Sie setzen wieder auf der Erde auf. Sie belasten damit auch Ihre Knochen und beugen somit der Osteoporose vor. Sie profitieren auch bei langsamer Ausführung vollständig von dieser Bewegungsform. Im Gegenteil, Sie laufen damit keine Gefahr, dass Sie bei zu schneller Geschwindigkeit all diese Vorteile in das Gegenteil umkehren. Als ich vor einigen Jahren Gert von Kunhardt bei sich zu Hause in Malente besuchte, haben wir auch darüber gesprochen, ob man den Begriff „Joggeln" nicht mit einer Art Richtgeschwindigkeit versehen sollte. Wer einmal unter Anleitung gejoggelt ist, weiß, wie sich das anfühlt. Aber derjenige, der davon nur in der Literatur oder in diesem Buch liest, kann sich das nur schwer vorstellen. Es ist ja nach dem bisher Gesagten auch von jedem Einzelnen individuell abhängig. Jeder empfindet ja den Begriff „langsam" sicherlich anders.

Die durchschnittliche Gehgeschwindigkeit liegt bei etwa fünf Kilometern pro Stunde. Dies bedeutet, dass das Joggeln etwas höher angesiedelt sein sollte. Die in Tabelle 6.1 angegebenen acht Stundenkilometer können nach unserer gemeinsamen Diskussion durchaus als ein möglicher Richtwert gelten. Für manchen weniger trainierten Zeitgenossen ist dies sicher eine Obergrenze, für andere eine pure Unterforderung und wieder für andere vielleicht angenehm passend. Die acht Stundenkilometer entsprechen ziemlich genau der Laufgeschwindigkeit, mit der ich schon seit Jahren meine Runden drehe. Ich habe mir den Spaß gemacht, meine Hausstrecke mit Stoppuhr und GPS einmal zu analysieren. Die Geschwindigkeit von acht Stundenkilometern ist für mich äußerst angenehm, ich freue mich, ich fühle mich nicht überlastet – im Gegenteil: Nach dem Lauf fühle ich mich richtig erfrischt. Mit anderen Worten, ich habe nicht die geringste Lust, schneller zu werden. Auch wenn ich manchmal das Gefühl habe, ich müsste hier und heute Bäume ausreißen, nehme ich mich zurück und achte sehr auf mein persönliches Joggeltempo. Stellen Sie die gesundheitlichen Aspekte des Ausdauertrainings in den Vordergrund. Denken Sie daran: *move for life*.

Schauen wir uns einmal zusammenfassend die *Vorteile* und die Auswirkungen eines *moderaten Ausdauertrainings* näher an. Es ergibt sich auch bei knapper Darstellungsform eine ziemlich ansehnliche Liste: [1, 13, 165–170]

- Zunahme der inneren Kraftwerke (Mitochondrien) im Bereich der Muskulatur und des Herzens. Dadurch ergibt sich eine vergrößerte Energiefreisetzung.
- Die Zahl der Kapillaren um die trainierte Muskelzelle nimmt zu (Kapillarisierung). Gleiches gilt für die vorgeschalteten Arteriolen und Arterien, deren Durchmesser vergrößert wird. Das führt zu einer besseren Versorgung der Organe und der Muskulatur mit Sauerstoff und Nährstoffen.
- Der Sauerstoffbedarf des Herzens wird gesenkt, das allgemeine Sauerstoffangebot aber verbessert. Dadurch kann die Gefahrenstufe des Auftretens eines Missverhältnisses zwischen Sauerstoffbedarf und Sauerstoffangebot in eine höhere Belastungszone verschoben werden; es entsteht somit eine relative Schutzzone. Dies führt zu einer Ökonomisierung der Herzarbeit und

zu einer geringeren Herzbelastung. Ebenso tritt eine Milchsäurebildung erst bei höheren Belastungen gegenüber vorher auf.

- Senkung des Ruhe- und Belastungspulses (bei gleicher Belastung). Vergrößertes maximales Schlagvolumen und Herzminutenvolumen.
- Verbesserung der Fließeigenschaften des Blutes und damit Verringerung der Thrombosebildung. Die Wände der Adern bleiben elastisch.
- Das für die Entstehung der Arteriosklerose verantwortliche LDL-Cholesterien wird gesenkt, und das eine Schutzfunktion ausübende „gute" HDL-Cholesterien wird erhöht.
- Senkung eines erhöhten Insulinwertes; verbesserte Insulinsensivität, Vorbeugung gegen Diabetes mellitus Typ 2.
- Die Herzinfarktwahrscheinlichkeit kann um etwa die Hälfte verringert werden. Verminderung der Risikofaktoren wie Bluthochdruck, erhöhte Blutzuckerwerte, erhöhte Blutfettwerte, erhöhter Harnsäurespiegel, Übergewicht und Bewegungsmangel.
- Steigerung der statistischen Lebenserwartung.
- Durchblutungsverbesserung aller Gehirnabschnitte. Dadurch Erhöhung der Konzentrationsfähigkeit und allgemeine Verbesserung der kognitiven Leistung.
- Freisetzung von stimmungsverbessernden opiatähnlichen Substanzen (Endorphine). Ausdauersport ist hochwirksam gegen Depressionen.
- Verbesserung der allgemeinen Reaktionsfähigkeit und des Kurzzeitgedächtnisses.
- Auslösung von Tausenden von chemischen Reaktionen und Freisetzung von Botenstoffen (Myokinen) durch die arbeitende Muskulatur, was momentan erst in geringem Umfang erforscht ist.
- Verbesserung der Sauerstoffaufnahmefähigkeit in der Lunge; Vergrößerung des Atemminutenvolumens; Verbesserung der Atemökonomie bei vergleichbaren Belastungen; Ausweitung des Lungenkapillarnetzes.
- Vorbeugende Wirkung gegen Osteoporose durch die Belastung während der Laufbewegung. Stärkung des gesamten Bewegungsapparats; Stärkung von Knochen, Sehnen, Knorpeln und Bändern; Kräftigung der Muskulatur.
- Vergrößerung der Energiespeicher mit ATP, Kreatinphosphat, Glykogen und freien Fettsäuren.
- Stärkung des Immunsystems; verringerte Infektanfälligkeit; vorbeugende Wirkung gegen Tumorerkrankungen.
- Verbesserung des Wohlbefindens, Abbau von Stress, Anspannung und Ängsten. Verbesserung der Körperwahrnehmung. Steigerung des Selbstbewusstseins durch Erspüren der gewonnenen Leistungsfähigkeit.

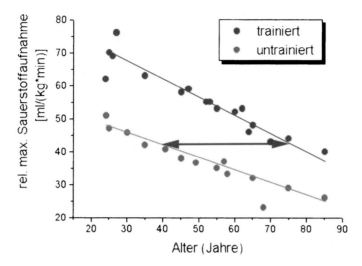

Abb. 6.6 Relative maximale Sauerstoffaufnahme im Altersgang bei trainierten und untrainierten Personen [171]

Diese Liste kann sich doch sehen lassen. Nachweislich nimmt die Trainierbarkeit sogar mit zunehmendem Alter nicht ab. Sogar bei 70- bis 80-jährigen Personen konnten dieselben biochemischen und biophysikalischen Anpassungserscheinungen als Folge des Trainings beobachtet werden wie bei jungen Menschen. Nur die erreichten Absolutwerte sind altersbedingt niedriger. Aufgrund dieser Tatsache prägte Professor Hollmann schon in den 60er-Jahren den Satz: „Durch ein geeignetes körperliches Training gelingt es, 20 Jahre lang 40 Jahre zu bleiben." Am eindrucksvollsten sieht man das an Abbildung 6.6. Aufgetragen ist hierbei die relative auf das Gewicht bezogene maximale Sauerstoffaufnahme über dem Alter. Dargestellt sind einerseits untrainierte und andererseits trainierte männliche Probanden.

Die maximale Sauerstoffaufnahme sinkt zwar auch bei trainierten Menschen, aber durch das Training können Werte erreicht werden, die dem Leistungsstand eines Jahrzehnte Jüngeren im untrainierten Zustand gleichen. [171]

Der obigen langen Liste von Wohltaten stehen aber auch negative Folgen bei einem *zu übertrieben durchgeführten Ausdauersport* entgegen. Viele Vorteile treten dann nicht ein oder kehren sich in das Gegenteil um. Hier ist eine Aufstellung dieser möglichen *Nachteile*: [13, 168]

- Verengung der Bronchien, schlechtere Sauerstoffversorgung.
- Schwächung des Immunsystems.
- Vermehrte Bildung von aggressiven freien Radikalen. Dies kann zur Schädigung des Gewebes führen.

- Übersäuerung des Körpers durch anaerobe Energiegewinnung.
- Überlastung des Herzens, im schlimmsten Fall Infarkt.
- Keine Entfaltung der gewünschten Anpassungsreaktionen.

Eine nicht zu unterschätzende Gefahrenquelle bilden hierbei die sogenannten freien Radikale. Das sind biochemische Verbindungen die ein oder mehrere ungepaarte (freie) Elektronen besitzen und dadurch instabile, kurzlebige und hochreaktive Moleküle darstellen. Sie sind bestrebt, ihren instabilen Zustand auszugleichen, indem sie anderen Molekülen Elektronen entreißen. Da „einsame" Elektronen ihren Elektronenpartner aus fast allen Biomolekülen gewinnen können und diese damit in ihrer Funktion verändern, stellen freie Radikale eine potenzielle Gefahr für den Organismus dar. Die freien Radikale schädigen eine Vielzahl zellulärer Strukturen, vor allem Zellmembranen, und spielen eine entscheidende Rolle in der Entstehung der Arteriosklerose. Sie werden immer öfter in Zusammenhang mit der Entstehung verschiedener Krankheiten gebracht, so sollen sie neben der Arteriosklerose auch für verschiedene Krebsarten und das Altern verantwortlich sein.

Die freien Radikale entstehen durch Zigarettenrauchen, andere Umweltgifte und vor allem auch bei länger dauernder, intensiver und inadäquater körperlicher Belastung. Auch hier gilt: Weniger ist mehr. So wichtig und notwendig die Bewegung für den Menschen ist, so kann dies bei einem Zuviel wieder in das Gegenteil umschlagen. Die menschlichen Regelkreise und die gesamte Homöostase sind ein äußerst feinfühlig aufeinander abgestimmtes System, das leicht aus dem Gleichgewicht gebracht werden kann. [172, 173]

Die Erfahrung zeigt weiterhin, dass übermäßig trainierte Ausdauersportler wie Marathonläufer, Triathleten und exzessive Radsportler weder länger leben noch gesünder aussehen. Auf mich wirken solche „Supersportler" oft etwas ausgemergelt und auch älter, als sie tatsächlich sind. Diese subjektive Beobachtung sollte einmal jeder für sich machen und sein eigenes Urteil fällen. Ein fittes, sportliches und gesundes Aussehen hat zwar mit Sport, aber nicht unbedingt mit zu viel Sport zu tun.

Körperliches Training kann unter bestimmten Umständen auch noch eine weitere Gefährdung mit sich bringen. Absolut kontraindiziert sind Sport und Training bei Vorliegen einer erhöhten Körpertemperatur als Folge einer Infektion oder großer Eiterherde, besonders im Bereich des Kopfes (z. B. Mandeln). Ferner sollte niemals ein Ausdauertraining bei vollem Magen durchgeführt werden. Vorsicht ist auch geboten bei Umgebungstemperaturen über 28 °C und einer höheren relativen Luftfeuchtigkeit als 80 bis 85 Prozent. [13]

Schauen wir uns im Folgenden die für den Gesundheitssport empfohlenen Betätigungsformen einmal näher an:

Praxistipp: Langsames Laufen (Joggeln)

Wenn die Gesundheit im Vordergrund steht, ist Bewegung der Bewegung willen angesagt. Dabei sollte jeglicher Leistungsdruck vermieden werden. Es ist auch das natürliche „Betriebsverhalten des menschlichen Antriebs" zu berücksichtigen. Hier helfen die Zusammenhänge von Abbildung 3.11 die Dinge besser zu verstehen. Denn zu Beginn des Laufens neigt man gerne zu einer zu schnellen Gangart. Man ist ausgeruht, eventuell trainiert und voller Kraft und Tatendrang. Man kann sofort auf das vorhandene ATP und das Kreatinphosphat (KP) zurückgreifen. Die Kraft zum Losstürmen ist in voller Schönheit da. Aber was ist nach einem Kilometer oder nach fünf Minuten? Dann geht einem bei einem unbeherrschten Loslaufen leicht die Puste aus. Was dann? Also zügeln Sie sich und laufen Sie *langsam* los. Gewöhnen Sie sich und Ihren Körper an die Bewegung und lassen Sie die jetzt notwendigen Anpassungsvorgänge geschehen. Haushalten Sie mit Ihren Kräften, denn sowohl das vorhandene ATP als auch das Kreatinphosphat stehen Ihnen ganz grob nur innerhalb der ersten Minute zur Verfügung, und wenn Sie verschwenderisch damit umgehen, sind es nur wenige Sekunden.

Danach schaltet der Körper auf die anaerobe Glykolyse um. Dies kann bei zu großer Belastung einen sehr starken Lactatanstieg bedeuten und die arbeitende Muskulatur übersäuern, was wiederum den gesundheitlichen Gewinn deutlich schmälert. Am Anfang läuft noch alles ganz ohne Sauerstoff ab. Zügeln Sie sich also noch einmal. Sie könnten durchaus schneller sein. Widerstehen Sie der Versuchung und bleiben Sie langsam und damit milchsäurefrei.

Ab etwa der zweiten Minute ist es dann endlich so weit. Die aerobe Phase beginnt allmählich zu wirken. Es dauert schließlich eine gewisse Zeit, bis der Sauerstoff in der Lunge von den roten Blutkörperchen (Erythrocyten) aufgenommen ist. Der Sauerstoff wandert dann über viele Kilometer lange Blutbahnen dorthin, wo er gebraucht wird, nämlich in den Bereich der arbeitenden Muskulatur. Das dauert. In den Mitochondrien, den sogenannten Kraftwerken der Muskelzelle, wird der Sauerstoff abgegeben und anschließend das Kohlendioxid (CO_2) von den roten Blutkörperchen aufgenommen und zur Lunge zum Gasaustausch zurücktransportiert. Dort werden die Erythrocyten wieder mit Sauerstoff beladen und der ganze Kreislauf beginnt von vorne.

Mit zunehmender Belastung entsteht wegen des erhöhten Sauerstoffbedarfs ein erhöhter Blutmengenbedarf, der Puls steigt an. Milz, Leber und Magendarmtrakt geben ungefähr einen Liter Blut mehr in den Kreislauf ab, sodass alle Ressourcen zur Sauerstoffversorgung der Muskulatur beitragen. Trotz allem ist der Blutkreislauf wegen des Reibungswiderstands in den Blutgefäßen und der zusätzlichen „Sauerstoffbeladearbeit" in der Lunge vergleichsweise langsam. Hinzu kommt noch die weitere Aufgabe des Blutes, das Gewebe mit energiereichen Nährstoffen zu versorgen und gleichzeitig die Abfallprodukte des Stoffwechsels aufzunehmen und abzutransportieren. Das dauert schließlich alles seine Zeit.

Gemäß Abbildung 3.11 ist die Energieflussrate (Energie pro Zeiteinheit) bei der aeroben Glykolyse geringer als bei der anaeroben Energielieferung. Das heißt, man muss sich so weit zurücknehmen, dass wirklich nur die aerobe Glykolyse wirksam ist. Bei jedem Schnellerwerden, etwa bei einem Zwischenspurt, wird sofort zusätzliche Energie benötigt, die wegen der höheren Energieflussrate nur aus dem anaeroben Bereich kommen kann und dann unweigerlich zu Lactat führt. Laufen Sie deshalb moderat weiter, dann sind nach etwa fünf Minuten die biochemischen Prozesse so weit eingeschwungen, dass Sie jetzt bei aerober Energiegewinnung über längere Zeit problemlos laufen können. Schließlich greift dann auch die aerobe Fettverbrennung mit in das Geschehen ein. Welche der beiden aeroben Energiegewinnungsmethoden letztendlich die Oberhand hat, hängt von der aktuellen Belastung ab. Dies wurde schon in Kapitel 3 beleuchtet. Zur Erinnerung sei nur gesagt, je moderater die Belastung, desto höher ist die Quote der Fettverbrennung. In Abbildung 3.13 ist dies anschaulich zu sehen.

Nach den ersten fünf Minuten sind Sie quasi im Automatikbetrieb. Den Muskeln wird jetzt genau so viel Sauerstoff zugeführt, wie dort zur Energiebereitstellung auch tatsächlich benötigt wird. Diesen Gleichgewichtszustand nennt man Steady State. Finden Sie jetzt zu Ihrem Laufstil und zu Ihrer individuellen Schrittlänge. Bleiben Sie langsam. Fühlen Sie sich unterfordert. Laufen Sie so, dass Sie jederzeit noch eine Menge „drauflegen" können. Aber tun Sie es nicht. Genießen Sie die Natur, die Bäume, die Blumen, die Büsche, die Felder. Beobachten und identifizieren Sie die Feldfrüchte und deren momentanen Wachstumsstand. Genießen Sie die Geräusche der Natur. Verzichten Sie auf den „Knopf im Ohr". Die Natur ist viel schöner und das auch bei jeder Witterung. Probieren Sie es aus. Anstelle des Genießens können Sie während des Laufens auch Probleme lösen. Sie haben jetzt Zeit um Ihr „Elend" zu überdenken. Ich habe schon so manches Problem während oder gleich nach dem Laufen mit frischem Elan gelöst. Das Ziel des Laufens ist nicht, auf Rekordjagd zu gehen und erschöpft heimzukehren. Das Ziel ist, dass Sie hinterher erfrischt und frohen Mutes an Ihren Aufgaben weiterarbeiten können. Sie werden bald merken, dass hinterher alles viel besser geht. Sie haben dann die reinste innerliche Sauerstoffdusche hinter sich, die außerordentlich belebend wirkt. Wenn Sie an Ihre körperlichen Grenzen gehen und ständig nur gegen Ihren inneren Schweinehund kämpfen, um noch die eine oder andere Sekunde herauszuholen, müssen Sie auf die hier beschriebenen Wohltaten weitgehend verzichten. Ihr Körper gaukelt Ihnen zwar zu seinem eigenen Schutz ein gewisses Maß an Wohlbefinden vor. Aber dies sind nur die Endorphine, die jetzt ihre Wirkung als Schmerzmittel entfalten.

Bedenken Sie bei der Wahl Ihrer Schrittlänge, dass es nicht auf die Geschwindigkeit ankommt, diese ist gesundheitlich nicht relevant. Das meist in Büchern oder in der Laufschule gelehrte Abrollen über die Ferse hat, wie wir schon gesehen haben, auch seine Nachteile. Es wirkt aber trotz allem sehr rund. Gelenkschonender ist jedoch ein Aufkommen auf dem Mittelfuß während des Laufens. Reduzieren Sie einfach massiv die Schrittlänge. Dadurch nähern sich die beiden Laufmethoden in Ihrer Wirkung auf die Gelenke halbwegs an. Dann können Sie einfach die Ihnen sympathischere Methode wählen, ohne dass die Belastungsspitzen zu groß werden.

Ein schöner Zusatzeffekt ist die Vorbeugung und auch die Therapie von Osteoporose durch Sport im Allgemeinen und Joggen oder Joggeln im Besonderen. Durch die klassische Laufbewegung ergibt sich ein permanentes Abheben vom Boden mit anschließendem Aufkommen (Landen) auf dem Untergrund. Dies belastet kontinuierlich den Knochen, der Knochenstoffwechsel wird angeregt und die Neubildung von Knochenzellen wird gefördert. Man ist sich in Ärztekreisen inzwischen ziemlich einig, dass die beste Osteoporoseprophylaxe ein aktives Leben mit ständiger moderater Belastung der Knochen im Verbund mit der Muskulatur darstellt.

Praxistipp: Walking, wie auch immer

Neben dem Joggen gehört auch das Walking zu den klassischen Ausdauersportarten. Hierbei gibt es einerseits das Walken ohne Stöcke. Dies ist mehr oder weniger ein flottes sportliches Gehen mit deutlicher Armbewegung. Damit geht auch ein höherer Kalorienverbrauch einher als beim normalen Spazierengehen. Andererseits gibt es noch das Nordic Walking mit Stöcken. Beim Walken hebt man nicht vom Boden ab, wie beim Joggen. Es verbleibt immer ein Fuß am Boden. Diese Bewegungsform ist deshalb für schwergewichtigere Zeitgenossen die richtige Wahl. Der Lauf lässt sich schonender gestalten; deshalb ist Nordic Walking auch eine beliebte Bewegungsform im Reha-Bereich.

Der Ursprung des Nordic Walking geht in die 30er-Jahre des letzten Jahrhunderts zurück. Schon damals haben die Skilangläufer den „Stockgang" im Sommer in ihr Training integriert, um ihre Kondition für den eigentlichen Wintersport zu verbessern. Das Nordic Walking in der heutigen Form als eigenständige Sportart gibt es allerdings erst seit den 90er-Jahren. Es ist jedoch zu berücksichti-

gen, dass die Hersteller der Stöcke die Sache ungemein gefördert haben und immer noch tun. Hinzu kommt, dass es alleine in Deutschland mindestens zwei Lehrmeinungen über die richtige Gangart beim Nordic Walking gibt. Der Deutsche Nordic-Walking-Verband lehrt das Laufen mit den Stöcken etwas anders als der Verband der Nordic-Walking-Schulen. Ich selbst bewege mich nach der sogenannten ALFA-Technik, die vom Deutschen Nordic-Walking-Verband (DNV) vertreten wird. Die Abkürzung ALFA steht hierbei für aufrechte Körperhaltung, langer Arm, flacher Stock und angepasste Schrittlänge. Dadurch soll grob die Technik des Laufens beschrieben werden. Unabhängig von den Details der beiden Lehrmeinungen dient der Stock weder zur Erleichterung des Laufens noch als Verteidigungswaffe. Die Arbeit mit dem Stock soll vielmehr noch zusätzliche Muskeln aktivieren, die beim einfachen Walken oder beim einfachen Gehen nicht in Gebrauch sind. Neben den Arm- und Handmuskeln wird speziell auch die Muskulatur des Oberkörpers aktiviert. Es findet eine bewusste Rotation der Schulter statt. Auf diese Weise sind beim richtigen Nordic Walking 90 Prozent der gesamten Skelettmuskulatur an der Bewegung beteiligt. Die Verwendung der Stöcke bildet somit eine zusätzliche Erschwernis der Fortbewegung. Aber es geht ja schließlich um die Muskelarbeit. Je mehr Muskeln beteiligt sind, desto stärker ist der daraus resultierende Stoffwechsel und desto mehr Botenstoffe werden abgesondert, was zusammengenommen letztendlich für die gesamten gesundheitlichen Vorteile verantwortlich ist.

Als ausgebildeter Nordic-Walking-Instructor kann man draußen sehr schnell erkennen, dass die wenigsten Läuferinnen und Läufer sich schulmäßig fortbewegen. Da hapert es etwas. Viele setzen die Stöcke zu weit vor dem Körper auf oder stoßen sich damit ab. Andere gehen wirklich „am Stock", stützen sich also darauf. Manche machen zu lange Schritte und belasten das Knie, die Hüfte und den Rücken unnötig. Wer die Ferse zu steil aufsetzt und sein Knie vorne extrem streckt, kann dem Gelenk unter Umständen mehr schaden als nützen. Auch hier gilt es, nicht zu große Schritte zu machen und den Lauf langsam zu beginnen. Achten Sie darauf, dass Sie nirgendwo einen Schmerz verspüren. Wenn Sie diese Mindestvoraussetzungen beachten, können Sie schon mal Ihre eigene – sicher nicht optimale – Technik kreieren. Hauptsache Sie bewegen sich. Aber es macht gewiss etwas mehr Spaß, wenn man die richtige Technik und ihre Hintergründe kennt.

Da beim Nordic Walking mehr Muskeln beansprucht werden als beim einfachen Walking ohne Stöcke, werden hierbei natürlich auch mehr Kalorien verbrannt. Die Angaben des Mehrverbrauchs schwanken in der Literatur erheblich. Die Meinungen reichen dort von einem Mehrverbrauch von nur fünf Prozent über 30 Prozent bis hin zu 50 Prozent. Man kann ihn ja nicht auf einfache Weise messen und bestimmen. So wie mir der untere Wert als zu niedrig erscheint, ist der obere sicher zu hoch. Ich würde die Wahrheit im unteren bis mittleren Bereich zwischen zehn und 30 Prozent vermuten. Klar ist jedenfalls, dass beim Nordic Walking gegenüber dem einfachen Walking in der gleichen Zeit und bei der gleichen Geschwindigkeit eine größere sportliche Leistung erbracht wird.

Wo die Möglichkeiten gegeben sind, kann natürlich im Winter Skilanglauf ausgeübt werden. Dabei werden Arm- und Beinmuskulatur gleichermaßen gefordert. Hinzu kommt, dass durch das Gleiten der Skier das Ganze besonders gelenkschonend ist. Letztendlich ist ja der Skilanglauf der Ursprung des Nordic Walkings.

Praxistipp: Radfahren

Radfahren ist für Übergewichtige oder für Menschen mit Gelenkproblemen ebenfalls eine sehr gut geeignete Alternative, um Ausdauersport zu betreiben. Das eigene Körpergewicht muss nicht selbst getragen werden, es wirkt sich leider aber dennoch – speziell merkbar am Berg – auf die zu erbringende Leistung aus. Trotz allem ist Radfahren eine sanfte und naturverbundene Art, Sport zu treiben. Fahren Sie einfach mit Ihrem Fahrrad hinaus in die Natur und genießen Sie diese in vollen Zügen. Nutzen Sie auch Wald- und Feldwege, dort ist es oft am schönsten. Und schon könnte ein Problem entstehen. Auf unwegsamem Gelände können Sie nur mit Mountainbike, Trekkingrad oder einem anderen robusten Fahrrad bestehen. Die speziellen ultraleicht gebauten Rennräder sind dagegen nur für die Straße geeignet. Ich persönlich rate Ihnen zum Genussfahren. Nehmen Sie die Umwelt mit all ihren Details bewusst wahr. Die vielen Straßenfahrer, die mit festem Oberkörper auf Ihren Rennmaschinen sitzen und nur mit ihren Beinen wuseln, haben mit Sicherheit ihre Freude am Radfahren. Es lassen sich damit heute sehr bequem auch größere Distanzen überwinden und durch die unten arbeitende Muskulatur werden die versprochenen Myokine freigesetzt. Man muss nur aufpassen, dass sich kein Lactat hinzugesellt. Dies wäre das Ende des gesundheitlichen Effekts. Tatsache ist, dass man zur Erzielung der gleichen sportlichen Leistung mit einem besonders leichtläufigen Rennrad deutlich weiter fahren muss als mit einem Hollandrad, welches womöglich noch mit schweren Gepäcktaschen versehen ist. Spaß muss es machen. Jeder sollte bei seinem Sport sein individuelles Vergnügen verspüren. Es soll ja schließlich auch Leute geben, die mit Gewichten Dauerläufe absolvieren, um zusätzlich Kondition zu bolzen.

Ein Problem, das alle Radfahrer betrifft, ist, dass nur die Muskeln unterhalb der Gürtellinie in Einsatz sind. Wie weiter oben schon erwähnt wurde, verrichten bei gleicher Sauerstoffaufnahme beim Radfahren weniger Muskeln mehr Arbeit als bei den Laufsportarten. Speziell das Nordic Walking wurde ja daraufhin optimiert, dass möglichst viele Muskelgruppen gleichzeitig aktiv sind. Deshalb ist es ganz natürlich, dass beim Radfahren bei stärkerer Beanspruchung die Muskeln der unteren Extremitäten eher zur Übersäuerung neigen als beispielsweise bei den Laufsportarten. Die Problematik der sogenannten freien Radikalen darf dabei ebenfalls nicht vergessen werden.

Wenn Sie sich aus rein gesundheitlichen Gründen auf Ihren „normalen" Drahtesel schwingen, der nicht unbedingt zur Gruppe der High-Tech-Geräte gehört, dann brauchen Sie die in Tabelle 6.1 angegebenen Geschwindigkeiten von 19 bis 22 Stundenkilometer keinesfalls zu überschreiten. Dann geht's auch langsamer. Es gilt auch hier die Devise: Bitte nicht übertreiben; die Bewegung machts!

Ganz wichtig beim Radfahren ist die richtige Stellung des Lenkers. Manche müssen bei Fahren unbedingt aufrecht sitzen, bei anderen darf es auch gebeugt sein. Hier ist eine individuelle Einstellung des Lenkers und der gesamten Sitzposition unbedingt erforderlich.

Praxistipp: Weitere Ausdauersportarten

Es gibt viele Sportarten, die Spaß machen und auch eine Ausdauerkomponente besitzen. Wettkampfspiele sind hierfür meist weniger geeignet. Man kann sich jedoch beispielsweise beim Tennis einen gleichgesinnten Partner suchen, mit dem man sich die Bälle gegenseitig zuspielt. Es geht dann zwar nicht um Punkte, aber man ist permanent in Bewegung. Das mit einem gewissen Verletzungsrisiko versehene *Stop and go* kann dadurch wesentlich minimiert werden. Ganz zu schweigen von der berüchtigten „Beckerrolle", die bei dieser Spielweise erst gar nicht erforderlich wird. Mit ein bisschen Phantasie und Kreativität kann man seinen Lieblingssport sicher derart umformen, dass dabei eine ständige, moderate Bewegung möglich wird. Denn nur durch eine gleichmäßige andauernde Bewegung sind die beschriebenen Vorteile des Ausdauertrainings zu erzielen.

Bei genauem Hinsehen, kann man bei fast jeder Sportart irgendetwas finden, was nicht optimal und mit einem erhöhten Verletzungsrisiko verbunden ist. Auch beim Schwimmen, dem viele gesundheitliche Wirkungen nachgesagt werden, ist nicht alles Gold, was glänzt. Das Problem ist das Brustschwimmen, das vor allem ältere Menschen bevorzugen. Hierbei wird der Kopf oft zu weit über die Wasseroberfläche und damit zu stark in den Nacken gelegt. Dadurch kommt es zur Überstreckung der Halswirbelsäule und einer Hohlkreuzbildung im Lendenwirbelbereich. Dies belastet die Wirbelsäule zusätzlich. Die

Muskulatur verspannt sich und Beschwerden werden dadurch eventuell verschlimmert.

Beim Kraulen, der schnellsten Art des Schwimmens, liegt der Körper flach auf dem Wasser, das Gesicht befindet sich im Wasser. Man schaut den Beckenboden an. Die Arme und Beine bewegen sich im Wechsel. Dabei ist es wichtig, dass nur der Kopf zum Einatmen zur Seite bewegt und nicht der gesamte Oberkörper mit gedreht wird. Nur ist das nicht Jedermanns Sache. Es fühlt sich auch nicht jeder im Wasser gleich wohl. Wasser hat ja bekanntlich keine Balken.

Das Rückenkraulschwimmen hat sich bei Rückenproblemen als der gesündester Schwimmstil erwiesen. Dabei liegt der Körper entspannt im Wasser und das Atmen ist ohne Probleme möglich. Sollten Probleme mit der Beweglichkeit im Schultergelenk bestehen, muss die Hand beim Armzug nicht unbedingt hinter dem Kopf eintauchen, sondern kann bereits seitlich auf Schulterhöhe ins Wasser gebracht werden. Auch das beherrscht nicht jeder auf Anhieb. Mit anderen Worten, beim Schwimmen kann man ebenfalls variieren und die notwendigen Bewegungen etwas auf sich persönlich anpassen. Nicht vergessen, es kommt nur auf die Bewegung an sich an.

Erfahrungsberichte prominenter Läufer

„Laufen ist für mich wie meditieren. Es gibt mir Kraft. Ich fühle mich wohler; doch bei aller Begeisterung für das Laufen weiß ich auch: Falscher Ehrgeiz schadet nur. Überhaupt bin ich niemand, der beim Laufen auf die Uhr schaut und Tabellen über seine Bestzeiten führt. Ich bin ein meditativer Typ, ein überzeugter Alleine-Läufer. In meinem Kopf sortieren sich dann die Dinge. Ich überlege, was heute auf dem Programm steht. Ohne dass ein Telefon oder Handy klingelt, ohne dass ich schon wieder zum nächsten Termin muss." Diese Sätze sind von Bahn-Chef Rüdiger Grube, der nach seinen eigenen Worten viermal in der Woche läuft. [174] Es ist immerhin erstaunlich, dass ein Manager dieses Kalibers so viel Zeit für seine Gesundheit aufbringen kann.

„Es dauerte 40 Jahre, bis ich meinen Sport fand. Es ist das stinknormale Joggen, wie es Tom Hanks in *Forrest Gump* vormacht. Ich kann mir nichts Besseres vorstellen. Es hilft gesundheitlich und lässt einen sein Gewicht halten. Und das Wichtigste: Es macht glücklich. Auch ergeben sich Entscheidungen wie von selbst." Das erklärte der Publizist Florian Langenscheidt gegenüber dem *FOCUS*. [174]

Für Adidas-Chef Herbert Hainer war das Laufen früher eine Qual. „Von Haus aus bin ich ja eigentlich Fußballer. Und wie die meisten Fußballer bin ich früher nur gerne gelaufen, wenn es darum ging, einem Ball nachzujagen. Das Lauftraining in der Saisonvorbereitung war für mich eine Qual. Das hat sich grundlegend geändert. Heute bin ich ein leidenschaftlicher Läufer und ich versuche, dreimal in der Woche zu laufen. Warum? Es hilft mir, gesund und fit zu bleiben. Dabei kann ich hervorragend den Stress abbauen. Und letztlich pustet es bei mir regelrecht den Kopf frei, sodass mir schon viele gute Ideen gekommen sind. Auch wenn ich auf Reisen bin, was etwa an 180 Tagen im Jahr der Fall ist, habe ich meine Laufschuhe immer im Gepäck. Mit der richtigen Bekleidung und den richtigen Schuhen, zu denen ich in der Regel ganz guten Zugang habe, kann man immer und überall laufen." [174]

Hans-Peter Friedrich läuft, seit er Bundesinnenminister ist, mit Personenschützern. „Ich liebe Laufen, auch wenn ich nicht unbedingt der geborene Läufer bin. Als Kind stand ich beim Fußball oft im Tor, weil andere schneller waren. Aber als ich vor Jahren mit dem Rauchen aufgehört habe, war mir klar: Ich muss was tun. Ich fing an zu laufen und habe es nie bereut. Bewegung ist für mich Wohlbefinden, Leistungsfähigkeit und Ausgeglichenheit. Ein gutes Training führt nicht zu Erschöpfung, sondern zu neuer Kraft. Deshalb schlüpfe ich, sooft es mein enger Terminkalender erlaubt, in meine Laufschuhe, und los geht's. Ohne Frage, manchmal kostet es etwas Überwindung. Aber nach den ersten Kilometern ist es da, das Gefühl, wie der Kopf frei wird. Danach kann ich umso besser über die Geschehnisse des Tages nachdenken." [174]

Irgendwie sind die Empfindungen der prominenten Hobbyläufer alle ähnlich und decken sich mit dem, was die Sportmedizin von einem Ausdauertraining letztendlich auch verspricht. Gerade Menschen, die tagtäglich Entscheidungen von größerer Tragweite zu treffen haben, benötigen einen klaren und kühlen Kopf und ein hohes Maß an Leistungsfähigkeit. Da helfen keine Zaubermittelchen. Laufen, Radfahren beziehungsweise Ausdauersport im Allgemeinen sind hier genau die richtigen Maßnahmen. Sie benötigen zwar kaum Geld, aber dafür etwas Zeit.

Fazit

Wenn Ihr Interesse an Sport und Bewegung hauptsächlich der eigenen persönlichen Gesunderhaltung gilt, dann liegen die Dinge relativ einfach. Die Empfehlungen der Ärzte und Sportmediziner sind hier ziemlich eindeutig und bewegen sich in einem vergleichsweise engen Rahmen. Es wird in diesem Zusammenhang auch immer nur von moderatem Sport gesprochen. Geschwindigkeit, Leistung oder gar der Wettkampfgedanke sind an dieser Stelle völlig fehl am Platz. Es wird ebenso klar formuliert, dass der Gesundheitssport von den anderen Feldern des Sports insbesondere durch seine Zielsetzungen sowie durch die Bedingungen der Durchführung abzugrenzen ist. [175]

Die Angaben über den Umfang der zusätzlich zum täglichen Leben erforderlichen körperlichen Ertüchtigung in Form eines Ausdauertrainings werden üblicherweise in Kalorienverbrauch pro Woche ausgedrückt. Man ist sich einig, dass das absolute Minimum bei 1000 Kilokalorien in der Woche liegt. Besser wären aber bis zu 2000 Kilokalorien pro Woche. Oberhalb von etwa 3000 bis 4000 Kilokalorien wöchentlich wurde in manchen Studien sogar wieder eine erhöhte Mortalität festgestellt. Es gibt also auch ein Zuviel. [175]

Man muss jetzt nur diese rund 2000 Kilokalorien entsprechend umsetzen. Egal, welche Sportart Sie wählen, wichtig ist, dass sie Spaß und Freude macht. Sport ist spaßpflichtig. Schon das Wort „Sport" hat seinen Ursprung im lateinischen *disportare*, was so viel wie „sich zerstreuen" bedeutet.

Erinnernd sei erwähnt, dass mit *move for life* genau die Bewegung verstanden werden soll, die für ein langes gesundes Leben förderlich ist. Mit dreimal in der Woche 30 Minuten langsamem Joggen (Joggeln) haben Sie schon ungefähr 1000 Kilokalorien abtrainiert und das Minimum hinter sich gebracht. Übertreiben Sie nicht und vermeiden Sie einseitige Belastungen. Sie können natürlich auch dreimal 40 Minuten walken. Das läuft auf dasselbe hinaus. Die restlichen noch fehlenden 1000 Kilokalorien sollten Sie in Ihr tägliches Leben integrieren. Benutzen Sie einfach keine Rolltreppen oder Aufzüge. Ich meide diese Dinger schon seit Jahren wie die Pest. Treppen sind wunderbare Sportgeräte. Versuchen Sie in Ihrem Alltag Fußwege einzubauen. Seien Sie kreativ, Sie werden sehen, es geht. Damit vergeuden Sie keine Zeit – im Gegenteil, Sie sparen welche. Entdecken Sie wieder Ihr Fahrrad für sich. Es muss nicht jede kleine Strecke mit dem Auto zurückgelegt werden. Das Ganze muss einfach und unkompliziert sein. Denn wenn Sie die beschriebenen und unbestrittenen Vorteile des Sports bis ins hohe Alter genießen wollen, dann müssen Sie auch bis ins hohe Alter aktiv bleiben.

Hinzu kommt, dass ein Ausdauertraining alleine trotz aller gesundheitlichen Zugewinne leider nicht ausreichend ist. Denn im Laufe des Alters lässt nicht nur die Schönheit ein klein wenig nach. Wesentlich massiver ist unsere Muskelmasse auf der Flucht und macht sich mit zunehmenden Jahren immer rarer. Aber gerade diese Muskelmasse brauchen wir einerseits für den muskulären Stoffwechsel, die Wohltaten der Myokine und somit für das ungestörte Wirken der Homöostase mit ihren Selbstheilungskräften. Andererseits stabilisiert die Skelettmuskulatur unseren ganzen Körper. Mit anderen Worten, der Erhalt unserer Muskeln ist von fundamentaler Bedeutung. Und genau das wird das nächste Thema sein.

7

Muscles for life

Die Skelettmuskulatur bildet den aktiven Teil des menschlichen Bewegungsapparats. Durch Muskelkontraktionen können wir uns fortbewegen, laufen, rennen und alle möglichen Formen von Sport treiben. Es sind aber auch Muskelkontraktionen erforderlich, wenn wir still verharren, stehen, sitzen oder nur geringfügige Bewegungen am Ort machen. Die Muskeln ermöglichen uns letztendlich unseren Körper, aufrecht zu halten oder in jeder gewünschten Stellung zu stabilisieren. Die Skelettmuskeln werden durch unser Nervensystem dauernd unter einer gewissen Anspannung gehalten. Diese Anspannung nennt man Muskeltonus oder auch Muskelgrundtonus. Dieser kann so fein sein, dass dadurch keine aktive Bewegung hervorgerufen wird. Somit können wir ohne bewusste Anstrengung sitzen, stehen oder auch andere Körperhaltungen einnehmen. Die Muskeln bilden letztlich die Grundlage unserer gesamten mechanischen Stabilität. Hinzu kommt, dass sie, wie schon in den vorhergehenden Kapiteln immer wieder betont wurde, unser größtes und wichtigstes Stoffwechselorgan sind. Zusätzlich dienen sie uns auch als Heizung, denn wenn Muskeln bewegt werden, steigert sich auch der Energieumsatz. Mit anderen Worten, Muskeln sind für unser alltägliches Leben von existenzieller Bedeutung.

Deswegen ist es auch ein ausgesprochener Jammer, dass sich mit zunehmendem Alter die Muskulatur ohne unser Zutun abbaut. Ältere Menschen haben in der Regel weniger Muskelkraft und stürzen dadurch auch schneller. Je weniger Muskulatur ein Mensch besitzt und je weniger ein Muskel an einem Knochen zieht, desto stärker schreitet der Knochenschwund voran und die gefürchtete Osteoporose macht sich breit. Das eine bedingt hierbei das andere. Die Abnahme der Muskulatur im Alter ist leider ein ganz normaler Vorgang. Schauen wir uns die Entwicklung unserer Muskulatur im Verlauf des Lebens einmal näher an:

Der natürliche maximale Muskelaufbau ist etwa in einem Alter von Mitte 20 erreicht und wird bis etwa Ende 20 gehalten. Ab 30 Jahren beginnt dann die Verringerung der Muskelmasse. Der Stoffwechsel verlangsamt sich und nicht benötigte Energie, zugeführt in Form von Nährstoffen, wird verstärkt als körpereigenes Fett eingelagert. Der altersbedingte Muskelabbau geht erst langsam und dann mit zunehmendem Alter immer schneller vonstatten.

W. Zägelein, *Move for Life*, DOI 10.1007/978-3-642-37643-6_7,
© Springer-Verlag Berlin Heidelberg 2013

Wenn man keine Gegenmaßnahmen ergreift, können im „zarten" Alter von 50 Jahren schon zehn Prozent der ursprünglichen Muskelmasse „futsch" sein, was sich durch eingeschränkte körperliche Leistungsfähigkeit bemerkbar machen kann. Körperliche Belastungen werden als anstrengender empfunden und die Erholungsphasen länger. Man will es in der Regel nur nicht wahrhaben. Fetteinlagerungen finden jetzt nicht nur mehr im Fettgewebe statt, sondern auch innerhalb des Muskels. [176]

Ab einem Alter von 50 Jahren nimmt die Muskelmasse jährlich etwa um ein bis zwei Prozent ab. Mit dem 60. Lebensjahr verliert sich diese dann noch schneller, um schließlich mit dem 70. Lebensjahr rasant noch weiter abzunehmen. Als Ursachen für den zunehmenden Muskelabbau werden die altersbedingte Verringerung der anabolen (muskelaufbauenden) und ein Überwiegen der katabolen (muskelabbauenden) Prozesse sowie Fehlfunktionen zellulärer Vorgänge in den Muskelfasern angenommen. [177] Betrachtet man einmal die statische Kraft der Unterarmbeugemuskulatur bei weiblichen und männlichen Personen zwischen dem 30. und dem 90. Lebensjahr, so ist die Muskelbeziehungsweise die Kraftabnahme sehr deutlich zu erkennen. Die statische Kraft ist die Kraft, welche in einer gegebenen Position willkürlich gegen einen fixierten Widerstand entfaltet werden kann. [1]

Anhand von Abbildung 7.1 ist das Elend, das uns alle erwartet, klar zu sehen. Da hilft nur Krafttraining. Nur wer eifrig trainiert, kann dem Muskelabbau innerhalb gewisser Grenzen entgegenwirken. Das ist umso schwieriger,

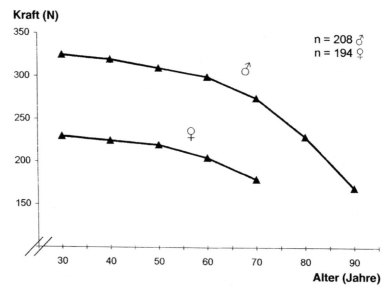

Abb. 7.1 Das Verhalten der statischen Kraft der Unterarmbeugemuskulatur bei männlichen und weiblichen Personen [1]

je älter man wird. Es gilt also die Devise: Je frühzeitiger, desto besser. Beim Krafttraining ist allerdings zu beachten, dass positive Einflüsse nur auf die Skelettmuskulatur, auf Sehnen, Bänder, Knochen, Gelenke und die zugehörige hormonelle Steuerung ausgeübt werden können. Die oben beschriebenen gesundheitlich positiven Effekte auf Herz, Kreislauf und Atmung sind damit hingegen nicht zu erzielen. Man kommt deshalb zur allgemeinen Gesunderhaltung neben einem Krafttraining um ein zusätzliches Ausdauertraining nicht herum. Das ist nun mal leider so. [1] Sport ist nicht gleich Sport.

Aufbau der Muskulatur

Der prinzipielle Aufbau eines Muskels wurde bereits in Abbildung 3.3 dargestellt. Ein Muskel besteht bei näherer Betrachtung aus Faserbündeln, Muskelfasern (Muskelzellen) und den Myofibrillen. In Abbildung 7.2 ist das Ganze nochmals etwas detaillierter veranschaulicht. Die Myofibrillen sind lange, parallel angeordnete Eiweißketten, die in Längsrichtung von einem Ende der Muskelzelle bis zum anderen ziehen. Dadurch wird die Muskelzelle zur Spannungsentwicklung (Kontraktion) befähigt. Betrachtet man die Myofibrille unter dem Mikroskop, erkennt man helle und dunkle Bereiche. Diese wechseln sich regelmäßig ab. Da sich eine Muskelzelle aus Tausenden solcher Myofibrillen zusammensetzt, erhält man ein quergestreiftes Gebilde. Man nennt deshalb die Skelettmuskulatur im Gegensatz zum Herzmuskel oder zur glatten Muskulatur auch quergestreifte Muskulatur. Die Querstreifung ergibt sich durch die Reihenschaltung von Grundelementen, welche Sarkomere genannt werden. Dies sind etwa 2,5 Mikrometer (µm) lange Eiweißzylinder, die durch sogenannte Z-Scheiben (Zwischenscheiben) zu einer langen Gliederkette, der eigentlichen Myofibrille, miteinander verbunden sind.

Jedes dieser Sarkomere besteht prinzipiell aus zwei unterschiedlichen Eiweißfäden, den dünnen Aktinfilamenten und den dickeren Myosinfilamenten. Die Myosinfilamente liegen in der Mitte des Sarkomers und können gewissermaßen in die an den Z-Scheiben befestigten Aktinfilamente hinein gleiten. Wird nun durch einen Nervenimpuls der betreffende Muskel zur Kontraktion angeregt, ziehen die dicken Filamente die Aktinfilamente von beiden Seiten aus in die Mitte des Sarkomers. Dabei schieben sich die Myosinfilamente in die Aktinfilamente, ohne dass beide Filamente dabei ihre Länge ändern. [70] Dies geschieht bei allen zu einer Myofibrille gehörigen Sarkomeren gleichzeitig. Es verkürzen sich aber nur die Sarkomere und damit auch die gesamte Myofibrille um eine bestimmte Länge.

Wie werden nun diese Aktinfilamente von den Myosinfilamenten in die Mitte gezogen? Die Myosinfilamente haben sogenannte Köpfchen, die mit

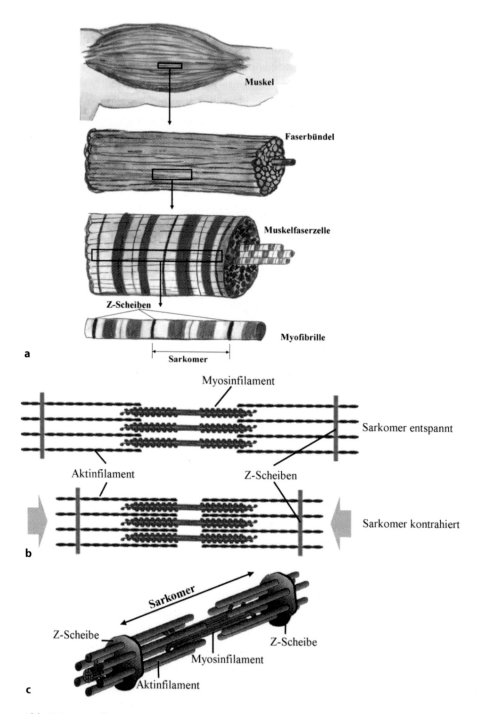

Abb. 7.2   **a** Aufbau eines Muskels; **b** Sarkomer entspannt und kontrahiert; **c** Detailansicht eines Sarkomers [178]

den Aktinfilamenten in Berührung stehen. Sie rasten dort regelrecht an den Aktinfilamenten ein. Durch aktives Kippen, was allerdings mit einem Energieverbrauch verbunden ist, ziehen diese Myosinköpfchen schließlich das Aktinfilament stückweise in Richtung Mitte und rasten schließlich an einer anderen Stelle des Aktinfilaments wieder ein. Auf diese Weise entsteht eine mechanische Anspannung und damit die Kontraktion des Muskels.

Eine einzelne Kippbewegung der Myosinköpfchen führt allerdings nur zu einer Sarkomerverkürzung von ungefähr einem Prozent der Gesamtlänge. Für eine stärkere Spannungsentwicklung ist deshalb ein wiederholter Ablauf dieser Kippbewegung erforderlich, wobei einige Myosinköpfchen des Sarkomers jeweils die erreichte Verkürzung aufrechterhalten, während andere zu einer erneuten Kippbewegung ausholen. Diese verkürzen das Sarkomer um ein weiteres Stück und rasten dann an einer anderen Stelle wieder ein. Dadurch spannt sich der Muskel immer mehr an. Es entsteht eine dem Rudern ähnliche Bewegung der Myosinköpfchen. Da das Volumen der Sarkomere konstant ist, werden diese bei Verkürzung entsprechend dicker, was man leicht an einem angespannten Muskel beobachten kann.

Die Muskelspannung wird durch Nachlassen des Nervenimpulses aufgehoben. Die Myosinfilamente ziehen jetzt nicht mehr an den Aktinfilamenten und die Muskelanspannung lässt sofort nach. Die Sarkomere können jetzt durch eine Gegenbewegung, durch eine äußere Kraft oder durch die Elastizität des betreffenden Muskels wieder auseinandergezogen werden. Es ist mit einem Muskel somit nur eine Anspannung in eine Richtung möglich. Für komplexere Bewegungen wird letztendlich das Zusammenwirken mehrerer Muskeln erforderlich. [70]

Nerv und Muskel

Die Muskeln werden bei Bedarf vom Nervensystem angesteuert. Genau genommen sind es die sogenannten Vorderhornzellen des Rückenmarks, welche die Kontrolle über unsere Muskeln haben. Diese entscheiden letztendlich darüber, ob ein Muskel Spannung entwickelt oder nicht. Eine Vorderhornzelle kontrolliert niemals nur eine, sondern immer mehrere Muskelzellen. Mit den von ihr befehligten Muskelzellen bildet die Nervenzelle, eine sogenannte motorische Einheit (Abb. 7.3). [70]

Jeder Muskel besteht aus vielen motorischen Einheiten. Die Muskelzellen einer motorischen Einheit liegen stets nur in einem Muskel. Sie müssen jedoch nicht unbedingt nebeneinanderliegen, sondern sind vielmehr über eine bestimmte Region verteilt. Eine motorische Einheit gehorcht dem Alles-oder-nichts-Gesetz. Dies bedeutet, dass bei Ansteuerung eines ausreichenden Im-

1 Nervenzelle + mehrere Muskelzellen = 1 motorische Einheit

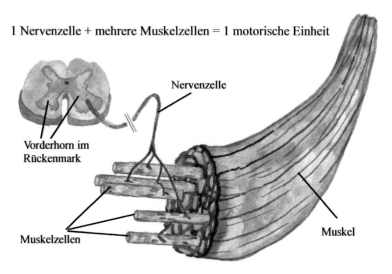

Abb. 7.3 Die motorische Einheit [70]

pulses über die Nervenzelle die zugehörigen Muskelzellen mit der beinahe gleichzeitigen Spannungsentwicklung all ihrer Sarkomere reagieren. Da der Gesamtmuskel sich aber aus verschiedenen motorischen Einheiten zusammensetzt, die in der Regel niemals alle gleichzeitig erregt sind, kann er seine Spannung sehr fein und wohldosiert abstufen.

Unterschiedliche Zelltypen der Muskulatur

Der menschliche Muskel besteht, wie schon erwähnt, im Prinzip aus zwei unterschiedlichen Muskelfasern. Es handelt sich dabei einerseits um rote, langsam zuckende Muskelfasern (*slow-twich fibers* oder ST-Fasern), die durch ihre Stoffwechselbesonderheiten für ausdauernde Muskelarbeit und statische Haltearbeit prädestiniert sind. Sie sind äußerst widerstandsfähig gegenüber Ermüdung, denn sie enthalten sehr viele Mitochondrien und auch reichlich roten Muskelfarbstoff (Myoglobin), der für den Sauerstofftransport durch die Zelle verantwortlich ist. Die ST-Fasern werden von kleinen motorischen Einheiten kontrolliert, die auch in Körperruhe ununterbrochen Nervenimpulse mit niedrigen Frequenzen abgeben. Sie sind deshalb besonders für stützmotorische Aufgaben beim Stehen oder beim Sitzen und auch für die Ausdauerbelastung geeignet.

Andererseits gibt es weiße, schnell zuckende Muskelfasern (*fast-twich glycolytic fibers* oder FTG-Fasern), die wegen ihrer schnellen Impulsleitung besonders für Schnellkraftleistungen benötigt werden. Mit ihnen kann man sehr schnell und explosiv Spannung entwickeln. Allerdings enthalten Sie deutlich weniger Mitochondrien als die ST-Fasern. Dafür können sie sehr schnell das verbrauchte ATP ohne Sauerstoff auf anaerobe Weise resynthetisieren. Sie ermüden bei länger dauernden Tätigkeiten schneller und sind für Ausdauerbeanspruchungen oder für die Stützaufgaben der Haltemuskulatur nicht so gut geeignet wie die langsamen Fasern. Bei FTG-Muskeln werden viele Fasern von großen motorischen Einheiten angesteuert. Deshalb können damit rasche und starke Muskelkontraktionen erzielt werden. [70]

Weiterhin gibt es noch Zwischentypen, sogenannte intermediäre Fasern, die hier jedoch nicht weiter betrachtet werden sollen.

Der Mensch besitzt keine Muskeln, in denen nur schnelle oder nur langsame Fasern vorkommen. Es ist immer eine Mischung von beiden Muskelzellenarten vorhanden. Die Zusammensetzung hängt auch von der Funktion des Muskels ab. Muskeln mit überwiegender Stütz- und Haltefunktion enthalten mehr ST-Fasern. Weiterhin gibt es noch genetische Faktoren, die über die Zusammensetzung der Muskulatur entscheiden. Dies ist letztendlich der Grund, warum Sprinter aus den westlichen Regionen Afrikas und Langstreckenläufer aus dem östlichen Teil dieses Kontinents in ihren jeweiligen Disziplinen überwiegend auf dem Siegertreppchen anzufinden sind.

Einstellbarkeit der Muskelkraft

Die Ansteuerung der Muskelzelle erfolgt, wie oben schon erwähnt, über einzelne Nervenimpulse. Ein Impuls führt nur zu einer einzelnen, zeitlich beschränkten Kontraktion. Der nervale Zündimpuls ist dabei deutlich kürzer als die daraus resultierende Muskelkontraktion. Damit eine Kraft über einen längeren Zeitpunkt aufrechterhalten werden kann, ist eine Folge von Impulsen in einer bestimmten Frequenz notwendig. Es überlagern sich quasi die angeregten Muskelkontraktionen zu einer Gesamtkraft. Dabei gilt, je höher die Frequenz der Nervenimpulse, desto größer ist die sich ergebende Muskelkraft. Wird die Impulsfolge zu groß, so kann der Muskel in der Zwischenzeit nicht mehr entspannen. Dieser Fall wird als Tetanus bezeichnet. Das ist der Zustand mit der höchsten Kraft des betreffenden Muskels. Man kann also einerseits über die Frequenz der Nervenimpulse die erzielbare Kraft steuern. Andererseits ist dies auch durch den Einsatz von mehr oder weniger der oben beschriebenen motorischen Einheiten erreichbar. Auf diese Weise ist eine äußerst feine Kontrolle der Muskelspannung durch das Nervensystem möglich. Zudem muss man wissen, dass nur etwa zwei Drittel der Muskelfasern eines Muskels willkürlich simultan innerviert werden können. Nur unwillkürlich kann über einen Reflex eine Beanspruchung aller Muskelfasern gleichzeitig erfolgen; dies führt den Muskel allerdings an die Grenze seiner Reißfestigkeit. [96]

Ein längeres Aufrechterhalten einer statischen Muskelbeanspruchung wird unter wechselnder Erregung verschiedener motorischer Einheiten ermöglicht. Wird die Ermüdung einzelner Bewegungseinheiten zu groß, so übernimmt ihre Funktion eine andere, falls Art, Umfang und Intensität diese Kompensation gestatten. Andernfalls wächst im Laufe zunehmender Ermüdung die Impulsfrequenz.

Eine leichte muskuläre Kraftbeanspruchung wird von motorischen Einheiten mit einer kleinen Frequenz von etwa fünf bis zehn Hertz (Hz) aufgebracht. Nimmt der Kraftaufwand zu, steigern die betreffenden motorischen Einheiten ihre Frequenz bis zu einem Maximum von etwa 25 bis 35 Hertz. Dies betrifft die Muskeln mit den oben angesprochenen langsamen ST-Fasern. Bei weiterer Zunahme der Kraft werden zusätzlich andere motorische Einheiten eingesetzt, die mit einer höheren Frequenz, beispielsweise bei 30 Hertz, starten und maximal etwa 65 Hertz erreichen. Dies sind dann Muskelzellen aus den sogenannten schnellen FTG-Fasern. Bis ungefähr 40 Prozent der Maximalkraft werden überwiegend die langsamen ST-Fasern aktiviert, erst bei höheren Belastungen werden die FTG-Fasern angeregt. Die resultierende Maximalkraft wird letztendlich von der Vollständigkeit der Rekrutierung möglichst vieler Muskelfasern beeinflusst.

Die niederfrequenten langsamen Muskelfasern verfügen über ein großes aerobes Potenzial und können dementsprechend diese Belastung lange Zeit durchhalten. Die bei hohem Krafteinsatz mobilisierten schnellen Fasern sind biochemisch überwiegend auf eine hohe anaerobe Leistungsfähigkeit eingestellt. Jenseits von 50 Prozent der maximalen statischen Kraft sind kaum noch aerobe Stoffwechselvorgänge vorhanden. Die geforderte Kraft ergibt sich aus dem Zusammenspiel der unterschiedlichen Muskeltypen. Der Muskel kontrahiert, aber bei verschiedenen Belastungsarten sind unterschiedliche Partien des Muskels an der Kraftentfaltung beteiligt. Ziel des Krafttrainings ist es, immer mehr Muskelfasern zum Erreichen einer möglichst maximalen Kraft heranzuziehen. Ferner resultiert daraus auch eine Ökonomisierung, indem für eine gegebene submaximale Leistung lediglich so viele motorische Einheiten beansprucht werden, wie für eine betreffende Aufgabe optimal ist. Der trainierte Muskel erbringt schließlich gegenüber einem untrainierten eine submaximale Muskelkraft mit der Innervation einer geringeren Anzahl motorischer Einheiten. Interessant ist auch noch, dass eine trainingsbedingte Kraftzunahme in den ersten Trainingstagen praktisch ausschließlich koordinativ bedingt ist. [96] Das heißt, durch das Training können mehr Muskelfasern aktiviert werden als vorher, ohne dass bereits ein Muskelwachstum stattgefunden hat.

Zusammenwirken der Muskulatur

Jeder Muskel hat einen Ursprung und einen Ansatz. Dies sind die beiden Befestigungspunkte am Skelett, zwischen denen der Muskel letztendlich wirkt. Der Ursprung liegt im Bereich des Rumpfes in der Regel oben beziehungsweise rumpfnah. Der Ansatz des Muskels, der eine zum Knochen hin auslaufende Sehne darstellt, befindet sich dementsprechend am Rumpf eher unten respektive rumpffern an den Extremitäten. Man kann es auch so formulieren, dass sich der Ursprung meist am unbeweglichen Teil und der Ansatz am bewegten Teil des Skeletts befinden. Aber auch bei dieser Definition gibt es Ausnahmen. [179]

An der natürlichen Bewegung sind immer mehrere Muskeln zugleich beteiligt. Sie wirken entweder gleichsinnig unterstützend, dies sind dann die Synergisten. Da der kontrahierende Muskel (Agonist = Spieler) nur in eine Richtung wirken kann, wird für die entsprechende Gegenbewegung immer ein Gegenspieler, ein Antagonist benötigt. Nur dadurch ist die Freizügigkeit unserer Bewegungen gegeben. Ein Beispiel hierfür wäre der Musculus biceps brachii, der Unterarmbeuger. Mit diesem können wir zum Beispiel Dinge an uns heran führen. Der Gegenspieler des Unterarmbeugers ist der Unterarmstrecker, der Musculus triceps brachii. Er ist für die Gegenbewegung verantwortlich. Mit ihm können wir den Arm wieder von uns weg führen (Abb. 7.4).

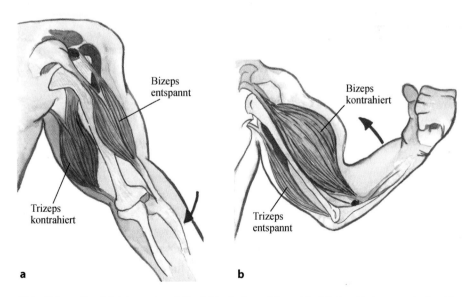

Abb. 7.4 **a** Der M. biceps brachii wirkt als Agonist und hebt den Unterarm, **b** der M. triceps brachii wirkt jetzt als Agonist und senkt den Unterarm

Bei der Beugung des Armes wirkt der M. biceps brachii als Agonist. Dabei verkürzt sich der Beugemuskel und der erschlaffte Streckmuskel wird gedehnt (und umgekehrt). [180] Schon bei einfachsten Bewegungen wirken mehrere Muskeln in sehr komplexer Weise zusammen. Synergisten und Antagonisten ergänzen sich vollkommen bei unseren Bewegungen.

Wird beispielsweise ein Muskel bei der Kontraktion durch den jeweiligen Antagonisten vorgedehnt, entwickelt er ein höheres Kontraktionsmaximum. Durch diese Vordehnung sind die elastischen Strukturen des Muskels vorgespannt und die aktiv aufgebaute Kraft kann gut über die Sehne an den Knochen weitergegeben werden. Dieser Fall ist bei Ausholbewegungen, etwa beim Werfen oder während der Schwungbewegung beim Golf, gegeben. [70]

An einer gezielten Bewegung sind immer synergistisch und antagonistisch tätige Muskeln beteiligt. Während in einem bestimmten Moment alle Muskeln dieselbe Bewegungsaufgabe haben, besitzen sie doch unterschiedliche Ursprungs- und Ansatzpunkte mit entsprechend anderen Richtungsverläufen ihrer jeweiligen Längsachsen. Maximale Kraftbeanspruchungen mit gezielter Bewegungsrichtung bedürfen daher nicht auch maximaler Kontraktion aller beteiligten Synergisten, sondern es bestehen optimale Abstufungen untereinander und zueinander, die durch das Training über die Verbesserung der Koordination erreicht werden.

Kontraktionsformen der Muskulatur

In der täglichen Praxis kann man prinzipiell drei verschiedene Arbeitsformen der Muskulatur unterscheiden. Dies sind:

- konzentrische Arbeit,
- exzentrische Arbeit,
- statische Arbeit.

Konzentrische Arbeitsweise

Bei der konzentrischen Arbeitsform des Muskels verkürzt sich der Muskel bei der Anspannung. Dies bedeutet, dass die aufgebrachte Muskelkraft größer ist als der entsprechende Widerstand. Es handelt sich dabei um eine positiv überwindende Kraftausübung. Beispiel wäre ein Klimmzug. Um den Körper hochziehen zu können, muss der Oberarm gebeugt werden. Die beim Klimmzug beteiligten Muskeln müssen hierbei das Körpergewicht überwinden. Ebenso ist das Anheben der Füße in den Zehenstand nur möglich, wenn die in der Wadenmuskulatur entstehende Spannung größer ist als der Widerstand, den das Körpergewicht dieser Hubbewegung entgegensetzt. Nur dann können die Wadenmuskeln unter Verkürzung ihrer Gesamtlänge kontrahieren und das Fersenbein nach oben ziehen. Eine konzentrische Muskelkontraktion ist immer mit einer Verkürzung des Muskels verbunden, wobei sich Ansatz und Ursprung des Muskels gegeneinander annähern. Physikalisch gesehen handelt es sich dabei um eine positive dynamische Arbeit. [70]

Exzentrische Arbeitsweise

Bei der exzentrischen Arbeitsweise wird ein angespannter, kontrahierter Muskel von den äußeren Kräften gegen die aufgebrachte Muskelkraft auseinandergezogen. Die äußeren Kräfte sind dabei größer als die vom Muskel aufgebrachte Kraft. Der Muskel versucht die gegen seine Kontraktionsrichtung entstehende Bewegung abzubremsen, wobei sich Ansatz und Ursprung des Muskels voneinander entfernen. Beispiel wäre das Herablassen des Körpers aus dem Klimmzug. Dabei bremst der M. biceps brachii durch seine Kontraktion die Bewegung ab. Ohne sein Zutun würde der Körper ungebremst herabfallen. Ebenso muss bei einem langsamen Absenken aus dem Zehenstand die Wadenmuskulatur eine gewisse Spannung aufbringen. Diese ist jedoch geringer als beim Anheben der Fersen. [70]

Statische oder isometrische Arbeitsweise

Hierbei handelt es sich um eine haltende Arbeit, ohne dass sich der gesamte Muskel verkürzt. Es treten dabei nur intramuskuläre Spannungsänderungen auf. Dieser Fall tritt beim Beispiel Klimmzug genau dann auf, wenn man in einer bestimmten Höhe einige Zeit verharrt. Bei der isometrischen Kontraktion verkürzt sich zwar das kontraktile Element des Muskels (Sarkomere) ein wenig. Dafür dehnen sich die elastischen Komponenten (Sehnen) der Muskulatur, sodass die Gesamtlänge erhalten bleibt. Beim Zehenstand tritt dieser Fall auf, wenn man diesen einige Zeit hält. Dann ist die von der Wadenmuskulatur entwickelte Spannung gerade so hoch, dass sie das Körpergewicht halten kann. Die Wadenmuskulatur entwickelt dabei eine erhebliche Spannung, behält aber ihre Länge bei. Man spricht dann von einer isometrischen Kontraktion. Ansatz und Ursprung des Muskels bleiben gleich weit voneinander entfernt. Es resultiert daraus auch keine Bewegung, es handelt sich um einen rein statischen Vorgang. Im physikalischen Sinn wird zwar keine Arbeit geleistet, man spricht in diesem Zusammenhang dennoch von einer statischen Haltearbeit des Muskels. [70, 181]

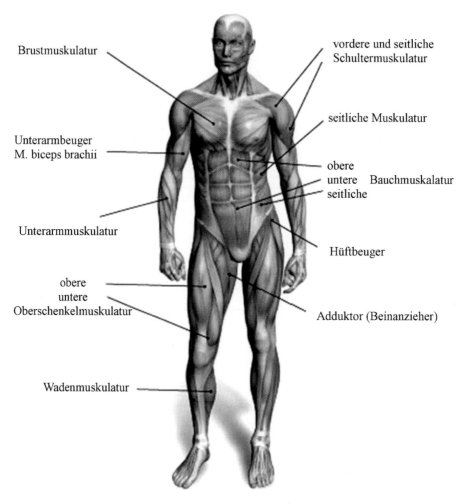

Brustmuskulatur

vordere und seitliche
Schultermuskulatur

seitliche Muskulatur

Unterarmbeuger
M. biceps brachii

obere
untere   Bauchmuskalatur
seitliche

Unterarmmuskulatur

Hüftbeuger

obere
untere
Oberschenkelmuskulatur

Adduktor (Beinanzieher)

Wadenmuskulatur

Abb. 7.5   Muskelmann (Vorderansicht)

Hauptgruppen der Skelettmuskulatur

Unsere gesamte Skelettmuskulatur besteht aus über 600 einzelnen Muskeln,
die zu größeren Muskelgruppen zusammengefasst werden können. So gibt
es beispielsweise die Rückenmuskulatur, die so vielen Menschen Probleme
bereitet. Dahinter verstecken sich viele einzelne unterschiedliche Muskeln.
Weiterhin haben wir die Gruppe der Bauchmuskeln, der Oberschenkelmus-
keln, der Wadenmuskeln, der Gesäßmuskeln, der Armmuskeln und so weiter.
Beim Training im Fitnessstudio wird an einer Maschine in der Regel eine ganze
Muskelgruppe mit all ihren einzelnen Muskeln trainiert. Oft sind auch noch
benachbarte Muskelgruppen daran beteiligt. Wir brauchen also keinesfalls

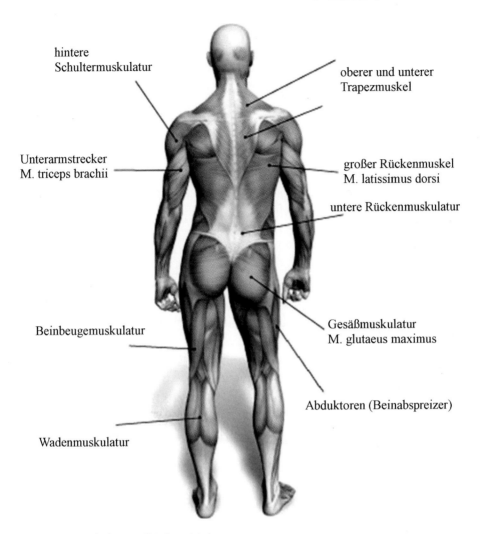

hintere
Schultermuskulatur

oberer und unterer
Trapezmuskel

Unterarmstrecker
M. triceps brachii

großer Rückenmuskel
M. latissimus dorsi

untere Rückenmuskulatur

Beinbeugemuskulatur

Gesäßmuskulatur
M. glutaeus maximus

Abduktoren (Beinabspreizer)

Wadenmuskulatur

Abb. 7.6 Muskelmann (Rückansicht)

600 unterschiedliche Übungsgeräte für unser Krafttraining. Rund ein Dutzend verschiedene Geräte sind vollkommen ausreichend, um sich und seine Muskeln fit zu halten. Es bedarf eigentlich nur der richtigen Auswahl. Als interessierter und gesundheitsbewusster Mensch ist es auch keinesfalls erforderlich, jeden einzelnen seiner Muskeln namentlich zu kennen. Wir müssen uns nur um unsere wichtigsten Muskelgruppen kümmern. Diese zeigen die nächsten beiden Abbildungen (Abb. 7.5, 7.6).

Unternimmt man nun mal den Versuch einer Einteilung in einzelne Muskelpartien und fängt man damit oben an, so wäre die erste Partie die Hals- oder Nackenmuskulatur. Da geht es schon los. In diesem Bereich haben viele Zeitgenossen ihre Problemchen in Form von Verspannungen. Und gerade diese Muskelpartien werden im Fitnessstudio meist nicht beachtet. Das liegt daran, dass die Sache dort auch nicht ganz ungefährlich ist. Als Training würde ich hierfür ein paar isometrische Übungen empfehlen. Dazu aber später.

Teilt man nun die Muskeln in zusammengehörige und auch halbwegs zusammen trainierbare Einheiten ein, so könnte dies etwa folgendermaßen aussehen:

- Die Schultermuskulatur besteht ebenfalls aus mehreren Muskeln. Es soll hier der Einfachheit halber nur zwischen vorderem, seitlichem und hinterem Teil unterschieden werden.
- Der Trapezmuskel gehört zum Teil ebenfalls zur Schultermuskulatur und geht ziemlich weit in den Nacken herauf. Er ist das Bindeglied zwischen Schulter und Rücken.
- Die Rückenmuskulatur ist bei vielen das ganz große Thema. Auch da wollen wir nur zwischen oberem, mittlerem und unterem Bereich unterscheiden. Speziell im Bereich der Wirbelsäule gibt es noch eine Vielzahl unterschiedlicher Muskeln.
- Die Bauchmuskulatur ist der Antagonist zur Rückenmuskulatur und sollte deshalb auch in etwa gleich stark sein. Neben dem M. rectus abdominis, der im Idealfall die zumindest bei Männern oftmals gewünschte Waschbrettstruktur aufweist, gibt es noch mehrere seitliche und tiefere Bauchmuskeln.
- Bei der Brustmuskulatur dominiert der große Brustmuskel M. pectoralis major.
- Das Hüftgelenk ist von den meisten und kräftigsten Muskeln des Körpers umgeben. Der wichtigste Muskel ist hierbei der große Hüftbeuger, der M. iliopsoas. Dieser ist beim Laufen oder Treppensteigen aktiv und auch für die Schrittlänge verantwortlich.
- Der größte Muskel der Gesäßmuskulatur ist der M. gluteus maximus.
- Bei der Oberarmmuskulatur sind die bekanntesten Vertreter der M. biceps brachii (Unterarmbeuger) und der M. triceps brachii (Unterarmstrecker).
- Die Unterarmmuskulatur ist für die verschiedensten Drehungen und für die Beweglichkeit der Hand verantwortlich.
- Die Oberschenkelmuskulatur enthält eine Reihe von Muskeln. Sie brauchen nur mal so richtig an den eigenen Oberschenkel zu fassen. Da spüren Sie oben, unten, vorne, hinten, innen und außen jede Menge Muskeln. Diese kann man sicher nicht mit einer Übung oder einer Kraftmaschine trainieren. Hierzu sind diese alle zu verschieden. Vorne befindet sich der größte Muskel, der M. quadriceps femoris, der alleine schon aus vier einzelnen Muskeln besteht. Er ist der einzige Strecker des Kniegelenks. Hinten liegt dann die sogenannte ischiocrurale Muskelgruppe, deren Muskeln die

Antagonisten zum M quadriceps femoris bilden. Mit diesen Muskeln können wir unter anderem das Knie beugen.

- Dann gibt es noch die Adduktoren, die Beinanzieher, und die Abduktoren, die Beinabspreizer. Hierbei zählt man die Adduktorengruppe zu den Hüftmuskeln. Diese verlaufen vom Schambein zum inneren Oberschenkel und führen das abgespreizte Bein wieder zum Körper. Die Abduktoren, die Abspreizer, gehören im Prinzip zu den Gesäßmuskeln. Sie ziehen vom äußeren Darmbein zum Oberschenkelknochen.
- Schließlich gibt es noch die Wadenmuskulatur. Deren bekanntester Vertreter ist der M. gastrocnemius, dessen Ansatz in der Achillessehne endet.

Diese und all die anderen darunter und daneben liegenden Muskeln gilt es nun zu trainieren. Dabei können die Ziele durchaus unterschiedlicher Natur sein. Ein Beweggrund ist sicherlich die Prävention, um gesundheitlichen Problemen vorzubeugen. Hervorzuheben wären dabei die Vorbeugung vor Osteoporose, Arthrose und anderen Dysbalancen. Dabei geht es um eine Verbesserung und Stabilisierung des aktiven und passiven Bewegungsapparats. Eine große Rolle spielt auch die Verbesserung der Haltekraft der Rumpfmuskulatur. Bandscheibenvorfälle werden heutzutage – abhängig vom individuellen Krankheitsbild – weniger durch Operationen, als vielmehr durch Stärkung der Rumpfmuskulatur behandelt. Ein weiteres Ziel ist die Rehabilitation nach Verletzungen und Operationen. Die weitgehende Wiederherstellung früherer Beweglichkeit ist in diesem Fall der Zweck des Unterfangens. Auch da sind die operativ behandelten Bandscheibenvorfälle der große Renner. Nach der Operation gilt es, das Ganze durch eine stärkere Skelettmuskulatur zu stabilisieren.

Leistungssteigerung im Bereich des Spitzensports ist sicherlich auch ein wichtiger Punkt. Siege sind heutzutage nur im optimal austrainierten Zustand möglich. In vielen Sportarten ist ein Kraftzuwachs die wichtigste Grundlage, um weitere Verbesserungen zu ermöglichen. So ist bei Leistungssportlern das Krafttraining immer ein Bestandteil des sportartspezifischen Trainings. Aber auch der Breitensport und der Wunsch nach guter Fitness treiben die Menschen an die Sportgeräte.

Die Körperformung spielt heute ebenso eine große Rolle. Dies ist die abgeschwächte Form des Bodybuildings, bei der es nicht um großen Masseaufbau geht, sondern vielmehr um Straffung, Reduzierung des Körpergewichts und des Fettanteils sowie um allgemeine Kräftigung. Schließlich dürfen wir den schon oben angesprochenen altersbedingten Muskelschwund nicht vergessen, den es aufzuhalten gilt. Im Angesicht der auf uns zukommenden demografischen Verhältnisse ist dies das vielleicht mit Abstand wichtigste Argument für ein Krafttraining.

Prinzipielle Trainingsmöglichkeiten

Prinzipiell kann man ein Krafttraining auf unterschiedliche Art und Weise betreiben. Die verschiedenen Formen sollen hier kurz vorgestellt werden

Krafttraining an Geräten

Fitnessstudios bieten in ihren Räumen eine Vielzahl von unterschiedlichen Krafttrainingsgeräten an. Diese sind auf bestimmte Muskelgruppen ausgelegt und lassen sich leicht auf die Person des Trainierenden einstellen. Auch die Gewichte oder die Schwere der Bewegung können bei diesen Geräten sehr einfach und individuell vorgegeben werden. Als vorteilhaft kann man ansehen, dass die Krafttrainingsmaschinen die Bewegung des Anwenders derart führen, dass dieser im Prinzip kaum Fehler machen kann. Deshalb ist diese Trainingsmöglichkeit speziell für Einsteiger in das Krafttraining besonders geeignet. Es ist alles sehr sicher gestaltet und es kann auch kein Gewicht unbeabsichtigt herunterfallen. Das Verletzungsrisiko kann als sehr gering eingestuft werden. Nachteile der Krafttrainingsgeräte sind die fehlende Variation in der Bewegungsführung und die geringen Anforderungen an die eigenen koordinativen Fähigkeiten. Nichtdestotrotz ist die Anleitung eines guten Fitnesstrainers wichtig. Einerseits muss für die individuelle Zielrichtung des Sportlers eine sinnvolle Geräteauswahl getroffen werden. Andererseits sind bei der Handhabung und Einstellung der Maschine eine Reihe von Gesichtspunkten zu beachten. Die richtige Sitzposition und die ergonomisch richtige Einstellung sind von einem Außenstehenden besser zu überblicken und können von diesem auch besser korrigiert werden.

Krafttraining an freien Gewichten

Bei Krafttrainingsmaschinen sind nur Bewegungen in bestimmten vorgesehenen Richtungen möglich. Es fehlt hierbei die alltagsrelevante dreidimensionale Kinematik, weil die gesamte Bewegungsführung komplett vom Gerät vorgegeben wird. Der Trainierende lernt somit nicht, den Kraftfluss selbst zu stabilisieren. Im Alltag werden in der Regel nicht einzelne Muskelgruppen, sondern ganze kinematische Muskelketten angesprochen. Schon der einfache Bewegungsablauf beim Herausheben eines schweren Getränkekastens aus dem Kofferraum weicht von den Trainingsmöglichkeiten der Maschinen ab. Genau hier beginnt der Vorteil der freien Gewichte. Hier werden die Balance und die gesamte Koordination der Bewegung mit dem Gewicht geschult.

Übungen, bei denen Technik, Koordination und Kraft gleichermaßen trainiert
werden, schützen auch effektiv im Alltags-,
Sport- und Berufsleben. Die Koordination
ist bei Leistungssportlern ein wichtiger
Aspekt bei einem sportartspezifischen
Krafttraining. Ein korrektes und siche-
res Training mit freien Gewichten verlangt
auch eine bessere Betreuung durch die
Trainer. Bei freien Übungen schleichen
sich schnell Fehler in der Bewegungsausführung ein, die regelmäßig korrigiert
werden müssen, um Fehlbelastungen zu vermeiden. [182]

Krafttraining mit dem eigenen Körpergewicht

Wer keine Zeit, Lust und Geld hat, um im Fitnessstudio zu trainieren, kann
das auch zu Hause in den eigenen vier Wänden auf eine durchaus effektive Art
und Weise tun. Das Stichwort heißt „Krafttraining mit dem eigenen Körpergewicht". Kraftübungen mit dem eigenen Körpergewicht kann man immer
und überall absolvieren. Richtig durchgeführt sind sie verletzungsarm, zeit-
sparend und in ihrer Wirkung nicht nur auf die Kräftigung einzelner Muskeln
beschränkt. Bei fast allen Übungen sind mehrere Muskeln beteiligt, es werden
neben der einfachen Kraft auch die Koordination der Muskeln und insgesamt
die Körperbeherrschung trainiert und verbessert.

Es gibt viele bekannte Übungen, die zur Kräftigung der Muskulatur ohne
Geräte oder Hanteln dienen können. Dazu gehören Kniebeugen, Klimmzü-
ge, Liegestütze und Crunches als Bauchmuskelübung. Daneben gibt es noch
eine ganze Reihe weniger bekannter Übungen zum Trainieren der Muskeln.
Grundsätzlich kann man sich seine Übungen auch selbst entwerfen. Es gibt
keinen Grund, sich auf vorgeschriebene Übungen zu beschränken. Man sollte
nur solche Belastungen vermeiden, die zu Überlastungen von Sehnen, Bändern und Gelenken führen können. Zwischenzeitlich gibt es hierzu auch eine
Reihe von Büchern, teilweise mit Übungs-DVD zum Erlernen der Übungen.
[183, 184]

Eigengewichtübungen werden oft kritisiert, weil „nur" der eigene Körper
als Widerstand dient, was angeblich zu einer Trainingsstagnation ab einem
bestimmten Level führt. Dies kann man umgehen, indem man die Übungen
absichtlich erschwert. Zum Beispiel kann man statt einem normalen Liegestütz einhändige Liegestütze durchführen. Ebenso kann man die Handaufla-

geflächen beim Liegestütz derart variieren, dass diese nicht – wie meist üblich – in Schulterhöhe neben sich, sondern ganz eng zusammen im Bereich der Herzgegend am Boden aufliegen. Probieren Sie den Unterschied mal aus. Sie werden staunen. Auf diese Weise kann man die Trainingsintensität drastisch erhöhen.

Fazit

Bei der Auswahl der Art des Krafttrainings muss jeder für sich seine Prioritäten setzen. Leistungssport und Gesundheitssport haben natürlich unterschiedliche Anforderungen an die Trainingsmethode. Geht es hauptsächlich darum, dem altersbedingten Muskelschwund entgegenzuwirken, ist das Arbeiten mit den gängigen Kraftmaschinen im Fitnessstudio ausreichend. Es darf auch nicht vergessen werden, dass das Verletzungsrisiko bei mehrgelenkigen Freihantelübungen größer ist. Bei den Kraftübungen mit dem eigenen Körpergewicht wird bei manchen Übungen ein gewisses Maß an Körperbeherrschung abverlangt. Für Leistungssportler stellt das sicher kein Problem dar, aber für einen ungeübten „Normalo" kann dies sehr wohl eine Hürde darstellen.

Das Krafttraining an Geräten mit geführten Bewegungen ist hierbei immer noch die sanfteste Methode zur Erzielung eines Muskelzuwachses und sollte für Gesundheitssportler zumindest am Anfang die erste Wahl sein.

Der Trainingsreiz

Das Prinzip des Trainingsreizes wurde schon in Kapitel 4 angesprochen. Im Zusammenhang mit dem Krafttraining muss dem Körper signalisiert werden, dass der zu trainierende Muskel den momentanen Ansprüchen nicht mehr genügt. Er muss also gezielt überlastet werden. Der Trainingsreiz ist ein Schwellenprozess, der von einem Augenblick zum anderen geschieht. Wenn diese Reizschwelle überschritten wurde, kann die entsprechende Reizantwort, in diesem Fall der Muskelaufbau, auch nicht mehr gestoppt werden. Die Initialzündung für einen Muskelaufbau erfolgt also innerhalb von Bruchteilen von Sekunden. Der eigentliche Muskelaufbau dauert dann allerdings drei bis vier Tage in der Trainingspause und vollzieht sich sozusagen auch nachts während des Schlafens. Für den Masseaufbau des Muskels werden neue Blutgefäße benötigt. Sehnen und Knochen müssen verstärkt und neue Nervenendungen gelegt werden. All diese Dinge geschehen während der Regenerationszeit. Wichtig ist dabei nur, dass es zu diesem alles entscheidenden Erreichen des Schwellenwertes kommt. [185, 186]

Trainingsmethoden

Die Wahl der Trainingsmethode hängt stark von den Zielen des Krafttrainings ab. Diese können je nach individuellem Interesse sehr unterschiedlich sein. Eine wichtige Größe ist dabei die Belastungsintensität während des Trainings. Der Ausgangspunkt hierfür ist die konzentrische Maximalkraft (100 Prozent), das sogenannte „Einer-Maximum". Die Belastung beim Training wird je nach Trainingsziel prozentual davon abgeleitet. Das Einer-Maximum ist eine mehr theoretische Größe; es ist genau das Gewicht, welches nur einmal bezwungen werden kann. Diese Größe ist sehr schwer fassbar, letztendlich kann man sich nur langsam daran herantasten. Man kann aber aus den daraus entwickelten Trainingsempfehlungen ersehen, ob man halbwegs richtig liegt.

Nach Zaciorskij kann man unter dem maximalen Trainingsgewicht auch dasjenige Gewicht ansetzen, welches ohne besonderen Anreiz bewältigt werden kann. Es entspricht einem Gewicht, das ein- bis maximal dreimal ohne besondere Motivation bewältigt werden kann. Dadurch will man dem Faktor der Motivation gerecht werden, der ja bekanntermaßen einen erheblichen Einfluss auf das Wettkampfverhalten hat. Dieses Maximalgewicht ist in der Praxis leichter ermittelbar. [96]

Trainingsmethoden zur Entwicklung der willkürlichen neuromuskulären Aktivierungsfähigkeit beziehungsweise Maximalkrafttraining

Dieses Training verbessert die Maximalkraft, die Explosivkraft und die willkürliche Aktivierung möglichst vieler motorischer Einheiten. Benötigt wird dies besonders im Leistungssport.

Eine neuronale Anpassung wird durch ein möglichst gleichzeitiges Aktivieren vieler motorischer Einheiten hervorgerufen. Diese hohe Aktivierung ist nur durch Methoden zu erreichen, die eine explosive Kontraktion fordern. Diese willentliche Rekrutierung der Muskeln durch das Nervensystem ist nur bei hohen Lasten (über 90 Prozent des Einer-Maximums) möglich. Daraus ergeben sich folgende Trainingsempfehlungen: [187]

Reizintensität (Last in Prozent des Einer-Maximums):	*90–100 %*
Wiederholungen pro Serie (innerhalb eines Satzes)	*1–3*
Serien (Sätze) pro Muskelgruppe je Training:	*3–6*
Pause zwischen den Serien (Sätzen):	*> 6 Minuten*
Kontraktionsgeschwindigkeit:	*explosiv*

Diese explosive Kontraktionsgeschwindigkeit bezieht sich nicht auf die Bewegungsausführung. Mit hohen Lasten wäre dies auch gar nicht möglich. Mit „explosiv" ist in diesem Fall die Anforderung an das Nervensystem gemeint.

Diese Methode ist für den Leistungssportler interessant. Für den ausschließlich gesundheitsbewussten Sportler ist diese Trainingsvariante eher von untergeordneter Bedeutung.

Trainingsmethoden zur Steigerung der Muskelmasse (Hypertrophietraining)

Mit Muskelhypertrophie wird die Vergrößerung des Muskelquerschnitts, hervorgerufen durch Dickenwachstum der Muskelfaser, nicht jedoch die Zunahme der Muskelzellenzahl, bezeichnet. Muskelhypertrophie findet nur statt, wenn die Muskulatur über ihr normales Leistungsniveau hinaus beansprucht wird, was einen sogenannten Wachstumsreiz auslöst. [188]

Ein Training mit Hypertrophiewirkung setzt folgende Trainingsmethode voraus: [187]

Reizintensität (Last in Prozent des Einer-Maximums):	*60–80 %*
Wiederholungen pro Serie (innerhalb eines Satzes):	*6–20*
Serien (Sätze) pro Muskelgruppe je Training:	*5–6*
Pause zwischen den Serien (Sätzen):	*2–3 Minuten*
Kontraktionsgeschwindigkeit:	*langsam bis zügig*

Die Kontraktionen sind bis zur vollständigen Ermüdung der Muskulatur durchzuführen. Durch dieses Training wird das gewünschte Dickenwachstum der Muskulatur ausgelöst. Es ist die Trainingsmethode, die auch Bodybuilder vorzugsweise anwenden. Auf diese Weise sind Muskelwachstum und Körperformung erreichbar.

Trainingsmethode zur Entwicklung der Kraftausdauer

Die Kraftausdauer wird definiert als Ermüdungswiderstandsfähigkeit gegen lang dauernde, sich wiederholende Belastungen bei statischer oder dynamischer Muskelarbeitsweise. Der Begriff Ausdauer ist beim Krafttraining ebenso wie beim Laufen mit der Ermüdungswiderstandsfähigkeit verbunden.

Beim Ausdauertraining sollen durch viele Wiederholungen die Aufrechterhaltung der neuronalen Impulsleistung und die Widerstandsfähigkeit gegen Ermüdung trainiert werden. Ein Ausdauertraining kann somit folgendermaßen aussehen: [187]

Reizintensität (Last in Prozent des Einer-Maximums):	*50–60 %*
Wiederholungen pro Serie (innerhalb eines Satzes):	*20–40*
Serien (Sätze) pro Muskelgruppe je Training:	*6–8*
Pause zwischen den Serien (Sätzen):	*0,5–1 Minute*
Kontraktionsgeschwindigkeit:	*langsam bis zügig*

Beim Ausdauertraining sind deutlich mehr Wiederholungen und auch wesentlich mehr Sätze erforderlich sind. Dafür ist die Belastung geringer. Damit werden die allgemeine Leistungsfähigkeit des Muskels erhöht und der Muskelstoffwechsel vermehrt angeregt. Eine gute Kraftausdauer verbessert auch die Regenerationsfähigkeit der Muskulatur.

Dem Anfänger wird in den Fitnessstudios in der Regel zuerst das Kraftausdauertraining empfohlen. Es ist günstiger, mit niedrigeren Gewichten zu beginnen und damit den Bewegungsablauf zu verinnerlichen. Im Laufe der Zeit kann man sich dann an das Hypertrophietraining heranwagen.

Die hier vorgestellten Methoden werden in anderen Literaturstellen in ähnlicher Weise angegeben. Selten sind die Angaben gleichlautend. Wichtig ist einzig und allein, dass der Trainingsreiz überschritten wird und es zu einer Superkompensation kommt beziehungsweise bei hinreichend großen Gewichten die Hypertrophie einsetzen kann.

Es gibt auch noch das sogenannte Pyramidentraining für besonders ambitionierte Sportler. Hier werden Sätze der gleichen Übung absolviert, allerdings mit verschiedenen Gewichten. Wie bei einer Pyramide wird Satz für Satz die Intensität gesteigert und die Wiederholungen werden verringert, bis die Spitze erreicht ist; anschließend geht es in umgekehrter Reihenfolge wieder zur Ausgangsintensität zurück.

Kieser-Training

Kieser-Training wurde im Jahr 1967 von dem Schweizer Werner Kieser gegründet. Zwischenzeitlich findet man in jeder größeren Stadt Studios, die nach seinem Konzept arbeiten. Man sucht dort vergebens Kardiogeräte wie Laufband, Crosstrainer oder Ergometer. Es handelt sich dabei um ein reines Krafttraining, welches von den üblichen in den Fitnessstudios angebotenen und oben beschriebenen Trainingsmethoden etwas abweicht. Das Kieser-Training bietet ein Krafttraining als präventive wie auch als therapeutische Maßnahme an. Das präventive Training dient der allgemeinen Kräftigung, um sich für den Alltag, Beruf und den Sport gesund und leistungsfähig zu halten. Das therapeutische Training wird ärztlich kontrolliert und angeleitet und soll einen sicheren gezielten Muskelaufbau bei Beschwerden ermöglichen. Die Kieser-Methode wurde vor allem als wirksames Mittel gegen Rückenprobleme entwickelt.

Das Kieser-Training basiert von Anfang an auf sehr hohen individuellen Reizintensitäten, was in anderen Sportstudios speziell zu Beginn nicht unbedingt so gehandhabt wird. Nichtsdestotrotz ist diese Form von Muskelaufbautraining sehr erfolgreich. Ich selbst habe mehrere Freunde, die dieses Training schon seit längerer Zeit mit großer Begeisterung betreiben. Sie haben ihre vorhandenen Rückenbeschwerden damit überaus erfolgreich therapiert. Was steckt da nun dahinter? Sieht man mal von den unterschiedlichen Trainingsmaschinen ab, die sowieso in jedem Studio verschieden sind, so liegt der Unterschied vor allem in der Trainingsmethode. Diese sieht in etwa folgendermaßen aus: [189]

Reizintensität:	*so groß, dass eine Übungsdauer von mind. 60 bis max. 90 Sekunden pro Gerät möglich ist. Die Bewegungsphase einer Übung sollte etwa 10 Sekunden dauern*
Wiederholungen (Übungen) pro Serie:	*6–9*
Serien (Sätze) pro Muskelgruppe je Training:	*genau 1*
Pause zwischen den einzelnen Geräten:	*direkter Wechsel, möglichst ohne Pause*
Kontraktionsgeschwindigkeit:	*langsam*

Es handelt sich um ein Training mit relativ wenigen, aber mit deutlich mehr als drei Wiederholungen. Das ist nur mit einer submaximalen Belastung möglich. Somit ist das Kieser-Training nichts anderes als ein Hypertrophietraining, welches einen Muskelaufbau bewirkt. Aufgrund der kurzen Übungsdauer und der zügigen Vorgehensweise, ergibt sich eine relativ kurze Verweildauer im Studio. In der Praxis kommt man alles in allem mit etwa 45 Minuten aus. Wegen der relativ hohen Gewichte handelt es sich dabei aber um ein sportlich sehr anspruchsvolles Training.

Was nun?

Welche der oben vorgestellten Methoden ist nun die beste? Die ersten drei bestimmen den Alltag in den meisten Fitnessstudios. Sie waren auch das beherrschende Thema bei meiner eigenen Fitnesstrainerausbildung. Das Kieser-Training hebt sich davon etwas ab. Aber im Grunde ist wieder alles ganz einfach.

Ist Ihr Ziel eine große Kraftausdauer, also eine große Widerstandsfähigkeit gegenüber Ermüdung, dann müssen Sie mittlere Gewichte sehr oft stemmen, heben, drücken oder sonstwie bewegen. Das bedeutet viele Wiederholungen innerhalb eines Satzes und letztendlich auch viele Sätze.

Hilft dies auch gegen den mehrfach zitierten Muskelschwund? Natürlich, denn die Devise lautet schlicht und einfach: *„use it or loose it"*. In Bezug auf die Muskulatur heißt das, nütze Deine Muskeln oder verliere sie. Derjenige, der oft „mittlere Gewichte" hebt, wird eine kräftige Muskulatur entwickeln, die sich dann auch nicht klammheimlich davonschleichen kann. Maurer, Getränkefahrer, Möbelpacker, Lagerarbeiter sind klassische Berufe, bei denen eine hohe Kraftausdauer gefordert wird. Das kann tagtäglich nur von kräftigen Leuten ausgeübt werden, die nicht an latentem Muskelschwund leiden.

Wenn Sie in einem Fitnessstudio mit dem Training beginnen, wird Ihr Trainingsplan in der Regel auch auf mittlere Gewichte und viele Wiederholungen ausgerichtet sein. Man wird Ihnen drei Sätze mit je 15 oder 20 Wiederholungen empfehlen. Die erste Steigerungsempfehlung wird dann meist eine Erhöhung der Wiederholungszahl oder auch der Satzzahl sein. Damit macht man im Prinzip am wenigsten falsch. Es ist ein Training zur Erhöhung der Kraftausdauer und das ist ja nicht schlecht. Nur mit der Zeit könnte beim Trainierenden der Wunsch aufkommen, dass seine Bemühungen und der vergossene Schweiß vielleicht auch für andere sichtbar sein sollten. In diesem Fall ist ein echter Muskelaufbau in Form eines Hypertrophietrainings angesagt. Dies gilt in der Regel auch für Rückengeschädigte oder Leute mit Bandscheibenvorfällen. Zu der Gruppe der Letzteren gehört auch der Schreiber dieser Zeilen. Oft heißt es hier seitens der Ärzte: „Wir können ohne Operation auskommen, aber Sie müssen Muskelaufbau betreiben." Mit anderen Worten, es müssen zusätzliche Muskeln her. Dann sollte das Training etwas anders aussehen.

Muskelzuwachs

Ist Ihr Ziel ein sichtbarer Muskelzuwachs, ein optimal geformter und sichtbar muskulöser Körper, oder wollen Sie Ihren Rücken durch kräftige Muskeln stärken, dann kommen Sie nicht umhin möglichst schwere Gewichte in die Hand zu nehmen oder bei den entsprechenden Krafttrainingsgeräten möglichst hohe Gewichte einzustellen. Diese brauchen Sie dafür nicht sehr oft zu bewegen. Dadurch fördern Sie Ihr Muskelwachstum. Ein Weg hierzu ist mit Sicherheit auch das Kieser-Training. Das geht aber ebenso in jedem anderen Fitnessstudio. Sie müssen nur die Gewichte möglichst hoch einstellen, sodass Sie nur noch fünf bis 15 Wiederholungen schaffen. Dann genügt fürs Erste ein Satz oder eine Serie, ähnlich wie bei Kieser. Die Belastungsdauer sollte aber mindestens 60 bis 90 Sekunden sein. Sollten Sie Lust und Zeit auf mehrere Sätze haben, kommen Sie nicht umhin, zwischen den Sätzen eine angemessene Pause einzulegen.

Ein akzeptabler Kompromiss ist, die Gewichte so einzustellen, dass Sie gerade eben zwei Sätze mit je zehn Wiederholungen schaffen. Dann muss die Muskelgruppe aber auch komplett ermüdet sein. Wenn nicht, müssen Sie gewichtsmäßig noch etwas drauflegen. Bei dieser Trainingsform werden Sie bald Veränderungen an Ihren Körper bemerken und auch Ihre Rückenprobleme werden in Kürze der Vergangenheit angehören. Aber sprechen Sie bitte alles vorher mit Ihrem Arzt ab. Ein Hypertrophietraining belastet das Herz und lässt auch den Blutdruck in ungeahnte Höhen gehen. Das ist normal. Dieser muss sich nur nach angemessener Zeit wieder auf Normalwerte einstellen. Das ist das Problem bei Hypertonikern. Sofern der Arzt den Blutdruck jedoch mittels Tabletten gut eingestellt hat, spricht in der Regel nichts gegen ein Krafttraining. Aber nochmals, sprechen Sie bitte vorher mit Ihrem Arzt.

Übertreiben Sie es auch nicht mit der Häufigkeit des Trainings, denn der eigentliche Muskelzuwachs findet, wie wir inzwischen wissen, in der unbedingt notwendigen Regenerationszeit zwischen den Trainingstagen statt. Während des Trainings regen Sie das System eigentlich nur an. Bezüglich der Trainingshäufigkeit ist man sich in der Trainingslehre überraschend einig. Die unbedingt notwendige Regenerationszeit wird von niemandem bestritten. Um diese kommt keiner herum. Die Trainingsempfehlungen reichen von mindestens einmal wöchentlich (absolutes Minimum) bis maximal dreimal wöchentlich. Ein allseits empfohlener Kompromiss ist ein zweimal pro Woche durchgeführtes Krafttraining. Dadurch ist genügend Zeit zur Regeneration und zur Superkompensation zwischen den Trainingseinheiten gewährleistet.

Auch Hollmann schreibt in seinem Standardwerk *Sportmedizin*, dass die Methode der wiederholten Krafteinsätze erst dann einen größtmöglichen Reiz auslöst, wenn infolge Ermüdung eine immer größer werdende und schließlich die maximale Anzahl motorischer Einheiten eingesetzt wird. Dies setzt die Wiederholung bis zur äußersten Ermüdungsgrenze zur Erzielung eines optimalen Effekts voraus. Auch hier gilt, je höher das Gewicht, desto weniger Wiederholungen und umgekehrt. Speziell Leistungssportler entscheiden sich deshalb für die zeit- und arbeitssparende Methode des maximalen Krafteinsatzes. Auch beim Bodybuilding kommt der Steigerung der Belastungsintensität eine größere Bedeutung zu als der Wiederholungszahl oder Zahl der Serien. [96]

Bitte bleiben Sie vernünftig, beginnen Sie Ihr Muskeltraining mit niedrigen Gewichten und steigern Sie diese gemäß Ihrem Ziel erst im Laufe der Zeit. Überfordern Sie auch nicht Ihre Gelenke und Ihren gesamten Knochenbau.

Gehen Sie die Sache angemessen langsam an. Der Erfolg wird nicht ausbleiben.

Praxistipp: Krafttraining mit dem eigenen Körpergewicht

Krafttraining mit dem eigenen Körpergewicht kann nicht nur zu Hause, sondern auch im Urlaub oder auf Reisen ohne weitere Hilfsmittel und völlig kostenlos durchgeführt werden. Ein Teppich oder eine Bodenmatte sind dabei völlig ausreichend.

An der Universität Bayreuth wurden in der Zeit von 1993 bis 2009 im Rahmen eines Langzeitprojekts elektromyografische Messungen durchgeführt. Ziel des Projekts war es, bei den einzelnen Kräftigungsübungen den Aktivitätsgrad der Muskeln zu bestimmen, um damit eine Aussage über die Effektivität der einzelnen Übung zu erhalten. Mithilfe der Elektromyografie kann man auf elektrische Weise die Aktivität eines Muskels während der Ausführung einer Übung messen. Dadurch konnte eine Rangliste der effektivsten Übungen für eine bestimmte Muskelgruppe erstellt werden. Aus den Bayreuther Studien haben sich schließlich die sogenannten maxxF-Übungen entwickelt, welche bezüglich der Trainings besonders effektiv sind. Die Übungen können von Männern und Frauen, Anfängern und Fortgeschrittenen individuell dosiert ohne Gerät an jedem Ort durchgeführt werden. Im Folgenden sollen einige dieser Übungen für die wichtigsten Muskelgruppen vorgestellt werden. Führen Sie dabei die Übung so aus, dass Sie die erforderliche Kraft für eine festgelegte Zeitdauer aufbringen können. Danach sollte der Muskel weitgehend erschöpft sein. Die dabei empfohlene Zeitdauer einer Übung liegt zwischen mindestens 30 Sekunden bis maximal 60 Sekunden, je nach Trainingsfortschritt. Die Anzahl der Wiederholungen, zum Beispiel bei den Liegestützen, ergibt sich dann aus der vorher festgelegten Zeit. Mit anderen Worten, es handelt sich dabei um ein Hypertrophietraining mit submaximaler Kraft, denn eine maximale Kraft lässt sich nicht über diese genannten Zeiten aufrechterhalten. Auf der anderen Seite sind auch Ähnlichkeiten zu der Philosophie des Kieser-Trainings erkennbar.

Die myografischen Messungen haben ergeben, dass am Ende sogenannte Endkontraktionen sehr wirkungsvoll sind. Wenn eigentlich nichts mehr geht, dann geht doch noch was – noch eine winzige Anspannung oder ein paar Millimeter. Die Erschöpfung des Muskels und die daraus resultierenden Anpassungsvorgänge sind das erklärte Ziel der maxxF-Übungen. [183]

Mit den folgenden ausgewählten neun Übungen decken Sie einen großen Teil eines notwendigen Krafttrainings ab. [183, 190, 191]

Bauchmuskeln

Zur Stärkung der Bauchmuskulatur eignet sich die sogenannte Käferübung (Abb. 7.7). Neben der geraden Bauchmuskulatur wird dabei auch die schräge Bauchmuskulatur angesprochen.

Ziehen Sie bei dieser Übung das rechte Bein gebeugt zur Brust und strecken Sie dazu die rechte Hand nach hinten aus. Das linke Bein wird schwebend über dem Boden gehalten. Heben Sie nun den Oberkörper an und greifen Sie mit der linken Hand an die Außenseiten des rechten Fußes. Führen Sie nach etwa zehn Sekunden einen Arm- und Beinwechsel durch. Halten Sie beide Stellungen abwechselnd jeweils etwa zehn Sekunden. Die Gesamtdauer der Übung sollte maximal 60 Sekunden betragen.

Abb. 7.7   Käferübung zur Stärkung der Bauchmuskulatur

Untere Rückenmuskeln, Gesäß

Das Beinrückheben (Abb. 7.8) ist eine effektive Übung zur Kräftigung der unteren Rücken- und der Gesäßmuskulatur und ist sehr wirksam gegen Rückenbeschwerden.

Der Oberkörper ruht bäuchlings auf dem Boden, die Unterschenkel werden um 90° nach oben abgewinkelt. Anschließend werden die Beine einschließlich der Oberschenkel angehoben. Das Ziel ist die Muskulatur des unteren Rückens.

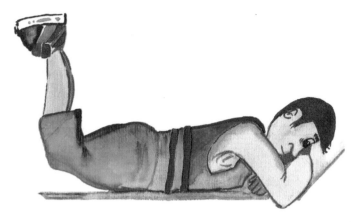

Abb. 7.8 Beinrückheben zur Stärkung der unteren Rücken- und Gesäßmuskulatur

Obere Rückenmuskeln, Nacken

Diese auch Reverse Fly genannte Übung kräftigt den oberen Rücken und wirkt gegen Beschwerden im Nackenbereich (Abb. 7.9). In der Bauchlage werden die Ellenbogen angewinkelt und die zu Fäusten gemachten Hände innenrotiert. Heben Sie die Hände vom Boden ab und ziehen Sie die Schultern zur Wirbelsäule. Atmen Sie hierbei aus. Zur Erhöhung der Intensität können Sie in der obersten Stellung noch Endkontraktionen der Muskulatur durchführen. Das Ganze soll wieder mindestens 30 bis 60 Sekunden andauern.

Abb. 7.9 Reverse Flys zur Stärkung des oberen Rückens und des Nackenbereichs

Brustmuskel, Schulter, Oberarm

Bei dieser Übung handelt es sich um den klassischen Liegestütz und Abarten davon. Sie können diesen gerne in der für Sie gewohnten Weise durchführen. Dadurch wird die Brust- und Schultermuskulatur und zusätzlich der Trizeps in der Oberarmrückseite gestärkt.

Bei den maxxF-Übungen wird der Knieliegestütz empfohlen. Bei diesem kann man die Intensität besonders gut variieren. Halten Sie hierzu die Hände eng zusammen, etwa in der Höhe des Herzens, und beugen Sie die Arme, bis die Nase etwa 15 bis 20 Zentimeter vor den Fingerspitzen den Boden berührt. Setzen Sie dabei die Knie bei abgewinkelten Unterschenkeln auf den Boden auf. Strecken Sie beim Heben die Arme vollständig und atmen Sie dabei aus. Durch die Stellung der Hände können Sie den Schwierigkeitsgrad und die Intensität variieren. Probieren Sie es einfach aus. Am schwersten wird es, wenn Sie bei eng anliegenden Händen (Abb. 7.10) die Knie anheben und einen „normalen" Langliegestütz machen.

Abb. 7.10 Liegestütz beziehungsweise Knieliegestütz zur Stärkung der Brust- und Schultermuskulatur sowie des Trizeps

Bizeps

Bei dieser Übung wird der Bizeps gegen den eigenen Beinwiderstand trainiert. Die auch Bizeps-Curl genannte Übung kräftigt in effizienter Weise den Bizeps (Unterarmbeuger) im Oberarm (Abb. 7.11). Umfassen Sie mit der rechten Hand Ihren linken Oberschenkel oberhalb des Kniegelenks. Beugen Sie nun das Ellenbogengelenk gegen den Beinwiderstand. Trainieren Sie dabei so intensiv wie möglich. Drücken Sie das Bein mit den stärkeren Muskeln nach unten und bremsen Sie dabei die Abwärtsbewegung mit aller verfügbaren Kraft. Wechseln Sie nach 30 bis 60 Sekunden den Arm.

Abb. 7.11 Bizeps-Curl gegen den Beinwiderstand

Trizeps, Schulter

Diese seltsam anmutende Übung hat eine unglaubliche Wirkung. Man sieht es ihr von außen nicht an; man muss es selbst ausprobieren. Das Ganze nennt sich Armrückheben (Abb. 7.12) und kräftigt neben dem Trizeps (Unterarmstrecker) auch noch die Schulter.

Abb. 7.12 Armrückheben zur Stärkung des Trizeps und der Schulter

Machen Sie einen großen Ausfallschritt nach vorne und setzen Sie das hintere Knie auf den Boden ab. Anschließend beugen Sie den Oberkörper mit geradem Rücken nach vorne. Die Arme werden dabei nach hinten oben gestreckt. Heben Sie die Arme rhythmisch immer mehr an und ziehen Sie diese mehr nach innen. Atmen Sie beim Heben der Arme aus. Machen Sie das immer stärker und führen Sie in der höchsten Position der Arme Endkontraktionen aus. Die Intensität der Übung können Sie ganz leicht durch die Stellung der Arme beeinflussen. Führen Sie die Übung 30 bis 60 Sekunden durch. Richtig ausgeführt zieht diese Übung mächtig am Trizeps; und das Ganze ohne jedes Gewicht.

Oberschenkelrückseite, Rücken, Gesäß

Mit dem sogenannten Beckenlift (Abb. 7.13) werden die Muskeln der Oberschenkelrückseite, des Rückens und des Gesäßes gestärkt.

Ziehen Sie das linke Bein zur Brust. Rechtes Bein anwinkeln, Ferse aufstellen und Fußspitze anziehen. Heben Sie nun das Becken an und atmen Sie dabei aus. Beim Einatmen senken Sie das Becken etwas und mit dem darauffolgenden Ausatmen wird das Becken wieder angehoben. Intensiver wird die Übung, wenn das angehobene Becken Impulsartig mit Endkontraktionen noch einige Male weiter hoch gedrückt wird. Nach 30 bis 60 Sekunden Seitenwechsel der Beine.

Abb. 7.13 Beckenlift zur Kräftigung der Muskulatur von Oberschenkelrückseite, Rücken und Gesäß

Oberschenkelvorderseite, Gesäß

Zur Stärkung der Oberschenkelvorderseite und des Gesäßes eignet sich die allseits bekannte Kniebeuge. Hier wird diese als Einbeinkniebeuge vorgestellt (Abb. 7.14), da hiermit eine bessere Variation der Intensität möglich ist.

Verlagern Sie das Gewicht auf das vordere Bein, das andere wird seitlich nach hinten versetzt. Beugen Sie nun das Standbein, bis das hintere Knie knapp über dem Boden ist. Die Intensität der Übung wird größer, wenn Sie den Ausfallschritt geringer machen und je tiefer Sie die Kniebeuge ausführen. Atmen Sie jeweils beim Aufrichten aus. Wechseln Sie nach 30 bis 60 Sekunden auf das andere Bein.

Abb. 7.14   Einbeinkniebeuge zur Stärkung der Muskulatur der Oberschenkelvorderseite und des Gesäßes

Wadenmuskulatur

Durch das Fersenheben (Abb. 7.15) werden die Wadenmuskeln gekräftigt. Halten Sie sich mit den Händen an einer Wand oder einem anderen Gegenstand fest. Stellen Sie sich auf ein Bein und gehen Sie dann in den hohen Ballenstand. Je höher Sie gehen und je länger Sie in der Endposition bleiben, desto intensiver ist die Übung. Eine weitere Intensivierung ist wieder durch das Durchführen von Endkontraktionen in der höchsten Position möglich.

Abb. 7.15   Fersenheben zur Stärkung der Wadenmuskulatur

Isometrisches Krafttraining

Beim isometrischen Training handelt es sich um eine besondere Form des Krafttrainings. Durch isometrische Kontraktion werden die Muskeln angespannt, ändern dabei aber nicht ihre Länge. Es wird also eine Muskelspannung aufgebaut, ohne dass es zu einer Bewegung kommt. Das Wort isometrisch aus iso (= gleich) und metrisch (= das Maß betreffend) weist auf eine unveränderte Länge des Muskels hin. Anders als beim dynamischen Training wird dabei der Muskel nicht bewegt, sondern ein Druck oder Zug, etwa gegen eine Wand, einen Türstock oder mit einem Seil oder Handtuch, aufgebaut und für mehrere Sekunden gehalten. Regelmäßig betrieben erhöht isometrisches Training die Muskelkraft auf erstaunliche Weise.

Die Vorteile des statischen Krafttrainings sind, dass der Widerstand beziehungsweise das Gewicht sehr gut dosierbar ist und gezielt bestimmte Muskeln trainiert werden können. Das Training bietet hohe Effektivität bei einem sehr geringen Zeitaufwand. Besonders im rehabilitativen Bereich eignet sich das statische Krafttraining. Es ist gelenkschonend und kann bereits sehr früh nach Verletzungen angewendet werden.

Wird die Muskulatur mit einer Kraft von etwa 20 bis 30 Prozent der maximalen Kraft beansprucht, so kommt es weder zu einem Kraftverlust noch

zu einer Kraftzunahme. Dieser Bereich entspricht etwa der Belastung des All-
tagslebens. Wird der Muskel stillgelegt, zum Beispiel durch Bettruhe oder in
einem Gipsverband, tritt relativ schnell ein signifikanter Kraftverlust auf. Wie
Untersuchungen ergaben, führt ein achttägiges Stilllegen in einem Gipsverband zu einer Verringerung der maximalen statischen Kraft von etwa 20 Prozent; eine 14-tägige Stilllegung führt zu einem Kraftverlust von 28 Prozent.
Use it or loose it! Erst bei einem Training ab 30 Prozent der Maximalkraft wird
der Trainingsreiz überschwellig und es sind Kraftzuwächse möglich.

Die nächste Frage wäre, wie groß muss die Reizintensität sein und wie lange muss diese andauern, dass es zu einer gewünschten Kraftzunahme oder
gar zu einem Muskelwachstum kommt. Wie Hettinger feststellte, sollte eine
maximale Muskelanspannung etwa 20 bis 30 Prozent der maximal bis zur Erschöpfung möglichen Anspannungszeit andauern, um einen voll wirksamen
Trainingsreiz zu erhalten. [192] Bedenkt man weiterhin, dass die maximal
mögliche Anspannungszeit für eine maximale Kraftbeanspruchung etwa bei
zehn bis 15 Sekunden liegt, so errechnet sich daraus eine Anspannungsdauer
von rund drei bis sechs Sekunden für einen wirksamen Trainingsreiz. Durch
mehrere Untersuchungen konnte belegt werden, dass Anspannungszeiten von
über drei Sekunden einen eindeutigen Trainingseffekt auslösen. [96]
Josenhans hat bei seinen Arbeiten über das isometrische Krafttraining seinen Probanden bis zu 600 Trainingsreize pro Tag auferlegt. Dabei zeigte sich,
dass jenseits von fünf täglichen Muskelanspannungen kein zusätzlicher Trainingseffekt mehr auftrat. Der entsprechende Zusammenhang zwischen der
Anzahl der wöchentlichen Trainingsreize und der entsprechenden Kraftzunahme ist aus Abbildung 7.16 ersichtlich.
Trainiert man nur einmal pro Tag, so beträgt der Trainingseffekt etwa 80 bis
85 Prozent dessen, was bei fünf Reizen pro Tag erreicht wird. Eine Trainingshäufigkeit von einmal pro Woche ergibt immerhin noch einen Trainingseffekt
von etwa 40 Prozent des maximal Möglichen. [192] Die Kraftanspannung ist
während der Übung maximal, was letztendlich gleichbedeutend dem Einer-
Maximum beim konzentrischen Krafttraining ist.
So weit, so gut. Die bisherigen Betrachtungen beziehen sich auf eine
*Kraft*zunahme aufgrund eines isometrischen Krafttrainings. Der Vorteil
des isometrischen Trainings ist, dass der Aktivierungsgrad der motorischen
Einheiten bei maximaler isometrischer Muskelarbeit höher ist als bei konzen-
trischer oder exzentrischer Muskelarbeit. Dies führt zuerst einmal zu einem
Anstieg der maximalen Kraft. Dieses Training wird heute auch maximal intensives isometrisches Krafttraining (*max intensity isometrics*) genannt. Ein
solches isometrisches Training mit maximalem Kraftaufwand ist somit etwa
mit dem Maximalkrafttraining im Fitnessstudio zu vergleichen.

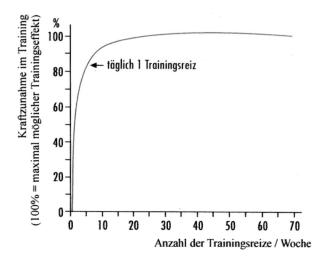

Abb. 7.16   Kraftzunahme in Abhängigkeit von der wöchentlichen Trainingshäufigkeit [192]

Wie sieht es aber mit einem Hypertrophietraining und einem echten Muskelzuwachs aus? Das wäre die Variante für die Bodybuilder. Da geht es nicht nur um Maximalkraft. Da soll man auch etwas sehen. Hierfür gibt es im Rahmen des isometrischen Krafttrainings das sogenannte maximal andauernde isometrische Krafttraining (*max duration isometrics*). Bei dieser Methode drückt, zieht oder hält man ein submaximales Gewicht, solange man kann, quasi bis zum Muskelversagen. Eine Reizintensität von 60 bis 80 Prozent des Einer-Maximums wie beim „herkömmlichen" Hypertrophietraining wäre auch hier angemessen. Nur die Dauer muss jetzt länger sein. Für einen maximalen Effekt der zur Hypertrophie führt, muss man dann allerdings die Kraft für 20 bis 60 Sekunden aufbringen. Der Mittelwert von 40 Sekunden wird häufig als optimal angesehen. [193]

Das Problem beim isometrischen Muskeltraining ist, dass dieses nur für eine bestimmte Stellung (Winkel) des Muskels trainingswirksam ist. Deshalb ist es ratsam, dass man jede Muskelgruppe mindestens in drei verschiedenen Positionen trainiert.

Das isometrische Training ist eine sehr effektive und äußerst zeitsparende Trainingsmethode. Man kann damit sehr schnell einen merkbaren Kraft- und Muskelzuwachs erreichen. Es gilt hier allerdings eine Regel zu beachten: Was schnell gewonnen wurde, verschwindet nach Absetzen des Trainings auch sehr schnell wieder. Ein über zwölf Wochen erworbener Kraftzuwachs von etwa 30 Prozent wird nach 30 Wochen wieder auf den Ausgangswert absinken, wenn man nicht mindestens zwei- bis dreimal wöchentlich weitertrainiert. Beim dynamischen Krafttraining erfolgt der Kraftzuwachs in der Regel langsamer, geht aber nach Beendigung des Trainings entsprechend langsamer wieder verloren. [70]

Man kann beim isometrischen Training sehr gezielt Einfluss auf bestimmte Muskeln oder Muskelgruppen nehmen. Zudem lässt sich diese Methode mit sehr wenig Aufwand durchführen. Ein Türrahmen oder ein Schreibtisch bieten schon viele Möglichkeiten für ein statisches Krafttraining.

Praxistipp: Isometrisches Krafttraining

Erinnernd sei erwähnt, dass es beim isometrischen Krafttraining zwei Trainingsmethoden gibt:

1. Maximalkrafttraining
   Für einen Trainingsreiz muss die maximal mögliche Kraft für drei bis sechs Sekunden gehalten werden.
2. Hypertrophietraining
   Eine submaximale Kraft (60 bis 80 Prozent der Maximalkraft) muss 20 bis 60 Sekunden aufrecht gehalten werden. Anschließend sollte der Muskel erschöpft sein.

Einige dieser isometrischen Übungen sollen hier vorgestellt werden:
Klassiker sind dabei die verschiedenen Trainingsmöglichkeiten der Armmuskulatur. Da das isometrische Training den jeweiligen Muskel nur in einer bestimmten Stellung trainiert, sollte man für jeden Muskel mehrere Muskelstellungen beziehungsweise Muskelauslenkungen in sein Training einbeziehen.

Oberarm, oberer Rücken, Schulter

Mit diesen Übungen werden der Bizeps, der obere Rücken, der Nacken und Bereiche der Schulter trainiert. Die Hände werden in verschiedenen Abständen zum Oberkörper mit den Handflächen gegeneinander gelegt und dann zusammengepresst (Abb. 7.17). Dies geschieht wie bei allen isometrischen Übungen entweder mit Maximalkraft für drei bis sechs Sekunden oder mit submaximaler Kraft für 20 bis 60 Sekunden.

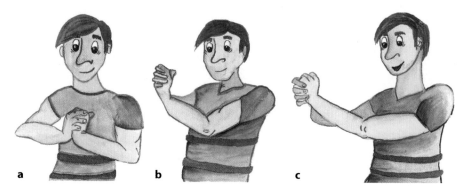

a   b   c

Abb. 7.17   Isometrisches Handdrücken

Bizeps

Den Bizeps kann man unter Zuhilfenahme verschiedener Hilfsmittel wie Schreibtisch, Sprossenwand oder auch nur mit den Händen trainieren.

In etwas gebückter Körperhaltung wird die linke Hand unter die Tischplatte gelegt, während man mit dem rechten Arm das Gewicht des Körpers auf der Tischplatte abstützt. Nun wird durch Anspannung der Beugemuskulatur des linken Unterarms versucht, gegen den Widerstand des den Tisch nach unten drückenden rechten Armes diesen anzuheben (Abb. 7.18). Anschließend erfolgt ein Wechsel der Hände.

Abb. 7.18   Isometrische Übung zur Stärkung des Bizeps

Bizeps, Trizeps

Bei einer weiteren isometrischen Kraftübung werden der Bizeps und der Trizeps gleichzeitig trainiert. Hier wird die rechte Hand in Bauchnabelhöhe nach oben gehalten. Die linke Hand setzt man mit der Handfläche darauf. Nun beugen der rechte Arm nach oben und der linke Arm nach unten. Es wirken nur die Kräfte bis zur Erschöpfung des Muskels auf die Handflächen, ohne dass sich eine Bewegung der Hände ergibt. Beide Hände bleiben dabei kurz vor dem Bauchnabel (Abb. 7.19). Danach werden die Hände gewechselt.

Abb. 7.19 Gleichzeitiges Training von Bizeps und Trizeps

Adduktoren, Beinanzieher

Mit der sogenannten Unterarmklemme können die Adduktoren trainiert werden. Es werden im Sitzen die Beine angewinkelt und die Füße aufgestellt. Ein Unterarm wird zwischen die Knie geklemmt. Die andere Hand dient zur Abstützung. Beide Beine werden jetzt fest gegen den Widerstand des Unterarms zusammengedrückt (Abb. 7.20).

Abb. 7.20 Unterarmklemme zur Stärkung der Adduktoren (Beinanzieher)

Halsmuskulatur

In den Fitnessstudios kommt das Trainieren der Halsmuskulatur meist zu kurz. Ein dynamisches bewegtes Muskeltraining kann hier bei falscher Ausübung sehr gefährlich sein. Hier bietet sich speziell das isometrische Training an. Da kann eigentlich nichts passieren.

Hände vor dem Kopf falten. Kopf gegen den Widerstand der nach hinten ziehenden Hände, nach vorne drücken (Abb. 7.21). [194]

Abb. 7.21 Training der Halsmuskulatur (*1*)

Entsprechend Abbildung 7.22 die Handfläche seitlich an den Kopf legen. Kopf gegen den Widerstand der hand mit maximaler Kraft zur Seite neigen. Anschließend die andere Seite trainieren. [194]

Abb. 7.22 Training der Halsmuskulatur (*2*)

Handtuch um den Kopf legen und die Enden mit beiden Händen fassen und versuchen, den Kopf mit dem Handtuch nach vorne zu ziehen. Kopf gegen den Widerstand des Handtuches nach rückwärts drücken (Abb. 7.23). [194]

Abb. 7.23 Training der Halsmuskulatur (*3*)

Zusammenhang zwischen isometrischen Training und den maxxF-Übungen

Die oben vorgestellte Unterarmklemme (Abb. 7.20) ist einerseits ein klassisches Beispiel eines isometrischen Krafttrainings. Nichtsdestotrotz ist sie aber andererseits ein Bestandteil des oben besprochenen maxxF-Trainings. Das Gleiche gilt auch für die maxxF-Übungen Beinrückheben, Reverse Fly, Bizeps-Curl, Armrückstrecken und im Prinzip auch für das Fersenheben. Diese Übungen laufen nahezu ohne Bewegung ab und können somit genauso zu den isometrischen Übungen gezählt werden.

Beide Krafttrainingsarten haben historisch gesehen eine unterschiedliche Entwicklung durchlaufen. Die Ursprünge der isometrischen Übungen gehen dabei sehr weit bis in die Anfänge der 60er-Jahre zurück und wurden unter anderem von Hettinger und Hollmann vielfach untersucht und mehrfach publiziert. [96, 192] Am Anfang stand hierbei wie bei einem Maximalkrafttraining nur der Kraftzuwachs im Vordergrund. Erst später wurde das statische Krafttraining auch als Hypertrophietraining entdeckt.

Die maxxF-Übungen dagegen sind neueren Ursprungs und haben von Anfang an den Anspruch eines Hypertrophietrainings. Sie haben sich, wie schon erwähnt, aus den Untersuchungen des Instituts für Sportwissenschaft an der Universität Bayreuth entwickelt. Man sieht schon anhand der für einen Muskelzuwachs erforderlichen Trainingszeiten, dass diese etwa in der gleichen Größenordnung wie beim Hypertrophietraining des isometrischen Krafttrainings liegen. Das gilt auch für den hierbei erforderlichen Kraftaufwand. Letztendlich muss also auch das gleiche sportliche Ergebnis herauskommen. Beide sind in Bezug auf ein Hypertrophietraining sehr ähnlich. Hier schließt sich dann offenbar der Kreis.

Die maxxF-Übungen haben den Vorteil, dass sie durch die durchgeführten elektromyographischen Messungen von ausgesuchter Wirkung sind. Auf der anderen Seite gibt es eine Unmenge von unterschiedlichen Übungen, die sich teilweise sehr ähneln. Die oben vorgestellten Kraftübungen sind nur ausgewählte Vorschläge, mit denen ein sehr effektives Krafttraining innerhalb kürzester Zeit möglich ist. Ansonsten sollte jeder in Verbindung mit seinem Arzt oder Physiotherapeuten ein auf sich und seine persönlichen Probleme angepasstes Training zusammenstellen. Es geht also nicht um ein blindwütiges Krafttraining, dieses sollte vielmehr auf jedermanns Bedürfnisse und Wehwehchen angepasst sein.

Grenzen und Vorteile des statischen Trainings

Die intramuskuläre Koordination wird bei einem rein statischen Training natürlich nicht geschult. Da die Stellung, in welcher der Muskel gegen einen festen Widerstand kontrahiert, konstant ist, ist das Ganze auch von der jeweiligen Winkelstellung abhängig. Es werden nur die hierbei beteiligten Muskeln trainiert. Statisches Krafttraining sollte also idealerweise immer mit anderen Formen des Krafttrainings kombiniert werden. Das Training kann man aber zu Hause durchführen und erfordert extrem wenig Zeit. Auf diese Weise lässt sich auch der altersbedingte Muskelschwund effektiv aufhalten.

Muskelkater

Zum Abschluss dieses Kapitels soll noch eine Anmerkung zu dem allseits bekannten Muskelkater gemacht werden. Es handelt sich dabei um Kleinstverletzungen in der Muskelfaser. Diese können sich durch eine übermäßige Belastung beim Sport, aber auch durch ein intensives Dehnen ergeben. Unter dem Elektronenmikroskop kann man Beschädigungen der Feinstruktur der Muskelfaser erkennen. Dies gilt insbesondere für die sogenannten Z-Scheiben, die dabei zum Zerreißen neigen. Der Muskelschmerz tritt erst mehrere Stunden danach auf, weil die Schmerzrezeptoren nicht in der Muskelfaser selbst liegen, sondern erst durch die weiteren Folgen dieser Kleinstverletzungen gereizt werden. Es sind aber bis heute noch nicht alle Details über das zeitversetzte Auftreten der Schmerzen des Phänomens Muskelkater eindeutig geklärt.

8

Das liebe Gewicht

Wir leben heute, zumindest hier in Mitteleuropa, glücklicherweise nicht während einer Hungersnot. Damit hatten Generationen unserer Vorfahren zu kämpfen. So sind unsere Probleme auch nicht von Untergewicht geprägt, vielmehr haben wir mit zu vielen Pfunden unsere liebe Not. Das liegt einerseits an dem Gott sei Dank großzügig vorhandenem Nahrungsangebot. Andererseits wird dies aber auch durch die alltägliche Werbung und die dabei nicht ausbleibende Konsumierung von hochkalorischen Produkten wie Alkoholika, Süßigkeiten, Fetten, Fertiggerichten, Fast Food, Naschereien und Knabberartikeln verstärkt.

Gemäß dem Statistischen Bundesamt in Wiesbaden waren im Jahr 2009 insgesamt rund 51 Prozent der erwachsenen Bevölkerung (60 Prozent der Männer und 43 Prozent der Frauen) in Deutschland übergewichtig. Damit hat mehr als jeder Zweite in Deutschland zu viel auf den Rippen. Das zeigen zumindest die Ergebnisse der Mikrozensus-Zusatzbefragung 2009, bei der zum vierten Mal Fragen zu Körpergröße und Gewicht gestellt wurden.

Wie schon erwähnt, wird Übergewicht üblicherweise nach dem sogenannten Body-Mass-Index bestimmt. Zur Berechnung dieses Index teilt man das Körpergewicht (in Kilogramm) durch das Quadrat der Körpergröße (in Metern). Geschlecht und Alter bleiben im ersten Schritt unberücksichtigt, können aber zur weiteren Differenzierung mit einbezogen werden. Die Weltgesundheitsorganisation (WHO) stuft Erwachsene mit einem Body-Mass-Index über 25 als übergewichtig, mit einem Wert über 30 als stark übergewichtig ein. So gilt beispielsweise ein 1,80 Meter großer Erwachsener ab 81 Kilogramm als übergewichtig und ab 97 Kilogramm als stark übergewichtig.

Untergewicht, das soll es hierzulande auch geben. Dies bedeutet einen Body-Mass-Index von weniger als 18,5 und ist in Deutschland deutlich weniger verbreitet als Übergewicht. Frauen waren 2009 häufiger (drei Prozent) von Untergewichtigkeit betroffen als Männer (ein Prozent). [195]

Interessant ist auch noch, dass Angehörige niedriger Einkommens- und Bildungsklassen überdurchschnittlich oft mit zu vielen Pfunden zu kämpfen haben. In der Disziplin Übergewicht ist Deutschland zwischenzeitlich auch unangefochtener Europameister. Bei uns wohnen die gewichtigsten Menschen

W. Zägelein, *Move for Life*, DOI 10.1007/978-3-642-37643-6_8,
© Springer-Verlag Berlin Heidelberg 2013

des Kontinents. Aber auch weltweit holen wir leider auf: Als einziges Industrieland sind die USA in der Liste der fettesten Staaten noch knapp vor uns.

Aber wir sind mit diesem Problem nicht alleine. Nach Schätzungen der Weltgesundheitsorganisation werden im Jahr 2015 insgesamt 2,3 Milliarden Menschen an Übergewicht leiden, das sind so viele, wie alle Einwohner Chinas, Indiens und ganz Europas zusammen. Schon jetzt gilt jeder dritte Mensch auf der Welt als zu dick.

Die Ursachen für die weltweite Fettleibigkeit sind schon lange bekannt: zu viel ungesundes Essen und zu wenig Bewegung. Das betrifft besonders die Industrienationen, in denen auch immer mehr Kinder und Heranwachsende verfetten. An der Spitze der Liste befinden sich jedoch zwei Länder aus der Südsee, die nicht für übermäßigen Wohlstand bekannt sind. In Amerikanisch-Samoa zum Beispiel gilt fast jeder Einwohner als übergewichtig. Grund ist wohl hier der günstige Preis für Junkfood, das die einheimische – gesunde – Küche nahezu komplett aus dem Speiseplan verdrängt hat. [196]

Fettleibigkeit sei zu einer weltweiten Epidemie geworden, zitiert die *Süddeutsche Zeitung* den Europa-Präsidenten der IASO (International Association for the Study of Obesity), Vojtech Hainer. Die überflüssigen Pfunde entwickelten sich zu einer Belastung für das Gesundheitssystem. Zivilisationskrankheiten wie Diabetes, Herz-Kreislauf-Erkrankungen, Schlaganfall und verschiedene Krebsarten seien oft die Folgen, warnte Hainer.

Dies hat auch Auswirkungen auf die Wirtschaft: Sechs Prozent der Ausgaben der Gesundheitssysteme in der EU gehen auf Krankheiten zurück, die durch Übergewicht verursacht worden sind. In Deutschland sind das zwischen zehn und 20 Milliarden Euro. Daher forderte die Weltgesundheitsorganisation die Politik zum Handeln auf. Die Werbung für fette und zuckerhaltige Nahrungsmittel solle eingeschränkt und die Menschen sollten zu mehr körperlicher Bewegung animiert werden. [197]

Damit wären wir wieder bei unserem Thema. Aber da Bewegung mit körperlicher Arbeit verbunden ist, versuchen viele, dieses Problem zu umgehen und auf einfachere Art zu lösen. Und da bieten sich die vielen, schier unendlichen Diätmethoden an. Einfach weniger zu essen, oder noch besser, etwas anderes zu essen, wird von vielen als eine angenehmere Lösung des Problems empfunden.

Diäten

Diäten spielen eine durchaus wichtige Rolle bei der Behandlung von Krankheiten. Aber heutzutage wird im allgemeinen Sprachgebrauch der Begriff Diät meist für eine gewünschte Gewichtsreduktion verwendet. Es gibt zahlreiche solcher Reduktionsdiäten, die sich in ihren Methoden teilweise erheblich voneinander unterscheiden. Einige liegen in ihren Empfehlungen auch diametral auseinander. Nur wenige Diätarten sind von der Wissenschaft überprüft und halten deren Anforderungen auch stand. Oft sind es nur Modeerscheinungen, die für eine Diätform stehen. Einige davon werden daher in der Medizin als unbewiesen oder sogar gesundheitsgefährdend angesehen.

Die Konzeptionen der verschiedenen Diäten sind stark unterschiedlich. Manche Diäten basieren auf der Reduktion von Kohlenhydraten (Low-Carb-Diät), andere auf der Verringerung von Fett (Low-Fat-Diät), wieder andere haben die Trennung von Kohlenhydraten und Eiweiß im Fokus (Trennkost) oder bauen auf einem niedrigen sogenannten glykämischen Index (Glyx-Diät) auf. Was steckt nun hinter all diesen Begriffen? Manche machen daraus eine ganze Weltanschauung. Nicht selten widersprechen sich sogar die jeweils vertretenen Theorien. Für einen wissenschaftlich denkenden Menschen, der das Ganze in ein Gesamtkonzept einordnen möchte, ist das schier ein geistiger Horror. An dieser Stelle soll nur mal kurz das Prinzip einiger relativ bekannter und häufig angepriesener Diätformen aufgezeigt werden. [198]

Low-Carb-Diät

Hierbei werden die Kohlenhydrate beim Essen minimiert. Die täglichen Mahlzeiten bestehen hauptsächlich aus Gemüse, Milchprodukten, Fisch und Fleisch, wobei Fette und Proteine die wegfallenden Kohlenhydrate ersetzen. Kohlenhydrate können vom menschlichen Körper relativ einfach verstoffwechselt werden. Fettmoleküle dagegen haben eine höhere Energiedichte (mehr Kilokalorien pro Gramm) und sind daher ungleich schwieriger vom Körper in eine verwertbare Form zu bringen. Werden nun nicht ausreichend Kohlenhydrate mit der Nahrung aufgenommen, findet eine Umstellung des Stoffwechsels statt. Dadurch wird der Körper gezwungen, seine benötigte Energie aus dem vorhandenen Fett zu  holen. Aber es wird auch der Kohlenhydratspeicher der Muskeln, das sogenannte Glykogen angegriffen. Leider wird neben dem Muskelglykogen auch noch die Muskelmasse mit herangezogen, was letztendlich eine Schwächung der Muskulatur bedeutet und somit vollkommen kontraproduktiv ist. Die Deutsche Gesellschaft für Ernährung bezeichnet diese Diät auch als zu einseitig und kritisiert dabei die prinzipbedingt vermehrte Aufnahme von Eiweißen und Fetten. [199]

Low-Fat-Diät

Für die Zunahme der Übergewichtigkeit in Industrieländern wird oft der hohe Fettkonsum verantwortlich gemacht, deshalb enthalten viele von Medizinern empfohlene Diäten einen reduzierten Fettanteil. Ein Gramm Fett enthält schließlich 9,3 Kilokalorien, während Kohlenhydrate und Proteine jeweils nur ca. 4,1 Kilokalorien pro Gramm enthalten. Somit kann bei gleicher Nahrungsmittelmenge die Energiezufuhr gesenkt werden, indem Fett durch Kohlenhydrate oder Eiweiße ersetzt wird. Hier geht es jetzt genau andersherum.

Entscheidend für eine Gewichtsreduzierung ist, wie bei sämtlichen anderen Diäten auch, über einen längeren Zeitraum eine negative Energiebilanz insgesamt zu erzielen, also insgesamt weniger Energie (Kalorien) aufzunehmen, als verbraucht wird. Die Reduktion des Fettanteils bewirkt nichts, wenn die Zufuhr an Kohlenhydraten zu hoch ist. Möglich sind Heißhungerattacken, die auf eine Unterversorgung an essenziellen Fettsäuren zurückzuführen sind. Meistens entsteht Heißhunger ja als Folge eines stark abgesunkenen Insulinspiegels aufgrund eines akuten Kohlenhydratmangels, was bei der Low-Fat-Diät nicht das Problem ist. Eine zu starke Begrenzung der Fettzufuhr ist letztendlich ebenfalls eine Form der Mangelernährung und kann zu gesundheitlichen Schäden führen. [200]

Es wird auch immer wieder die ach so gesunde mediterrane Mittelmeerkost empfohlen. Diese ist zurzeit auch sehr kultig, chic und modern. Man muss dabei nur wissen, dass speziell dort sehr viel Fett in Form von Ölen, speziell natürlich Olivenöl, verwendet wird. Hervorzuheben beim Ölverbrauch wäre hierbei die griechische Küche. Aber das gilt auch für die anderen Anrainerstaaten rund um das Mittelmeer. In diesem Zusammenhang gibt es auch die Behauptung, dass die dortige Bevölkerung gegenüber uns Nordlichtern eine bessere genetische Ausstattung für die Verdauung der öligen Kost habe. [201] Man kann auch die gesundheitlichen Vorteile von Olivenöl gegenüber anderen Ölen und Fettarten ins Feld führen. Aber wie will man all diese Dinge wissenschaftlich in den Griff bekommen, ohne dass nicht zumindest nachhaltige Meinungsverschiedenheiten vorprogrammiert sind? Aus meiner Sicht ist dies schier unmöglich.

Trennkost

Bei der Trennkost sollen Proteine und kohlenhydrathaltige Lebensmittel nicht gleichzeitig bei einer Mahlzeit gegessen werden. Der Erfinder der Trennkost, der New Yorker Arzt Howard Hay, ging davon aus, dass die Ursache aller Zivilisationskrankheiten in einer Übersäuerung (Azidose) des Körpers liege, die vor allem durch die gemeinsame Aufnahme von Eiweiß und Kohlenhydraten

Grundumsatz lässt das Körpergewicht sehr schnell wieder steigen und es wird sich zudem auf einen höheren Pegel als zuvor einstellen. Es handelt sich dabei fast um eine Art Superkompensation, nur dass diese in diesem Fall absolut unerwünscht ist.

Vermeiden lässt sich der Jo-Jo-Effekt, wenn die Diät nicht zu radikal ist, sodass der Körper nicht auf den Hungerstoffwechsel umschaltet. Da die Muskeln das größte Stoffwechselorgan sind und auch in Ruhe Energie verbrennen, muss dem Muskelabbau während einer Diät unbedingt entgegengewirkt werden. Dazu ist ein passendes Krafttraining erforderlich. Sinnvoll ist ohne Zweifel auch eine dauerhafte Ernährungsumstellung, mit der die bisherige Übernährung zukünftig vermieden wird. Am Ende einer Reduktionsdiät sollte die Kalorienzufuhr langsam über Wochen wieder angehoben werden, damit das zwischenzeitlich erreichte Gewicht sicher gehalten werden kann. [205]

Weight Watchers

Eine andere weithin bekannte Reduktionsdiät ist das Prinzip der Weight Watchers. Dieses ist relativ einfach. Es darf alles gegessen werden, aber nur in Maßen. Anstelle von Kalorien wird hier mit Punkten gerechnet. Alle Lebensmittel haben eine bestimmte Punktzahl, die in einem Büchlein, dem „Points-führer" katalogisiert sind. Dort sind alle Nahrungsmittel und Getränke mit einer „Pointszahl" aufgeführt sind. Abspeckwillige können dabei essen, worauf sie Lust haben, solange sie nicht ihren täglichen Richtwert überschreiten. Dieser wird vor Diätbeginn mit der Kursleiterin festgelegt und ist abhängig von Geschlecht, Gewicht, Körpergröße und der täglichen Bewegungsaktivität. Das Besondere dabei ist, dass dabei auch streng darauf geachtet wird, dass keiner zu wenig zu sich nimmt. Dadurch soll das Phänomen des Hungerstoffwechsels verhindert werden. Mit einer gezielten reduzierten Kost soll ein nachhaltiger Effekt erreicht werden. Für die meisten Früchte und Gemüsesorten werden keine Punkte angerechnet, sodass diese beliebig gegessen werden können.

Die Weight Watchers haben in ihr Programm viel Flexibilität eingebaut. So können beispielsweise pro Tag beziehungsweise pro Woche Punkte angespart und dann anschließend auf Partys oder Familienfeiern verbraucht werden. Bewegung und Fitness werden darüber hinaus als „Bonus-Points" gutgeschrieben. Unterstützt wird das Ganze durch das wöchentliche Treffen der Teilnehmerinnen und Teilnehmer. Hierbei wird jeder gewogen, um die Erfolge oder Misserfolge der vergangenen Woche zu dokumentieren. Der dabei entstehende Konkurrenzdruck ist gewollt und wirkt sich positiv auf den Erfolg und den Willen, das gesteckte Ziel zu erreichen, aus. Auch diese Methode ist vom Prinzip her langfristig angelegt und läuft letztendlich – wenn die

Gewichtsabnahme von bleibendem Wert sein soll – auf eine permanente Lebensumstellung hinaus. [202, 206]

Individuelle Stoffwechseleigenschaften

Die Reaktion des menschlichen Körpers auf die verschiedenen Ernährungsformen kann sehr unterschiedlich sein. Da gibt es beispielsweise genetische Unterschiede. Ich habe in meinem persönlichen Umfeld einerseits Freunde und Verwandte, die trotz moderater Ernährung gewichtsmäßig im oberen Bereich liegen. Immer wieder durchgeführte Diäten scheinen bei diesen Menschen nahezu wirkungslos zu sein. Sie müssen sich jedes einzelne Gramm mühsam und mit großem Aufwand abringen. Auf der anderen Seite gibt es welche, bei denen die Schlachtplatte nicht groß genug sein kann und die gewichtsmäßig kein Gramm zu viel auf den Rippen haben. Im Gegenteil, man muss Angst haben, dass diese bei „normalen" Portionen nicht an Untergewicht verkümmern. Für die Ersteren ist dies rein gefühlsmäßig eine schreiende Ungerechtigkeit. Die Lösung des Problems liegt schlicht und einfach an dem unterschiedlichen Stoffwechsel des einzelnen Individuums. Diese subjektiven Besonderheiten des Einzelnen sind deshalb bei einer gezielten Ernährung unbedingt mit einzubeziehen.

Man kann in diesem Zusammenhang eine Klassifikation in unterschiedliche Stoffwechseltypen vornehmen. Eine mögliche Einteilung wäre eine Unterscheidung von Protein-, Kohlenhydrat- und gemischten Typen. Protein-Typen verdauen schneller als andere Typen und brauchen daher mehr gehaltvolle Proteine mit durchaus auch hohem Fettgehalt. Der Genuss von Kohlenhydraten und die darauffolgende Ausschüttung von Insulin wirken sich bei diesen Menschen eher nachteilig aus.

Kohlenhydrat-Typen verspüren in der Regel weniger Hunger. Sie verarbeiten im Gegensatz zum Protein-Typ aufgenommene Kohlenhydrate langsamer. Diese Menschen können abnehmen und sich dabei gut fühlen, wenn sie auf eine kohlenhydratreiche, aber fettarme Ernährung achten – also das Gegenteil von dem, was für den Protein-Typen ideal wäre.

Ein gemischter Typ benötigt ein Gleichgewicht aus Proteinen, Kohlenhydraten und gesunden Fetten. Dieser Typ ist der einfachste der drei Stoffwechseltypen, da er die größte Auswahl an Lebensmitteln hat. Gemischte Typen müssen darauf achten, dass sich in ihrem Speiseplan fettreiche und fettarme Proteine sowie stärkehaltige und stärkearme Kohlenhydrate befinden. Ein gemischter Typ kann auch entweder mehr zu den Eigenschaften des Protein-Typs oder des Kohlenhydrat-Typs neigen. Das richtige Gleichgewicht zwischen Proteinen, Kohlenhydraten und Fetten zu finden, ist der Schlüssel zum Abnehmen für diesen Typ. Mit anderen Worten, es bleibt schwierig. Die Menschen sind einfach zu unterschiedlich, als dass sich alle über einen Kamm scheren lassen. Eine einfache Essensreduktion bringt zwar einen anfänglichen Erfolg. Dieser ist aber wegen des unausbleiblichen Jo-Jo-Effekts nach der Beendigung der Diät nicht unbedingt nachhaltig. [207]

Energiehaushalt

Nach allgemeinem Konsens kann eine Reduktionsdiät nur dann längerfristig Erfolg haben, wenn ihr eine dauerhafte Umstellung der Ernährung folgt, in der die Energiebilanz des Körpers ausgeglichen ist, das heißt, in der nicht mehr Energie in Form von Nahrung zugeführt wird, als der Körper verbraucht. Eine Lebensumstellung hin zu vollwertiger Ernährung und vermehrter körperlicher Aktivität gilt als empfehlenswert. Darüber hinaus lässt sich durch Kraftsport dem Abbau des Muskelanteils im Körper entgegenwirken und so das Abfallen des Grundumsatzes durch Muskelschwund vermeiden. Damit wären wir wieder bei unserem ursprünglichen Thema.

Der einfachste Weg, den Energiehaushalt in den Griff zu bekommen, ist also nach folgender Formel:

$$\text{Energiehaushalt} = \text{Energiezufuhr} - \text{Energieverbrauch}$$

Die Energiezufuhr in Kilokalorien entspricht allem, was über den Mund aufgenommen wird. Bei einem Überwiegen der Energiezufuhr wird das Gewicht unweigerlich zunehmen. Ist der Energieverbrauch größer als die Energiezufuhr, wird man an Gewicht verlieren. Im Prinzip ist das ganz einfach. Abgesehen davon, dass jeder Einzelne seine Kalorien etwas anders verwertet, kommt noch eine Qualitätsvariante hinzu. Eine Kalorienzufuhr durch Chips, Kekse und zuckerhaltiger Limonade wird eine andere Wirkung haben als eine Kalorienzufuhr in Form von hochqualitativen Kohlenhydraten, Proteinen und Vitaminen. Hinzu kommt auch noch der Zeitpunkt der Kalorienaufnahme. Kalorien sind also nicht gleich Kalorien. [207] Die Ernährungswissenschaft kann sehr kompliziert sein. Dies rührt vor allem daher, dass die Reaktion des individuellen Körpers auf die verschiedenen Nahrungsmittel sehr unterschiedlich ist und sich nicht unbedingt verallgemeinern lässt. Die Dinge sind manchmal sehr frustrierend und entziehen sich oft einer logischen wissenschaftlichen Denkweise. Aber die obige simple Formel bildet trotz allem die Grundlage für ein halbwegs fundiertes Einschätzen der Zusammenhänge.

Energieverbrauch

Um zu einer individuellen mengenmäßigen Aussage hinsichtlich der notwendigen Energiezufuhr zu kommen, muss man zuerst den eigenen Energieverbrauch kennen. Den gilt es zunächst einmal abzuschätzen. Er setzt sich aus den drei Komponenten Grundumsatz, thermischer Effekt und dem Verbrauch bei bestimmten Aktivitäten zusammen.

Grundumsatz (Ruhestoffwechsel)

Die Ruhestoffwechselrate ist diejenige Energie, die der Körper braucht, um grundsätzlich am Leben zu bleiben. Der Gundumsatz beinhaltet alle lebenswichtigen inneren Vorgänge. Man kann diesen Grundumsatz durch verschiedene Formeln abschätzen. Die bekanntesten davon sind die Harris-Benedict-Formel und die Broca-Index-Anpassung. Es gibt aber auch noch eine einfache Faustregel für die Bestimmung des Grundumsatzes, welche für eine erste grobe Abschätzung erst einmal ausreichend sein sollte.

Faustregel zur Bestimmung des Grundumsatzes:

Grundumsatz bei Männern: Eine Kilokalorie je Kilogramm Körpergewicht und Stunde

Grundumsatz bei Frauen: 0,9 Kilokalorien je Kilogramm Körpergewicht und Stunde

Für einen Mann mit einem Körpergewicht von 80 Kilogramm ergibt sich somit pro Tag etwa ein Grundumsatz von ungefähr 1920 Kilokalorien. Dieser Grundumsatz beinhaltet etwa 50 bis 70 Prozent eines durchschnittlichen Tagesbedarfs an Kalorien. [208, 209]

Thermischer Effekt

Nach der Nahrungsaufnahme kommt es zum Anstieg der Körpertemperatur und einer entsprechenden Wärmeabgabe. Durch Verdauung, Resorption, Transport und Speicherung der Nährstoffe entsteht Wärme. Der Energieverbrauch für diese Stoffwechselprozesse ist abhängig von der Zusammensetzung der Nahrung. Bei einer kohlenhydratreichen Kost bei Ausdauersportlern kann ein Energieverlust von rund zehn Prozent eingerechnet werden. Durch proteinreiche Kost können Kraftsportler hingegen von etwa 25 Prozent Energieverlust ausgehen. Diese Verluste muss jeder bei der Berechnung seiner Energiebilanz berücksichtigen. Rechnet man überschlägig mit einem thermischen Faktor von 1,1, so ist dieser sicherlich nicht zu hoch gegriffen. [210]

Tab. 8.1 Aktivitätsfaktoren zur Berechnung des Gesamtumsatzes [211–213]

Tätigkeit	Aktivitätsfaktor	Beispiele
ausschließlich sitzende oder liegende Tätigkeit	1,2	alte, gebrechliche Menschen
ausschließlich sitzende Tätigkeit mit wenig oder keiner anstrengenden Freizeitaktivität	1,4–1,5	Büroangestellte, Feinmechaniker
sitzende Tätigkeit, zeitweilig auch zusätzlicher Energieaufwand für gehende und stehende Tätigkeiten	1,6–1,7	Laboranten, Kraftfahrer, Studierende, Fließbandarbeiter
überwiegend gehende und stehende Arbeit	1,8–1,9	Hausfrauen, Verkäufer, Kellner, Mechaniker, Handwerker
körperlich anstrengende berufliche Arbeit	2,0–2,4	Bauarbeiter, Landwirte, Waldarbeiter, Bergarbeiter, Leistungssportler

Verbrauch bei Aktivitäten (Aktivitätsfaktor)

Zur genaueren Bestimmung des Tagesbedarfs addiert sich als Nächstes noch der Energiebedarf aufgrund von äußeren Aktivitäten. Hier kann man sich einerseits an Tabelle 6.1 oder auch an den verschiedensten im Internet verfügbaren Tabellen orientieren. Auf diese Weise ist der individuelle Energieverbrauch sehr detailliert bestimmbar. Es gibt aber noch eine andere Möglichkeit, seinen Aktivitätsverbrauch auf mehr überschlägige Weise zu berechnen. Dazu wird der oben errechnete Grundumsatz mit einem sogenannten Aktivitätsfaktor versehen. Dies ist natürlich nur eine näherungsweise Angelegenheit, welche in der Literatur auch leicht unterschiedlich gehandhabt und angegeben wird. Folgende Aktivitätsfaktoren stehen dabei unter anderem zur Auswahl (Tabelle 8.1).

Bei sportlicher Betätigung oder anstrengender Freizeitbetätigung kann zusätzlich ein Wert von 0,3 auf den jeweiligen Aktivitätsfaktor addiert werden. [213]

Gesamtumsatz

Der Gesamtumsatz errechnet sich dann aus dem Produkt von Grundumsatz multipliziert mit dem thermischen Faktor und dem Aktivitätsfaktor. Dieser ist die Grundlage für die erforderliche Energiezufuhr, welche für viele die erfreulichere Seite der Energiegleichung ist. Für den Gesamtumsatz pro Tag gilt zum Beispiel für einen Mann:

$$\text{Gesamtumsatz} = 1 \text{ kcal/(je kg KG und Std)} \times \text{Körpergewicht (KG)}$$
$$\times 24 \text{ Stunden} \times \text{thermischer Faktor} \times \text{Aktivitätsfaktor}$$

Nehmen wir als Zahlenbeispiel den Autor dieses Buches just an dem Tag, als diese Zeilen entstanden sind. Die entsprechenden Daten sind: Körpergewicht 80 kg, Aktivitätsfaktor heute nur 1,4 (Arbeiten am Computer mit gelegentlichem Hin- und Herlaufen). Daraus folgt für den Gesamtumsatz des heutigen Tages:

$$\text{Gesamtumsatz} = 1 \times 80 \times 24 \times 1{,}1 \times 1{,}4 = 2956{,}8 \text{ kcal} \sim 3000 \text{ kcal}$$

Um mein Körpergewicht stabil zu halten, darf beziehungsweise muss ich heute beispielsweise 3000 Kilokalorien einnehmen.

Energiezufuhr

Es sollen an dieser Stelle stellvertretend die Nährwerte einiger ausgesuchter Speisen und Lebensmittel aufgeführt werden (Tabelle 8.2). Damit kann man sich prinzipiell ein Menü zusammenstellen und daraus die entsprechenden Kalorienwerte ermitteln. Über 5000 weitere Lebensmittel finden Sie beispielsweise auf der Seite von Fitnessletter.de. Es gibt aber auch noch eine Reihe anderer Internetseiten, denen die Nährwerte der verschiedenen Nahrungsmittel zu entnehmen sind.

Ein Überschreiten der errechneten Energiezufuhr führt zu einer Gewichtszunahme und ein Unterschreiten dementsprechend zu einer Gewichtsabnahme. Bei dem Wunsch nach einer Gewichtsabnahme, darf – wie schon mehrfach erwähnt – die Energiezufuhr nicht zu sehr eingeschränkt werden, da sonst der Körper sofort in den Hungermodus schaltet und hinterher nur den Jo-Jo-Effekt provoziert. Hinzu kommt, dass beim Abnehmen durch eine Reduktionsdiät auch die Muskulatur und ihre Energievorräte unweigerlich angegriffen werden. Aber es gibt neben dem herkömmlichen Abnehmen noch eine weitere Variante, die auch ihren Charme hat und für den einen oder anderen Abnehmwilligen vielleicht eine Alternative darstellt. Das Zauberwort heißt schlicht und einfach Muskelaufbau.

Tab. 8.2 Nährwerttabelle von Lebensmitteln (Auswahl) [214]

Lebensmittel je 100 g	Nährwert in kcal
Bayerischer Leberkäse	291
Cordon bleu	193
Schweineschnitzel Wiener Art	208
Putenschnitzel paniert	128
Lachs mit Soße	172
Barsch gegart	93
Pizza speciale	230
Spaghetti	350
Hamburger	243
Pommes frites	149
Kartoffeln	70
Brokkoli	22
Kopfsalat	11
Nürnberger Bratwurst	350
Salami	368
Schinken roh oder gekocht	190
Apfelkuchen	238
Sachertorte	337
Party-Mix Knabbereien	442
Chio-Chips Paprika	551
Erdnüsse geröstet und gesalzen	622
Export-Bier	48
Weizenbier	45
Weißwein	71
Rotwein	65
Cola	45
Fanta	41

Aufbau zusätzlicher Muskeln

Den Muskelaufbau habe ich Ihnen schon im letzten Kapitel eindringlich ans Herz gelegt. Man kann seinen Körper formen, Muskeln aufbauen und somit dem altersbedingten Muskelabbau entgegenwirken. Hierzu ist aber ein regelmäßiges Krafttraining erforderlich. Für mich und viele andere Leidensgenossen, die einmal mit einem Bandscheibenvorfall zu kämpfen hatten, ist ein Muskelaufbau sowieso ein absolutes Muss für ein schmerzfreies, sportliches und bewegtes Leben.

So weit, so gut. Aber wenn man möchte, dass die eigenen Muskeln wachsen, muss man diese auch füttern. Mit anderen Worten, für einen Muskelaufbau ist zusätzliche Energie erforderlich. Man muss sich auch bewusst sein, dass zusätzliche Muskeln ein zusätzliches Gewicht haben, sodass man dadurch nicht leichter, sondern eher schwerer wird. Neben dem Muskelaufbau geht es aber auch noch darum, den Anteil des Körperfetts zu minimieren. Das richtig in den Griff zu bekommen, ist nicht ganz einfach und eine Wissenschaft für sich. Das Hauptproblem stellt dabei nicht die Form des Krafttrainings dar. Wie ein Hypertrophietraining, also ein Training für Muskelaufbau, im Prinzip auszusehen hat, wurde schon im letzten Kapitel beschrieben. Das Ganze muss jetzt noch mit der Ernährung koordiniert werden. Hier fängt es jetzt an, kompliziert zu werden. Das hierfür erforderliche Wissen ist in weiten Bevölkerungskreisen weitgehend unbekannt. Wir tauchen damit in die geheimnisvolle Welt der Bodybuilder ein. Die Frage ist, was machen diese Menschen für einen vor Kraft strotzenden, muskulösen und wenig Fett beinhaltenden Körper?

Bodybuilder essen viel und machen viel Krafttraining. Eine dem Bodybuilding förderliche Ernährung unterteilt man in Masse- und Definitionsphase. In beiden Phasen werden verschiedene Nährstoffe über den Tag verteilt gezielt eingenommen, durchschnittlich in vier bis sechs Mahlzeiten (manchmal mehr) pro Tag. Dadurch ist gewährleistet, dass dem Körper ein kontinuierlicher Strom an Nährstoffen zugeführt wird, die er zum Aufbau und Erhalt der Muskulatur benötigt. Gleichzeitig wird mehrmals in der Woche Krafttraining betrieben. Das ist der Trick dabei und unbedingt notwendig. Der Körper wird in der Massephase in einem „anabolen" (aufbauenden) Umfeld gehalten. Besonderer Wert wird dabei auf die ausreichende Eiweißzufuhr gelegt. Die Menge an Proteinen kann bei verschiedenen Trainingskonzepten abweichen. Das individuelle Quantum an Kohlenhydraten und Fetten ist größtenteils abhängig vom Stoffwechseltyp des einzelnen Sportlers. Um einen anabolen Zustand auch nachts aufrechtzuerhalten, essen die meisten Sportler vor dem Zubettgehen noch etwas, das ein langsam verdauliches Protein wie Casein enthält. Dies soll den Zustrom wichtiger Aminosäuren auch während der Nacht gewährleisten. Um die große Menge an Nahrung zu bewältigen, greifen Sportler oft auf Nahrungsergänzungen zurück, die entweder selbst Nährstoffe liefern oder helfen, diese besser zu verwerten beziehungsweise zu verdauen. Die Massephase hat den Zweck, durch einen Kalorienüberschuss (gepaart mit gezieltem Training) bei gleichzeitig geringstmöglichem Körperfettaufbau dem Körper genügend Baumaterial für den Muskelaufbau zu liefern.

Die Definitionsphase (meistens vor Wettkämpfen) beinhaltet das Ziel, durch eine negative Kalorienbilanz – was letztendlich wieder eine Diät darstellt – das Körperfett zu senken, um die Muskeln besser zum Vorschein treten zu lassen. Dabei wird versucht, die vorher aufgebaute Muskelmasse weitestgehend zu erhalten. Die Formung eines derart „idealen" Körpers ist eine Wissenschaft für sich, jeder hat da seine besonderen Methoden und natürlich auch seine Trickkiste, in er bei Bedarf hineingreift. [215]

Aber warum soll man sich bei den Methoden der Bodybuilder nicht einige grundsätzliche Anleihen nehmen und diese in unseren Alltag mit einbauen? Ein paar zusätzliche Muskeln, gepaart mit einem straffen Körper, sind doch zunächst einmal nichts Schlechtes. Man muss sich dabei nur klar werden, dass zum Muskelaufbau zusätzliche Nahrung erforderlich ist. Die Frage lautet nur, wie viel darf man, besser gesagt muss man Essen, damit erfolgreich mehr Muskelmasse aufgebaut wird. Auch dies ist wie das meiste im Bereich der Ernährung sehr unterschiedlich und hängt vom persönlichen Stoffwechseltypus ab. Gehört man zu denen, die schnell sowohl Fett als auch Muskeln ansetzen, oder eher zu denen, bei welchen beides etwas langsamer geht. Letztere benötigen einen höheren Energiebedarf und vertragen zum Muskelaufbau mehr Kalorien als Erstere. Erstere wiederum beanspruchen einen geringeren Energieüberschuss und sollten weniger Kalorien zu sich nehmen, um nicht übermäßige Fettdepots einzulagern. Der Mehrbedarf liegt je nach Typ bei einem Mehrverbrauch von fünf bis 30 Prozent. Ein gangbarer Mittelwert für den Anfang könnte bei einem zusätzlichen Kalorienverbrauch von ungefähr 15 Prozent liegen. Bei einem Gesamtumsatz von beispielsweise 3000 Kilokalorien kommt somit eine Mehrenergie von 15 Porzent, das wären 450 Kilokalorien, alleine für den Muskelaufbau hinzu. [216]

Genau dieser Kalorienüberschuss ist nämlich das Geheimnis der Bodybuilder. Wie groß der Überschuss tatsächlich individuell sein muss, wird man ausprobieren müssen, da es neben den beiden erwähnten ausgeprägten Typen auch noch jede Menge Zwischentypen gibt. Sollten beim Muskelaufbau die Fettdepots überproportional größer werden, muss man den Mehrbedarf etwas verringern. [207]

Es ist leider nicht möglich, dass man gleichzeitig Muskeln auf- und Fett abbaut. Das wäre ein Traum. Zwangsläufig baut der Körper mit der Muskulatur (Magermasse) auch immer Körperfett auf. Denn unser Organismus kennt nur zwei Programme: Aufbau oder Abbau. Bei einem Kalorienplus werden alle Speicher gefüllt = Aufbau. Dies gilt gleichermaßen sowohl für die Fett-, Wasser und Proteinspeicher als auch für die Glykogenspeicher der Muskulatur. Der Vorgang hängt sowohl vom Speiseplan als auch vom Stoffwechseltyp ab. Bei einem Kalorienminus werden alle Speicher geleert = Abbau. Das betrifft leider auch die Glykogenspeicher der Muskulatur und die Muskulatur selbst, was ja letztendlich das Hauptproblem jeder Reduktionsdiät ist. [217]

Bodybuilder dokumentieren ihre Erfolge anhand einer Gewichtszunahme. Es muss nur streng darauf geachtet werden, dass das Mehrgewicht nicht in Form von Fett, sondern in Form von mehr Muskulatur in Erscheinung tritt.

Der Muskelaufbau hat ja den schon vorne diskutierten Vorteil, dass mehr Muskeln auch in Ruhe mehr Fett verbrennen. Dadurch steigt wiederum der Grundumsatz, was die obige Gleichung des Energiehaushalts in Richtung des Energiemehrverbrauchs verschiebt. Man muss wissen, dass 500 Gramm mehr an Muskelmasse täglich 60 zusätzliche Kilokalorien verbrennen. Dies sind über das Jahr gesehen 21.900 zusätzliche Kilokalorien. Das wiederum entspricht dem Energiegehalt von etwa drei Kilogramm Fett. Stellen Sie sich vor, Sie würden sich fünf Kilogramm Muskeln antrainieren, was durchaus möglich ist. Dann hätten Sie eine *zusätzliche* Verbrennungsleistung in Ihrem Körper installiert, die im Jahr zusätzlich 30 Kilogramm Fett verbrennt. Nochmals in Kurzfassung: Fünf Kilogramm Muskeln verbrennen im Jahr 30 Kilogramm Fett. Dies ist eine ganze Menge. [207] Eine Nachrechnung von mir hat ergeben, dass für Männer und Frauen unterschiedlichen Gewichts und unterschiedlichen Gesamtumsatzes eine Muskelmasse von 500 Gramm eine Verbrennung von 45 bis 75 Kilokalorien pro Tag zur Folge hat. Der oben genannte, in der Literatur angegebene Wert von täglich 60 Kilokalorien je 500 Gramm Muskelmasse ist hierfür ein sehr guter Mittelwert

Aufgrund der Zauberformel, dass mehr Muskeln auch mehr Fett verbrennen, werden muskulöse Zeitgenossen immer muskulöser und wirken auch schlanker und Dicke werden immer dicker und unförmiger. Denn Fettzellen verbrennen nun mal kein Fett. Leider!

Prinzipielle Ernährungsregeln beim Muskelaufbau

Idealerweise sollte die Energie für das Training von vorher gegessener Nahrung und nicht aus den eigenen Körperreserven kommen. Es gilt deshalb, die eigenen Körperreserven zu schonen, sonst darf man sich nicht wundern, wenn die Erfolge im Fitnessstudio ausbleiben. Die Bodybuilder nehmen deshalb schon vor und während ihres Trainings ihre diversen protein- und kohlenhydrathaltigen Drinks ein. [207]

Als Nicht-Bodybuilder kann man von diesen Details vor und während des Trainings zumindest zum Teil einmal absehen. Es soll ja schließlich auch ein eventuell vorhandenes Fettpölsterchen weg. Besonders wichtig ist jedoch die Phase nach dem Training. Dann beginnt, wie wir inzwischen wissen, die Regeneration des Körpers und damit der eigentliche Aufbau der Muskeln. Es handelt sich dabei um die sogenannte anabole, also muskelaufbauende, Phase. Wenn man zu diesem Zeitpunkt seinen Körper nicht mit der für die Regeneration erforderlichen Energie versorgt, darf man sich nicht wundern, wenn sich dieser die Energie auch von unerwünschter Seite holt. Er wird anfangen, vorhandene Muskeln in Energie zu verwandeln. Das nennt man dann Muskelschwund und ist genau das Gegenteil von dem, was man eigentlich erreichen wollte. Zu diesem Zeitpunkt sollte auch der Freizeitsportler großzügig zu sich sein und entsprechende Nahrung zu sich nehmen. Kohlenhydrate und Proteine sind jetzt genau das Richtige. Nach einem ordentlichen Training sind die Energiespeicher der Muskulatur und auch der Leber relativ leer. Diese Speicher müssen jetzt schleunigst gefüllt werden, bevor die Energie von anderer unerwünschter Stelle abgezweigt wird. Zuckerhaltige Drinks, die klassischen Dickmacher, sind hierbei besonders wirksam. Im jetzigen Zustand richten diese nicht den geringsten Schaden an.

Wenn die Energiespeicher der Leber und der Muskelzellen erst einmal bis zum Rand gefüllt sind – von woher auch immer –, dann wird der Überschuss der Kalorien zu dem einzig freien Lagerraum gebracht, der noch vorhanden ist – den Fettzellen! Diese Lagerstätte ist schier unerschöpflich. Nach dieser anabolen Phase geht es deshalb wieder zurück zur Normalität. Dann sind eine hochglykämische zuckerhaltige Nahrung und schnell verdauliche Proteine schlagartig wieder nachteilig. Diese Nahrungsmittel erhöhen den Insulinspiegel und produzieren bei vollen Energiespeichern dafür ein paar nette Fettpölsterchen. Jetzt sind wieder langsam verdauliche, hochwertige Speisen gefragt. Der Insulinspiegel ist wieder niedrig zu halten. Hierfür werden nun erneut niedrigglykämische Kohlenhydrate benötigt. Zum jetzigen Zeitpunkt sind nun wieder die Regeln der Diät einzuhalten. [207]

Das Fazit dieses Ausflugs in die Bodybuilderszene ist, dass ein permanentes blindwütiges Ernährungsdefizit zum Ziel der Gewichtsabnahme die vorhandene Muskulatur nicht nur ein bisschen anknabbert, sondern ziemlich schwinden lässt. Macht man zusätzlich zur Reduktionsdiät ein Krafttraining, mögen die Verhältnisse etwas besser sein. Aber auch hier ist aufgrund der Diät mit einem Muskelschwund zu rechnen. Will man zusätzliche Muskeln wachsen lassen, die natürlich auch ein zusätzliches Gewicht haben, dann muss man sein Augenmerk auch etwas auf die Ernährung richten. Voraussetzung ist jedoch hierbei vor allem ein regelmäßiges Krafttraining. Es geht jetzt um Muskelaufbau und gezielte Fettreduzierung oder auf Neudeutsch ausgedrückt, um Bodyshaping. Denn gerade das Bauchfett hat eine gesundheitlich sehr kontraproduktive Wirkung. Das sollte unbedingt weg, ohne aber Muskeln zu verlieren. Das eigentliche Körpergewicht spielt bei dieser Betrachtung eine eher sekundäre Rolle. Die Form des Körpers, die Muskulatur und ein minimaler Fettgehalt sind hierbei das eigentliche Ziel. Man muss letztendlich alles im Auge behalten. Kalorienreduktion alleine bringt es nicht, wenn man auf seine Muskeln nicht verzichten will. Der massige Körper eines Bodybuilders ist vielleicht auch nicht jedermanns Sache. Deren Ernährungsflut kann ebenfalls nicht das Maß der Dinge sein. Der goldene Mittelweg wäre hier gerade richtig. Gerade mit zunehmenden Alter – und das nimmt schließlich bei uns allen zu

9

Koordination

Die Koordination ist die Grundlage jeder menschlichen Bewegung. Es handelt sich dabei im Prinzip um das Zusammenspiel unseres Nervensystems mit der Skelettmuskulatur. Mithilfe der Koordination kommt es erst zur richtigen Entfaltung aller motorischen Grundfertigkeiten wie Kraft, Ausdauer, Schnelligkeit und Beweglichkeit. Je besser die koordinativen Fähigkeiten ausgeprägt sind, desto ökonomischer und präziser erfolgt der gesamte Bewegungsablauf. Der für eine Bewegung notwendige Kraft- und Energieaufwand wird kleiner, was letztendlich zu einer Reduzierung der Ermüdung führt. Eine gute Koordination ist vor allem beim Leistungssport wichtig. Gerade im Spitzensport müssen die Bewegungsabläufe bis zur Perfektion beherrscht werden. Oft sind es nur Kleinigkeiten, die zwischen Sieg und Niederlage entscheiden.

Andererseits ist eine gut koordinierte Muskelaktivität auch im Alltag von Bedeutung, um Schädigungen des Bewegungsapparats vorzubeugen, und eine gute Prophylaxe gegen Verletzungen bei spontanen Bewegungen. Präventionsmaßnahmen können hier viel bewirken, denn ohne entsprechende Übung nimmt die Koordination spätestens mit dem 35. bis 40. Lebensjahr ab. Altersspezifische Erkrankungen wie Arthrosen oder Bandscheibenvorfälle lassen sich durch ein gezieltes koordinatives Training oftmals vermeiden. Ebenso kann einer erhöhten Sturzgefährdung bei Senioren entgegengewirkt werden. Gerade für diese Zielgruppe ist ein Koordinationstraining von großer Wichtigkeit, um ihre Mobilität und damit auch die Lebensqualität zu erhalten. Nicht zuletzt ist das Koordinationstraining natürlich auch in der orthopädischen und neurologischen Rehabilitation ein Muss. Denn nur auf der Grundlage geschulter neuromuskulärer Funktionen lässt sich die Bewegungssicherheit im Alltag und im Sport erhalten und wiederherstellen. [218]

Man muss sich darüber im Klaren sein, dass für vielfältige Bewegungen, sei es beim Tanzen, beim Balancieren über eine Mauer oder bei Sportarten wie Golfen oder Tennis, ein fein abgestimmtes Zusammenspiel zwischen den Sinnesorganen (Sensoren), dem Nervensystem und der Muskulatur erforderlich ist. Man spricht in diesem Zusammenhang auch von Sensomotorik. Die für eine Bewegungsausführung notwendigen Fähigkeiten sind quasi in Form von Unterprogrammen im Kleinhirn gespeichert, welche für die koordinative Feinarbeit bei der Bewegungssteuerung verantwortlich sind. Die globale

W. Zägelein, *Move for Life*, DOI 10.1007/978-3-642-37643-6_9,

Lösung eines sportlichen Problems erfolgt über das Großhirn. Das ruft dann die Fertigkeiten des Kleinhirns auf. So ist die hierarchische Reihenfolge in unserem Kopf geregelt. Die Qualität dieser Programme hängt schließlich davon ab, wie gut und wie intensiv eine Bewegung eingeübt beziehungsweise trainiert wurde. Deshalb muss man Sportarten und andere kompliziertere Bewegungsabläufe auch erst erlernen. Beim Tennis muss beispielsweise abhängig von der Spielsituation innerhalb von Bruchteilen einer Sekunde ein Stoppball oder ein Ball mit einem besonderen Schnitt (Slice oder Topspin) gespielt werden können. Man darf und kann da jetzt nicht mehr überlegen, wie dieser besondere Schlag funktioniert, sondern man muss ihn schlicht und einfach aus seinem persönlichen Fundus, dem Kleinhirn, abrufen. Das geht aber nur, wenn man die hierfür erforderliche Bewegung vorher ausreichend geübt hat. Man kann nur Fähigkeiten abrufen, die zuvor auch eintrainiert wurden. Die Entscheidung für einen Schlag in einer bestimmten Situation erfolgt im Großhirn. Dieses kann nur nicht die vielen Details einer Bewegungsausführung speichern. Es ist sozusagen die Kommandozentrale für alle übergeordneten Tätigkeiten.

Insgesamt gibt es drei Möglichkeiten zur Steuerung gezielter Bewegungsabläufe:

1. Die Reflexantwort Wie der Name schon andeutet, handelt es sich dabei um einen Reflex, der beispielsweise beim Stolpern eintritt und dann zu reflexartigen Handlungen führt. Die unterschiedlichen Sinnesorgane liefern hierbei die Informationen über den Verlust des Gleichgewichts, die direkt über das Rückenmark verschaltet sind und sofort zu einer Reflexantwort führen.

2. Die Sofortantwort Eine Sofortantwort läuft bei dem obigen Beispiel des Tennisschlags ab. Die entsprechenden Bewegungshandlungen werden aus dem Langzeitgedächtnis abgerufen, ohne dass darüber bewusst nachgedacht werden muss. Die Informationen, zum Beispiel für einen Vorhand-Slice, müssen dort jedoch abgespeichert sein. Mit anderen Worten, man muss den Schlag beherrschen. Er muss also vorher eingeübt worden sein.

3. Die Lernantwort Um bei dem vorhergehenden Beispiel zu bleiben, wäre dies das Erlernen des Vorhand-Slices. Da keine Lösung für das Problem im Kleinhirn vorhanden ist, muss man diese erst erarbeiten. Hierzu sind teilweise sehr viele Wiederholungen, Hilfestellungen von einem Trainer und schließlich die Verfeinerung des Ganzen notwendig. Eine Lernantwort, die im ersten Schritt noch keinesfalls befriedigend sein wird, läuft trotz ihrer Komplexität innerhalb von Sekunden im Gehirn ab.

Koordinative Grundfähigkeiten

Zur Erzielung eines harmonischen Bewegungsablaufs ist ein gewisses Maß an Koordination erforderlich. Das Ganze lässt sich in acht unterschiedliche koordinative Fähigkeiten einteilen, die dann nach Bedarf geschult werden müssen. Dies sind:

- Antizipationsfähigkeit
- Differenzierungsfähigkeit
- Orientierungsfähigkeit
- Reaktionsfähigkeit
- Kopplungsfähigkeit
- Rhythmisierungsfähigkeit
- Umstellungsfähigkeit
- Gleichgewichtsfähigkeit

Was versteht man nun unter den einzelnen Begriffen?

Antizipationsfähigkeit ist die Fähigkeit, Situationen vorausschauend zu beurteilen. Nehmen wir wieder den Tennissport als Beispiel, so wäre dies das vorausschauende „Lesen" des Spiels. Ein guter Spieler ahnt im Voraus, wie sein Gegner voraussichtlich reagieren wird. Er wird deshalb schon bestimmte Positionen im Spielfeld einnehmen, bevor sein Gegner überhaupt den Ball geschlagen hat. Wenn beide Spieler diese Fähigkeit besitzen, dann laufen auf dem Platz gewissermaßen Rituale ab, die in der Regel erst durch einen Schlagfehler oder durch eine überraschende Handlung eines Spielers beendet werden.

Die **Differenzierungsfähigkeit** besagt, dass ein Sportler beispielsweise in der Lage ist, aufgrund der Rückmeldung von körpereigenen Sensoren (Rezeptoren) eine hohe Feinabstimmung innerhalb einer Gesamtbewegung zu erzielen. Er vermag diese Rückmeldungen wahrzunehmen, richtig zu beurteilen und seine Bewegung durch weitere Differenzierungen entsprechend anzupassen. Wenn ein Golfspieler beim Abschlag den Ball nicht optimal trifft, wird er beim nächsten Mal entsprechende Anpassungen vornehmen, um einen besseren Abschlag zu erreichen.

Orientierungsfähigkeit beschreibt die Fähigkeit, die Lage und die Bewegung des Körpers in Raum und Zeit zu bestimmen und diese auch zielgerichtet zu verändern. Das bezieht sich sowohl auf Hindernisse, Abstände, Begrenzungen der Spielfläche als auch auf die Position der Mitspieler. Schauen Sie sich hierzu einmal das Stellungsspiel der Fußballer während eines Eckstoßes an. Jeder Spieler versucht in eine möglichst günstige Position zu dem erwarteten Ball zu kommen. Auch die leidige Abseitsposition ist ein Punkt, den es tunlichst zu vermeiden gilt. Hierzu muss man letztendlich genau seine eigene

Position während des Spielflusses im Verhältnis zu den gegnerischen Spielern kennen. Ebenso gehört auch das „blinde" Abspiel zu seinem Mitspieler zu der allgemeinen Orientierungsfähigkeit auf dem Fußballfeld. Die spanische Fußballnationalmannschaft zelebrierte dies während der Weltmeisterschaft 2010 und der Europameisterschaft 2012 nahezu perfekt.

Die **Reaktionsfähigkeit** beschreibt das Vermögen, äußere Reize möglichst schnell zu verarbeiten und daraufhin sofort entsprechende Bewegungen einzuleiten. Im Sport ist das besonders beim Start von Sprintdisziplinen von Bedeutung. Die Fähigkeit, direkt mit dem Startschuss aus den Blöcken zu kommen, muss und kann trainiert werden. Aber auch in anderen Sportarten ist eine schnelle Reaktion oft spielentscheidend.

Als **Kopplungsfähigkeit** bezeichnet man die Befähigung, mehrere Einzelbewegungen räumlich und zeitlich so aufeinander abzustimmen, dass eine zielgerichtete flüssige Gesamtbewegung entsteht. Hierzu brauchen Sie sich nur einen Stabhochspringer vorzustellen, welcher viele Einzelbewegungen perfekt miteinander koordinieren muss, damit er sicher die Latte überquert. Ein weiteres Beispiel ist der alpine Skilauf. Auch dort müssen viele Einzelbewegungen ausgeführt werden, um den Berg sicher zu bezwingen.

Unter **Rhythmisierungsfähigkeit** versteht man, eine Bewegung in einem bestimmten zeitlich dynamischen Rhythmus durchzuführen. Dies resultiert in ökonomischen Bewegungen und spart Kraft und Energie. Ein Beispiel ist der Hürdenlauf. Je besser ein Hürdenläufer seinen Rhythmus findet, desto schneller ist er. Rhythmisierungsfähigkeit ist unter anderem auch während des Anlaufs beim Hoch- oder Weitsprung sowie beim Dribbling im Basketball gefragt.

Die **Umstellungsfähigkeit** wird benötigt, um sich auf ständig veränderliche Situationen einstellen zu können. Im Sport bedeutet dies, dass der Sportler in der Lage sein muss, eine begonnene Handlung aufgrund von Situationsänderungen anzupassen oder durch ein völlig neues Handlungsprogramm zu ersetzen. Beispiele aus dem Fußball sind die Umstellung von Angriff auf Verteidigung nach einem Ballverlust und umgekehrt. Diese Fähigkeit ist auch dann gefordert, wenn eine Mannschaft ihr Spielsystem von beispielsweise 4-4-2 auf 4-3-3 umstellt. Der Gegner muss sich auf diese veränderte Situation neu einstellen.

Die **Gleichgewichtsfähigkeit** braucht man, damit trotz Körperverlagerungen das Gleichgewicht gehalten oder nach einem Verlust zumindest schnellstmöglich wiederhergestellt werden kann. Dies ist bei Bewegungsänderungen oder bei Reaktionen auf äußere Einflüsse bedeutsam. Beispiel wäre ein Skirennfahrer, der von einer Windböe erfasst wird oder über eine nicht zu erkennende Eisfläche fährt. Die Gleichgewichtsfähigkeit ist dabei entscheidend, ob er stürzt oder das Rennen zu Ende fahren kann. Ein Beispiel aus dem Alltag wäre, wenn eine Person angerempelt wird. Auch hier bewahrt einen die Gleichgewichtsfähigkeit vor einem eventuellen Sturz. [219, 220]

Bei den obigen Beispielen zu den koordinativen Fähigkeiten war sicher schon zu erkennen, dass sowohl zur Bewältigung von sportlichen Betätigungen als auch im Bereich des Alltags oft mehrere der beschriebenen Fähigkeiten mehr oder weniger gleichzeitig notwendig werden. Beim alpinen Skilauf sind beispielsweise im Verlauf einer Abfahrt oder eines Rennens je nach Gegebenheiten Differenzierungsfähigkeit, Orientierungsfähigkeit, Reaktionsfähigkeit, Kopplungsfähigkeit, Rhythmisierungsfähigkeit und Gleichgewichtsfähigkeit zum Teil in unterschiedlichen Ausprägungen gefragt.

Körperschema

Woher beziehen wir nun unsere Informationen zum Beispiel über den Verlust des Gleichgewichts oder woher nehmen wir die Orientierung? Auf was reagieren wir? Im Prinzip haben wir es auch hier wieder mit Regelkreisen zu tun. Es gibt wieder Sollwerte für das, was wir wollen, und zur Erfassung des Istzustands Istwerte, welche aus einem System von inneren und äußeren Sensoren stammen.

In diesem Zusammenhang gibt es auch den Begriff „Körperschema". Dadurch wird die Vorstellung der Lage des Körpers und der Körperteile zueinander beschrieben. Diese Vorstellung kommt über die Rückmeldung von äußeren und inneren Wahrnehmungsreizen, der sogenannten Extero- und Interozeptoren, zustande. Auf diesen Reizen basiert die Wahrnehmung der gerade aktuellen Haltung und Bewegung des Körpers. Die Exterozeptoren sind im Wesentlichen Rezeptoren der Haut und spiegeln die Oberflächensensibilität wieder. Dazu zählen Druckrezeptoren, Berührungsrezeptoren, Vibrationsrezeptoren und Thermorezeptoren. Aber auch die Augen und die Ohren gehören zu den Exterozeptoren. Interozeptoren liefern Signale aus dem Inneren der Organe. Dazu gehören die Schmerzrezeptoren (Nozizeptoren) und vor allem die Propriozeptoren. Die als Propriozeptoren bezeichneten Rezeptoren liegen in den Sehnen, Bändern, Gelenkkapseln und in der Muskulatur. Sie gewährleisten die Wahrnehmung der Stellung und Bewegung des Körpers im Raum. Durch sie gelangen Informationen über Stellung und Geschwindigkeit von Gelenkbewegungen, deren positive und negative Beschleunigung sowie Gelenkdruck, Muskelspannung und Muskeldehnung zum Gehirn, wo diese weiterverarbeitet und entsprechende Reaktionen ausgelöst werden. Zu den Propriozeptoren gehört schließlich auch das Gleichgewichtsorgan im Innenohr.

Propriozeption

Propriozeption bedeutet so viel wie Eigenwahrnehmung. Eine andere Bezeichnung hierfür wäre der Begriff „Tiefensensibilität", da die entsprechenden Signale aus den „Tiefen" beziehungsweise dem Inneren des Körpers kommen. Die Propriozeption ist schließlich bei nahezu allen Bewegungen beteiligt. Dadurch sind auch Bewegungskorrekturen während der Bewegungsausführung möglich. Jede feinmotorische Bewegung, jedes sichere Gehen und Stehen, jede rhythmische oder akrobatische Leistung und jede zielgerichtete und technisch sauber ausgeführte Aktion im Alltag oder im Sport benötigen die propriozeptive Wahrnehmungsschulung. [221–223]

Sensomotorik

Unter Sensomotorik versteht man die unmittelbare Steuerung und Kontrolle der muskulären Bewegung aufgrund von Sinnesrückmeldungen. Dabei sind die motorischen Einheiten der Skelettmuskulatur quasi die Stellglieder eines Regelkreises, der seine Istwerte aus unseren Sinnesorganen bezieht. Die entsprechenden Prozesse, wie Aufnahme der Signale mit dem Auge, dem Ohr und den anderen Rezeptoren und die zugehörige Steuerung zum Beispiel der Arm- und Fußbewegungen durch das Zentralnervensystem, verlaufen parallel. In diesem Zusammenhang sind auch noch zwei weitere Begriffe bedeutsam, nämlich die Afferenz und die Efferenz.

Mit Afferenz wird die Gesamtheit aller von der Peripherie (Sinnesorgane, Rezeptoren) zum Zentralnervensystem (ZNS) laufenden Nervenfasern bezeichnet. In einem Regelkreis wären das die aus der Peripherie kommenden Istwerte. Das Gegenstück zu Afferenzen sind die Efferenzen. Das sind Nervenfasern in entgegengesetzter Richtung, die die Informationen vom Zentralnervensystem (Gehirn und Rückenmark), dem eigentlichen Regler, zur Peripherie, den Muskeln, leiten. Regelungstechnisch gesehen sind das die Informationen für die Stellglieder, damit von diesen gegebenenfalls Korrekturen vorgenommen werden können. Efferente Nervenfasern werden oftmals als absteigende Bahnen bezeichnet, da sie von oberhalb (Gehirn/Rückenmark) meist absteigend verlaufen. [224, 225] Bildlich lässt sich das Ganze wie in Abbildung 9.1 darstellen.

Abb. 9.1 Prinzipiel-
le Wirkungsweise der
Sensomotorik [226]

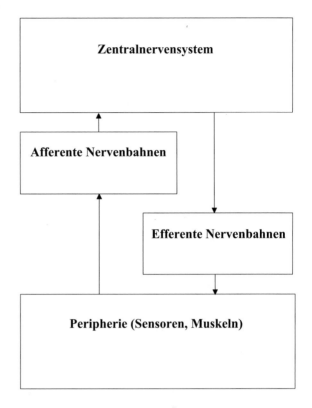

Koordinative Fähigkeiten im Altersgang

Die Qualität der koordinativen Fähigkeiten wird, wie vieles andere auch, schon in der Kindheit angelegt. Je früher diese Dinge trainiert und geübt werden, desto günstiger wird sich das später im Erwachsenenalter auswirken. Der größte Teil der koordinativen Geschicklichkeit bildet sich zwischen dem 6. und dem 13. Lebensjahr aus. Kinder sollten deshalb nicht nur eine Sportart ausüben, sondern möglichst vielseitige Bewegungserfahrungen sammeln. Das wirkt sich letztendlich auch auf eine leistungsmäßig ausgeübte Hauptsportart positiv aus. Je besser die Koordination ist, desto runder, kraftschonender und effektiver werden die Bewegungen. Im Wettkampf sind Kleinigkeiten oft entscheidend. Eine gute Koordination setzt eine schnelle Aufnahme der äußeren Reize, eine fixe Verarbeitung und eine zügige Weiterleitung zu einer rasch arbeitenden Muskulatur voraus (Abb. 9.1). Dabei wird vorausgesetzt, dass unser innerer Computer, in diesem Fall unser Kleinhirn, entsprechend programmiert ist. Für eine Reihe von speziellen, vor allem neuen Fähigkeiten müssen dort aber erst die Grundlagen gelegt werden. Es kann ja schließlich nicht jeder auf Anhieb Kunstturnen oder mit mehreren Bällen jonglieren.

Auch der Abschlag beim Golf ist eine koordinative Meisterleistung. Das muss mühsam gelernt und einprogrammiert werden. Und dann spielen noch Talent und genetische Veranlagung eine Rolle. Aber ohne die Phase der Programmierung geht es nicht. Da sind Ähnlichkeiten zur Computertechnologie nicht zufällig. Manchmal kann das recht mühsam sein. Viele tun sich schließlich schon schwer mit den rhythmischen und durch die Musik mehr oder weniger vorgegebenen Tanzbewegungen. [221]

Unsere Kids sind koordinativ außerordentlich gut bei der Bedienung von Spielekonsolen und bei der Kommunikation mit einem Smartphone. Das Schreiben einer SMS oder das Kommunizieren mittels sozialer Netzwerke geht unserem Nachwuchs flott von der Hand. Bei manch älterem Erwachsenen wirkt das recht holprig, wenn dieser mit steifen Fingern in verkrampfter Haltung auf dem kleinen Ding rumfummelt. Aber wie schaut es mit anderen Dingen aus. Viele unserer Medienkids sind nicht unbedingt auf allen Gebieten der Koordination Marktführer. Aufgrund übertriebener „Computerei" muss oft Physiotherapie nachhelfen, damit unsere Jungen nicht schon im zarten Alter an degenerativen Beschwerden leiden, was sich im Laufe der Zeit nur noch verstärken kann. Gerade das Zeitfenster der größeren Lernfähigkeit in der Jugend sollte genutzt werden, um die koordinativen Fähigkeiten zu schulen. Je älter ein Mensch wird, desto schlechter kann er nämlich koordinative Abläufe erlernen. Allerdings können Erwachsene, die als Kind große koordinative Fähigkeiten aufwiesen, auch im Alter koordinative Abläufe besser erfassen. Diesen Punkt sollte man bei der Erziehung unserer Kinder nicht vergessen.

Im Verlauf des unvermeidlichen Alterungsprozess lassen leider auch die koordinativen Fähigkeiten nach. Betroffen sind dabei alle Teile des sensomotorischen Systems. Besonders wird das jenseits des 60. Lebensjahres sichtbar. Ältere Menschen verlieren an Gangsicherheit, die Gefahr zu stürzen steigt und es macht sich eine allgemeine Unsicherheit breit. Gerade die koordinativen Beanspruchungen im Alltag von Senioren sind nicht zu unterschätzen. Hierzu gehört insbesondere die Teilnahme am Straßenverkehr. Sie erfordert ein hohes Maß an Reaktionsbereitschaft, Antizipationsfähigkeit, Kopplungsfähigkeit und Orientierungsfähigkeit. Das Überqueren der Straße, Bodenunebenheiten oder das Ausweichen vor plötzlich auftretenden Hindernissen stellen ziemliche Anforderungen an die koordinativen Fähigkeiten des älteren Menschen. Dies gilt insbesondere für plötzlich von hinten kommende Fahrräder auf gemeinsam von Fußgängern und Radfahrern benutzten Wegen. [220] Schauen wir uns einmal die Hintergründe dieses Phänomens an.

Mit dem Alter nimmt die Anzahl die Rezeptoren (Extero- und Propriozeptoren) ab und die verbliebenen reagieren weniger sensibel als früher. Das wirkt sich natürlich nachteilig auf Reflexe aus, mit denen sichin jungen Jahren Stürze vermeiden ließen. Im Lauf der Jahre werden auch die Nervenzellen (Neuronen) weniger; sie sterben einfach ab. Dadurch verringert sich unter anderem die Leitungsgeschwindigkeit der Informationsübertragung. Dies gilt sowohl für die afferenten Signalleitungen von der Sensorik zum Zentralnervensystem als auch für die efferenten Leitungen vom Gehirn zu den motorischen Einheiten der Muskulatur.

Durch die Verlangsamung der Signalgeschwindigkeit steigt auch die Gefahr von Rückenschäden. Denn bei unglücklichen Bewegungen und natürlich erst recht bei Stürzen oder Unfällen und dergleichen kontrahiert unter anderem der quere Bauchmuskel (M. transversus abdominis), um einen Schutz respektive eine Stabilisation für die Wirbelsäule zu bilden. Kommt dieser Reflex um Bruchteile einer Sekunde zu spät, fehlt diese Schutzfunktion und die auftretenden Kräfte müssen von der Wirbelsäule alleine abgefangen werden.

Aber nicht nur die Sensorik und die Leitungsqualität schwinden, auch die Aktorik schwächelt mit zunehmendem Alter. Muskelzellen kommen uns nicht nur durch Nichtbenutzung des Muskels abhanden, sondern verflüchtigen sich auch aufgrund des fortschreitenden Alters. Man nennt diesen Effekt Sarkopenie. Mit dem Alter findet ein programmierter Zelltod statt, den man in Fachkreisen Apoptose nennt. Dies ist sozusagen ein „Selbstmordprogramm" einzelner biologischer Zellen und betrifft in diesem Fall unser Muskelgewebe. Die Apoptose wird von der betreffenden Zelle selbst aktiv durchgeführt und stellt somit einen Teil des Stoffwechsels dar. Bei dieser Form des Zelltods ist glücklicherweise gewährleistet, dass die betreffende Zelle ohne Schädigung des Nachbargewebes zugrunde geht. Die Ursache des Ganzen ist eine Dysfunktion der Mitochondrien. Diese stellen weniger ATP bereit und reduzieren damit die Lebensfähigkeit der Muskelfasern. Auf der anderen Seite verbessern aber Ausdauerbelastungen die Durchblutung des Muskelgewebes und erhalten dessen Fähigkeit zur aeroben Energieproduktion. Somit wirkt Ausdauertraining wie Radfahren, Nordic Walking oder Schwimmen der Sarkopenie entgegen. *Move for life* ist also auch hier die Devise. Weiterhin kann man durch den Gebrauch der Muskeln den Muskelschwund nicht nur verzögern, sondern diese können durch ein Hypertrophietraining sogar noch bis in das hohe Alter aufgebaut werden. Damit wären wir wieder bei dem Thema *muscles for life*. Schon dort wurde auf die Notwendigkeit eines solchen Trainings hingewiesen. Das Altern lässt sich auf diese Weise zwar nicht verhindern, aber man sieht auch hier, dass für ein gesundes, weitgehend beschwerdefreies und selbstbestimmtes Leben sowohl ein Ausdauer- als auch ein Krafttraining erforderlich sind. Beides ist notwendig! [226]

Die Informationsverarbeitung der Extero- und Propriozeptoren ist, wie aus Abbildung 9.2 ersichtlich, eine wichtige Funktion des zentralen Nervensystems. Von dort werden alle sensomotorischen Aktivitäten gesteuert. Bei älteren Menschen verlängert sich alleine durch den altersgemäßen Verlust von Nervenzellen die Verarbeitungszeit für all diese Vorgänge. Hinzu kommt, dass der ältere Mensch dazu neigt, mehr unspezifische, für die aktuelle Bewegung weniger bedeutsame Informationen zu verarbeiten. Auch dadurch verlängert sich die Verarbeitungsgeschwindigkeit im Gehirn. Die notwendigen Reaktionen kommen dadurch zu spät an der Peripherie (Muskulatur) an und sind dazu weniger effizient. Weiterhin ist das Zentralnervensystem schnell überfordert, wenn mehrere Dinge gleichzeitig bearbeitet werden müssen.

Üblicherweise steht das Gleichgewichtsorgan (Vestibularorgan) in der Hierarchie der Bewegungsmelder über den propriozeptiven und optischen Sensoren. Das Gleichgewichtsorgan gibt hierbei die Richtung vor. Im Alter verschiebt sich dies jedoch mehr auf das optische System und damit auf die

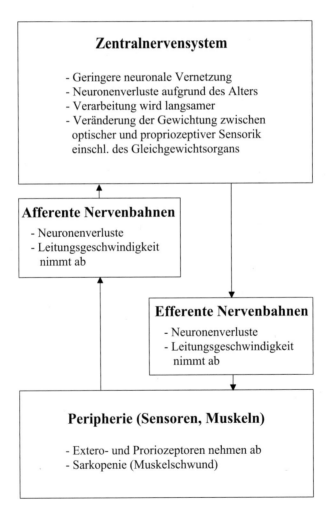

Abb. 9.2 Die Auswirkungen des Alters auf das sensomotorische System [226]

Augen. Die propriozeptiven Sensoren, einschließlich der Informationen des Gleichgewichtsorgans, werden hierbei etwas zurückgedrängt. Es bleibt insofern nichts anderes übrig, als das Vestibularorgan zu trainieren und wieder stärker in das Geschehen einzubinden. Sinnvoll ist ein Training, bei dem die optischen Reize zwangsweise etwas eingedämmt werden, sodass die Propriozeptoren einschließlich des Gleichgewichtsorgans wieder vermehrt arbeiten müssen. Dazu sind natürlich Übungen mit geschlossenen Augen geeignet. Man kann aber auch in ein Training kognitive Zusatzübungen einbauen, damit eine Ablenkung von der reinen optischen Sinneswahrnehmung gegeben ist. Eine wunderbare Sache zur Förderung des Gleichgewichtsorgans ist auch das Tanzen mit vielen Drehungen oder das Trampolin. Abbildung 9.2 zeigt die Auswirkungen des Alters auf das sensomotorische System. [226]

Einschränkungen der Funktionalität von Intero- oder Exterozeptoren sind nicht nur altersbedingt, sondern auch durch Verletzungen und Operationen möglich. Weiterhin können sich durch eine ständige Unterforderungen oder Bewegungsmangel bei zu wenig beziehungsweise zu geringer sportlicher Beanspruchung ebenfalls Dysfunktionen ergeben.

Koordinationstraining

Ein gutes Koordinationstraining ist somit die beste Prophylaxe gegen diesen Mangel. Gerade in der Alltagsmotorik ist eine gut koordinierte Muskelaktivität von entscheidender Bedeutung, wenn man Gefahren wie Stürzen und Unfällen so gut wie möglich vorbeugen will. Wie sieht nun so ein Training im Wesentlichen aus?

Grundlage ist ein regelmäßiges Ausdauer- und Krafttraining. Dadurch lässt sich der Sarkopenie entscheidend entgegenwirken. Zwar lässt sich der altersbedingte Rückgang der menschlichen Leistungsfähigkeit nicht komplett aufhalten, aber doch zumindest sehr verzögern. Ein weiteres Trainingsziel ist die Koordination selbst. Dabei geht es um die Verbesserung der Tiefensensibilität und der reflektorischen Muskelaktivität durch passives und aktives Bewegen, Wahrnehmung, Reproduzieren und Stabilisieren von Gelenkstellungen und Balanceübungen auf stabilen und instabilen Unterstützungsflächen wie Wackelbretter, Schaumkissen, Trampolin oder Weichmatten. Bei solch einem propriozeptiven Training werden durch die ständige Anpassung an die instabile Unterstützungsfläche reflektorisch die stabilisierenden Muskeln aktiviert. Typisch am Koordinationstraining ist auch das bewusste „Stören" des Gleichgewichts, welches anschließend immer wieder neu hergestellt werden muss. Das Training führt zu einem aktiven Schutz des Bewegungsapparats in Belastungssituationen und dient der Prävention von Gelenkverletzungen.

Neben einer aktiven Wahrnehmung und damit auch der Schulung des sensorischen Systems wird durch ein Koordinationstraining vor allem das zentrale Nervensystem (ZNS) ausgebildet. Es muss für die verschiedensten Übungen die unterschiedlichsten Signale miteinander verknüpfen und für die menschlichen Antriebe (motorische Einheiten) für jede Situation entsprechende Signale zur Verfügung stellen. Dies ist eine vorwiegend kognitive Aufgabe. Deshalb sind auch relativ unsportliche Tätigkeiten wie Klavierspielen, Sticken, Stricken oder Basteln ein hervorragendes Koordinationstraining.

Zu den Zielen des koordinativen Trainings gehört, den Energieaufwand für eine muskuläre Aktion herabzusetzen, sodass sich eine effizientere und ökonomischere Bewegung ergibt. Durch ständiges Wiederholen eines bestimmten Bewegungsmusters erfolgt eine Anpassung des neuromuskulären Apparats. Diese Anpassung wird auch als Bahnung bezeichnet und führt bei längerer Dauer zu einer Automatisierung der Bewegung. Koordinatives Training wird mit einer hohen Anzahl an Bewegungswiederholungen bei gleichzeitig geringem Krafteinsatz durchgeführt. Das Training sollte im ermüdungsfreien Zustand erfolgen und keinesfalls am Ende einer anstrengenden Trainingseinheit. [220, 226]

Praxistipp:
Trainingsmöglichkeiten zur Koordination

Neben den allgemeinen koordinativen Fähigkeiten, wie Antizipationsfähigkeit, Differenzierungsfähigkeit, Orientierungsfähigkeit, Reaktionsfähigkeit, Kopplungsfähigkeit, Rhythmisierungsfähigkeit, Umstellungsfähigkeit und Gleichgewichtsfähigkeit, sollten auch noch die intramuskuläre und intermuskuläre Koordination trainiert werden. Unter intramuskulärer Koordination versteht man die Kraftentfaltung innerhalb eines Muskels. Je mehr motorische Einheiten innerhalb eines Muskels aktiviert werden können, desto größer sind die Kraftentfaltung und damit auch die intramuskuläre Koordination. Hier liegt, wie schon im Abschnitt Krafttraining erwähnt wurde, die erste trainingsbedingte Kraftzunahme begründet. Die Aktivierung möglichst vieler motorischer Einheiten ist ein reines Koordinierungsproblem, das trainiert werden kann. Die intermuskuläre Koordination dagegen bezeichnet die Abstimmung zwischen Agonist und Antagonist beziehungsweise Agonist und Synergist. Je besser diese Abstimmung ist, desto geringer ist der Energieverbrauch bei gleichzeitig optimalerem Bewegungsablauf. Hier liegen die stillen Reserven für Leistungssportler.

Welche Möglichkeiten gibt es nun zum Trainieren der Koordination? Da sind schier unendlich viele Varianten denkbar. Ich möchte hier nur auf einige wenige eingehen und dabei speziell die erwähnen, welche ohne oder nur mit kleinen relativ preiswerten Geräten möglich sind.

Training der Gleichgewichtsfähigkeit

Stellen Sie sich gerade hin und ziehen Sie anschließend ein Bein an. Nun bieten sich im Einbeinstand eine Reihe von Übungen an. Versuchen Sie zum Beispiel mit dem angezogenen Bein eine liegende oder auch stehende Acht nachzubilden. In einer nächsten Übung können sie das Bein auch nur seitlich hinausstrecken und in der Luft halten. Sie können das Bein ebenso im Wechsel nach vorne und nach hinten strecken, um dann anschließend eine Waage mit nach vorne gebeugtem Oberkörper und nach hinten gestrecktem Bein zu bilden. Eine weitere Erschwernis für sportliche Zeitgenossen wäre schließlich noch die einbeinige Kniebeuge. Sie können bei gebeugtem Knie einen Gegenstand, beispielsweise einen Tennisball, unter dem Gesäß von der einen Hand in die andere Hand reichen. Die Übung ist erweiterbar, indem Sie den Tennisball einem Partner reichen. Der macht die gleiche Übung und gibt Ihnen anschließend den Ball zurück. Die Variationsmöglichkeiten sind vielfältig. Führen Sie diese Übungen wechselweise mit beiden Beinen durch. Sie werden es nicht glauben, aber die Übung wird schlagartig komplizierter, wenn Sie beispielsweise das rechte Bein nach rechts spreizen und gleichzeitig den Kopf nach links wenden oder gar beide Augen schließen. Auf diese Weise werden neben der Gleichgewichtsfähigkeit noch die Orientierungsfähigkeit und die Kopplungsfähigkeit, also die Koordination von mehreren Bewegungen, trainiert. Weiterhin sind auch Unterschiede festzustellen, ob Sie einen Schuh anhaben oder barfuß trainieren. Ein Schuh stützt bei diesen Übungen unglaublich. Also sollte die Devise barfuß lauten. Um das Ganze noch komplexer zu machen, können Sie alle Übungen auch noch auf einer labilen Unterlage absolvieren. Im einfachsten Fall wäre dies eine doppelt gefaltete Matte, zum Beispiel eine zweifach zusammengelegte Airex-Gymnastikmatte. Hierzu gibt es eine Vielzahl von ähnlichen Produkten auf dem Markt. Zur Not kann auch eine zusammengelegte Wolldecke als labile Unterlage dienen. In diesem Fall sollten die Übungen aber auf jeden Fall barfuß ausgeführt werden. Dadurch wird die gesamte Sensorik der Fußsohle gefordert, die Ihnen Rückmeldungen über die aktuelle stabile Lage gibt. Machen Sie nun die oben beschriebenen Übungen nacheinander auf dieser labilen Unterlage. Sie werden sofort die Schwierigkeitssteigerung bemerken. Auf diese Weise können Sie sehr viel für Ihre persönlichen koordinativen Fähigkeiten tun.

Training der Reaktionsfähigkeit mit Bällen

Auch hier gibt es eine Reihe von verschiedenen Varianten. Es bieten sich dabei vor allem Partnerübungen an. Ein Partner und ein Tennisball reichen vollkommen aus. Stellen Sie gegenüber in einem Abstand von etwa zweieinhalb bis drei Metern hin und lassen Sie sich von Ihrem Partner den Ball zu werfen. So wie bis jetzt beschrieben, wäre das natürlich zu einfach. Sie müssen sich deshalb so umdrehen, dass Sie und Ihr Partner in die gleiche Richtung blicken. Erst wenn Ihr Partner hinter Ihnen „jetzt" ruft, drehen Sie sich zu ihm um. Im Moment des Rufens hat dieser jedoch den Ball bereits in Ihre Richtung geworfen. Ihre Aufgabe ist es nun, diesen aufzufangen. Dabei kommt es jetzt neben der Antzipationsfähigkeit vor allem auf eine gute Reaktionsfähigkeit an.

Sie können ein ähnliches Spielchen mit einem sogenannten Reaktionsball machen. Dieser ist nicht gleichmäßig rund, sondern ziemlich unförmig. Hierzu muss Ihr Partner in Ihre Richtung werfen, aber so, dass der Ball vorher auf den Boden aufprallt. Das Ding verspringt in den meisten Fällen derartig, dass Sie alle Hände und Füße zu tun haben, um den Ball aufzufangen. Bei dieser Variante müssen Sie sich nicht einmal vorher umdrehen. Diese speziellen Bälle sind im Fachhandel sehr günstig zu erwerben.

Koordinationsleiter

Die Koordinationsleiter wurde in den USA für das Fooball-Training entwickelt. Man wollte den dick vermummten Footballspielern dadurch eine größere Wendigkeit zukommen lassen. Diese wird aber auch in anderen Sportarten benötigt, sodass sich die Koordinationsleiter inzwischen als Klassiker beim Koordinationstraining etabliert hat. Sie wird hierzulande besonders beim Fußball- und Tennistraining verwendet, vor allem im Profibereich. Ich erinnere mich noch an die Zeitungsberichterstattung von der Fußball-EM in Polen und der Ukraine. Da konnte man auf einem Foto Schweinsteiger in voller Aktion beim Training mit der Koordinationsleiter sehen. Eine solche Leiter ist relativ günstig im Anschaffungspreis und ist in Abbildung 9.3 abgebildet.

Die Leiter wird auf den Boden gelegt und bildet den Trainingsparcours. Es werden damit vor allem die Koordination der Beine sowie der Ablauf kurzer, schneller Antritte geschult. Körperbeherrschung, Koordinationsfähigkeit und Reaktionsfähigkeit lassen sich mit einer Koordinationsleiter auf eine besonders effektive Weise trainieren. Durch gezielte Belastung einzelner Muskeln kann man die Beinmuskulatur aufbauen und auch die Gleichgewichtsfähigkeit verbessern.

Ziel ist es, den Parcours in den unterschiedlichsten Schrittfolgen möglichst schnell zu durchlaufen. Das können sowohl Schritte als auch Sprünge sein,

Abb. 9.3 Koordinationsleiter

vorwärts, seitwärts oder mit einer Drehung während des Laufens. Hier sind die Variationsmöglichkeiten ebenfalls schier grenzenlos. Ein einfaches Trainingsbeispiel zeigt Abbildung 9.4. Mit möglichst schnellen Schritten soll das dort angegebene Schrittmuster durchlaufen werden.

Die Koordinationsleiter wird neben dem Training in diversen Sportarten auch bei Reha-Maßnahmen sehr erfolgreich angewendet.

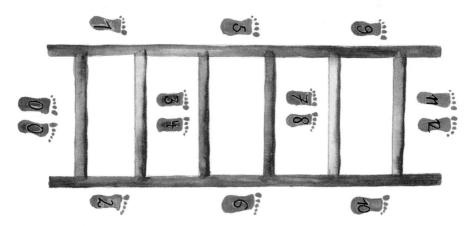

Abb. 9.4 Beispiel eines Durchlaufs bei der Koordinationsleiter [227]

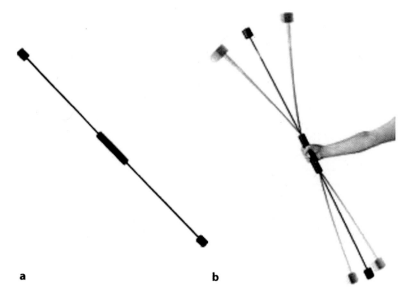

Abb. 9.5 Schwingstab

Training mit dem Schwingstab

Das Training mit dem Schwingstab kommt ursprünglich aus der Rehabilitation. Ist der Stab einmal in Schwingung, so muss der gesamte Bewegungsapparat versuchen, diese Vibrationen auszugleichen. Dadurch wird die Tiefenmuskulatur angesteuert und gestärkt. Diese kleinen Muskeln, die direkt an der Wirbelsäule sitzen, balancieren den Körper ständig unbemerkt aus. Die Schwingung des Stabes überträgt sich über die Hände bis hinein in die tief liegenden Muskelschichten. [228]

Aufgrund der Geschwindigkeit werden die Bewegungen nicht bewusst über das Gehirn gesteuert, sondern lediglich reflexartig übers Rückenmark. Je besser diese Kommunikation funktioniert und je stärker die tiefen, kleinen Rückenmuskeln sind, desto seltener treten Rückenprobleme auf. Abbildung 9.5 zeigt einen solchen Schwingstab passiv (links) und bei der Anwendung.

Training mit dem Pezziball

Der Pezziball hat sich zwischenzeitlich zu einem universellen Trainingsgerät entwickelt und ist in allen Rehazentren und vielen Fitnessstudios vorhanden. In manchen Haushalten wird er auch als Ersatz für einen Stuhl verwendet. Es gibt ihn in verschiedenen Größen. Er ist relativ preisgünstig, aber leider etwas sperrig.

Übungen mit dem Pezziball sind ebenfalls sehr vielfältig. Man kann ihn sowohl zum Krafttraining als auch beim Koordinationstraining einsetzen. Besonders gerne wird er in der Rückenschule verwendet. Übungsanleitungen gibt es in sehr großer Auswahl in Form von Büchern und auch als Videos auf DVD. Hier sollen nur beispielshaft zwei Übungen angesprochen werden, die auch einen hohen koordinativen Nutzen haben. Die erste Übung ist, sich einfach auf den Pezziball zu setzen und anschließend die Beine vom Boden anzuheben (Abb. 9.6).

Abb. 9.6 Sitzen auf dem Pezziball

Zuerst kann man sich mit den Händen noch am Ball festhalten. In einem zweiten Schritt lässt man dann den Ball los und balanciert seinen Körper mit seitlich ausgestreckten Armen aus.

Als weitere Übung kann man sich hinter den Ball knien und dann bäuchlings nach vorne auf den Ball rollen, um anschließend langsam in den Vierfüßlerstand zu gehen. Die Erweiterung wäre dann ein Kniestand auf dem Pezziball, der allerdings schon ein wenig Übung erfordert (Abb. 9.7).

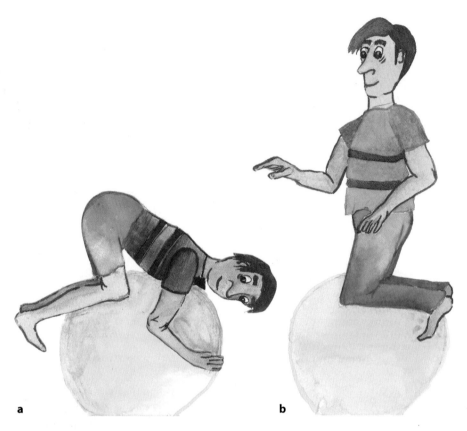

a   b

Abb. 9.7   Balancieren auf dem Pezziball

Das sind stellvertretend nur zwei von vielen Übungen, die mit dem Pezziball möglich sind. [229]

Training mit der MFT-Disc

Die Abkürzung MFT steht für „multifunktionale Trainingsgeräte". Bei der MFT Fit-Disc handelt es sich um eine allseitig kippbare Unterlage (Abb. 9.8), mit der sich hervorragend die Koordination schulen lässt. Die in der Regel mitgelieferte DVD und eine Reihe von zwischenzeitlich erschienenen Büchern geben Vorschläge für ein umfangreiches Koordinationstraining. Auch hier werden beim Ausbalancieren speziell die tiefer liegenden Muskeln angesprochen. Durch das harmonische Zusammenspiel der feinen inneren Muskeln und der Nerven lassen sich Kraft und Ausdauer steigern. Deshalb wurde diese Methode ursprünglich für Spitzensportler entwickelt, um deren koordinative Fähigkeiten zu optimieren.

Abb. 9.8   MFT Fit-Disc

Das Training mit der MFT Disc verbessert die Gleichgewichtsfähigkeit und gibt Tiefenstabilität durch die untersten Muskelgruppen. Dabei werden die Muskeln nicht einzeln trainiert, sondern die funktionelle Verbindung ganzer Muskelketten. Diese Trainingsmethode wirkt auf das ganze neuromuskuläre System und erhöht damit die Qualität der Haltungs- und Bewegungskoordination. Mit der MFT Disc ist ein Training in allen Altersklassen und Leistungsstufen möglich. Neben der Fit-Disc gibt es noch die MFT Fun-Disc, Trim-Disc und Sport-Disc. [230] Speziell Letztere wird im Hochleistungssport, insbesondere von den alpinen Skisportlern, genutzt.

Das war jetzt nur eine kleine Auswahl relativ einfacher Trainingsmethoden. Es gibt noch eine ganze Reihe anderer Geräte, mit denen ein Koordinationstraining möglich ist. Speziell Rehazentren sind für die verschiedenen denkbaren Indikationen mit teureren Spezialgeräten ausgestattet.

Beweglichkeit

Zu den motorischen Grundeigenschaften gehört auch die Beweglichkeit. Diese Eigenschaft ist letztendlich ebenfalls der Koordination zuzuordnen. Die Beweglichkeit ist die Fähigkeit Körper- und Gliedmaßenbewegungen gemäß den anatomischen Besonderheiten mit einer größtmöglichen Amplitude auszuführen. Ein Spagat wäre beispielsweise eine solche größtmögliche Amplitude. Aber das ist nicht Jedermanns Sache und geht auch über die normalen Alltagsbewegungen hinaus. Ab einem gewissen Alter ist schon das Rückwärtsdrehen des Kopfes mit Einschränkungen gegenüber früher verbunden. Denken Sie hierbei nur an das rückwärtige Einparken mit dem Auto. Eine gute Beweglichkeit ergibt sich aus dem Zusammenwirken der elastischen Eigenschaften von Muskeln, Sehnen und Bändern, der Möglichkeit, den anatomisch gegebenen Bewegungsspielraum zu erreichen, sowie aus einer guten inter- und intramuskulären Koordination.

Sollten Sie an einem feucht-fröhlichen Abend einmal das Lied von Brunner & Brunner mit dem Titel „Wir sind alle über vierzig" geträllert haben und dann zu allem Überfluss auch noch zu dieser Altersgruppe gehören, dann können Sie vielleicht erahnen, in welche Richtung unser Thema jetzt geht. Je weiter man sich von dieser besungenen Altersgrenze entfernt, desto wahrscheinlicher ist es, dass man mit der einen oder anderen Unbeweglichkeit zu tun hat. Während ein Kleinkind noch extreme Bewegungen in allen Grundgelenken durchführen kann, ist dies im Alter durch die versteifenden, degenerativen Prozesse nicht mehr ohne Weiteres möglich. Regelmäßig erfolgende Dehnungsreize erhalten jedoch die Muskeln, Sehnen und Bänder der Gelenkkapsel beweglicher und beugen Versteifungsprozessen im Alter vor.

Jammern hilft da nicht weiter. Was hilft, ist ein ausgewogenes Beweglichkeitstraining. Sinn und Zweck eines Beweglichkeitstrainings ist dabei, die Fähigkeit zur Erledigung von Alltagstätigkeiten zu erhalten. Es gehört aber auch die Fähigkeit dazu, in bestimmten Situationen schnell und geschickt zu reagieren und Schonhaltungen aufgrund von vorhandenen Beweglichkeitsdefiziten zu verhindern. Durch das Training der Beweglichkeit sollen die elastischen Eigenschaften des Bewegungsapparats verbessert und der Spielraum der Gelenke gezielt ausgenutzt werden.

Dehnen und Stretching waren eine Zeit lang sehr in Mode. Inzwischen ist man sich alledings in der Fachwelt dahingehend einig, dass für einen fitnessorientierten Sportler ein Dehnen zum Auf- oder Abwärmen nicht zwingend erforderlich ist. Man kann es dahingehend formulieren: Es schadet zumindest nicht. Zur Erhaltung der Beweglichkeit ist das Dehnen hingegen als eigenständige Trainingseinheit zu empfehlen. Durch das Dehnen können muskuläre Dysbalancen ausgeglichen werden und die Beweglichkeit wird durch Vergrößerung der Bewegungsamplitude gefördert. Das Beweglichkeitstraining bietet sich besonders früh morgens an. Man kann schon im Bett mit Dehn- und Streckübungen beginnen und anschließend am besten noch im Schlafzimmer ein Dehnprogramm absolvieren, welches auf die persönlichen „Schwachstellen" ausgerichtet ist. Anregungen hierzu finden Sie im Internet, im Fitnessstudio oder in der einschlägigen Literatur. [164, 231]

Eine Reihe unserer Muskeln neigt vorzugsweise zu einer Verkürzung, diese werden auch tonische Muskeln genannt. Hierzu gehören überwiegend die folgenden Muskelgruppen:

- Rückenmuskulatur
- Hüftbeuger
- Adduktoren
- vordere Oberschenkelmuskulatur
- hintere Oberschenkelmuskulatur

- Wadenmuskulatur
- Brustmuskulatur

Ich möchte hier nur mal beispielhaft eine kleine Auswahl von Dehnübungen vorstellen, die Sie in Ihr tägliches Programm einbauen können. [191] Bis auf die Oberarmmuskulatur (Bizeps und Trizeps) handelt es sich hierbei ausschließlich um tonische (zur Verkürzung neigende) Muskeln.

Praxistipp:
Dehnen zur Steigerung der Beweglichkeit

Achten Sie bei den folgenden Dehnübungen auf die richtige Haltung und halten Sie dann die Spannung 20 Sekunden bei sanfter und bis zu 30 Sekunden bei intensiver Dehnung bei.

Dehnung des Rückenstreckers

Mit dieser Übung dehnen Sie den M. erector spinae des unteren Rückens. Setzen Sie sich hierzu mit gebeugten Kniegelenken auf den Boden, kippen Sie das Becken nach vorne und beugen Sie den Oberkörper nach vorne. Die Arme greifen unter den Unterschenkeln nach außen und die Hände werden auf die nach außen gerichteten Fußrücken gelegt. Ziehen Sie dann mit den Armen den Oberkörper weiter nach vorne, bis Sie die Dehnung spüren (Abb. 9.9). Da diese Übung auch zu meinem regelmäßigen Programm gehört, scheint mir unser gemalter Vorturner ein bisschen arg beweglich zu sein. Aber das gibt es durchaus. Wichtig ist das Prinzip der Übung und von Mal zu Mal kann es nur besser werden.

Abb. 9.9 Dehnung des M. erector spinae (Rumpfaufrichter)

Dehnung des großen Rückenmuskels

Öffnen Sie im Sitzen leicht die Beine und greifen Sie mit der linken Hand an die Außenseite des rechten Fußes (Abb. 9.10). Eventuell verspüren Sie auch ein Ziehen in den Beinen, aber bei dieser Übung geht es vordergründig um den Rücken. Dehnen Sie anschließend auch die andere Körperseite.

Abb. 9.10   Dehnung des großen Rückenmuskels (M. latissimus dorsi)

Dehnung des oberen Rückens

Kreuzen Sie die gebeugten Arme vor der Brust und machen Sie den oberen Rücken rund. Greifen Sie anschließend mit den Händen so weit wie möglich an Ihre Schulterblätter. Umarmen Sie sich einfach selbst (Abb. 9.11).

Abb. 9.11 Selbstumarmung zur Dehnung des oberen Rückens

Dehnung der Gesäßmuskulatur

Hierbei werden in Rückenlage die Beine übereinander geschlagen, sodass ein Fuß quer auf dem anderen Oberschenkel aufliegt. Greifen Sie nun mit den Händen um die Kniekehle und ziehen Sie den Oberschenkel kräftig in Richtung Brust (Abb. 9.12). Anschließend wiederholen Sie die Übung mit dem anderen Bein.

Abb. 9.12 Dehnung der Gesäßmuskulatur

Dehnung des Hüftbeugers

Machen Sie mit dem rechten Bein einen Ausfallschritt nach vorne. Beugen Sie den Oberkörper nach vorne und setzen Sie beide Hände innen neben das rechte Bein. Drücken Sie dann die Hüfte des getreckten Beins nach unten (Abb. 9.13). Wechseln Sie anschließend auf die andere Körperseite.

Abb. 9.13   Dehnung des Hüftbeugers

Dehnung der Adduktoren (Beinanzieher)

Legen Sie im Sitz mit gebeugten Beinen die Fußsohlen aneinander. Ziehen Sie anschließend die Füße mit den Händen an den Körper und drücken Sie mit den Unterarmen die Beine sanft auseinander, bis die Dehnung an den Schenkelinnenseiten deutlich zu spüren ist (Abb. 9.14).

Abb. 9.14   Dehnung der Adduktoren (Beinanzieher)

Dehnung der vorderen Oberschenkelmuskulatur

Legen Sie sich auf den Bauch und strecken Sie die rechte Hand nach vorne. Mit der linken Hand wird der Fußrücken des rechten Fußes umfasst. Ziehen Sie nun die Ferse in Richtung des Gesäßes (Abb. 9.15). Wechseln Sie anschließend die Seite.

Abb. 9.15 Dehnung der vorderen Oberschenkelmuskulatur

Dehnung der hinteren Oberschenkelmuskulatur

Stellen Sie das Gewicht auf das linke Bein, Ferse des rechten Beins aufstellen und rechtes Bein strecken. Kippen Sie das Becken nach vorne und beugen Sie Oberkörper vor, bis Sie die Dehnung im gestreckten Bein spüren (Abb. 9.16). Wechseln Sie anschließend auf das andere Bein.

Abb. 9.16 Dehnung der hinteren Oberschenkelmuskulatur

Dehnung des Zwillingsmuskels in der Wade

Machen Sie mit dem rechten Fuß einen Schritt nach vorne und stützen Sie sich an einer Wand ab. Setzen Sie das linke Bein so nach hinten, dass der Fuß gerade noch ganzflächig den Boden berührt. Schieben Sie nun die Hüfte so weit nach vorne, bis Sie eine deutliche Dehnung der Wadenmuskulatur im linken gestreckten Bein verspüren (Abb. 9.17). Dehnen Sie anschließend das andere Bein.

Abb. 9.17   Dehnung des Zwillingsmuskels in der Wade

Dehnung des großen Brustmuskels

Heben Sie den linken Oberarm etwa waagrecht auf Schulterhöhe und winkeln Sie den Unterarm nach oben ab. Stellen Sie sich beispielsweise aufrecht in eine Türöffnung oder an einen Mauervorsprung und stützen Sie sich dort wie in Abbildung 9.18 gezeigt mit dem Unterarm ab. Setzen Sie hierzu auch den rechten Fuß etwas nach vorne. Drücken Sie nun den Oberkörper nach vorne und dehnen Sie so die Seite des angewinkelten Armes. Vermeiden Sie ein Verdrehen des Oberkörpers und achten Sie dabei auf einen geraden Rücken. Wiederholen Sie dann das Gleiche mit dem anderen Arm.

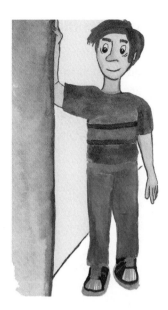

Abb. 9.18   Dehnung des großen Brustmuskels

Dehnung des Unterarmstreckers (Trizeps)

Nehmen Sie einen schulterbreiten Stand ein und heben Sie den gebeugten Arm über den Kopf. Schieben Sie die Hand so weit es geht am Rücken hinab. Umfassen Sie mit der anderen Hand den Ellbogen und ziehen Sie diesen so weit es geht hinter den Kopf (Abb. 9.19). Dehnen Sie anschließend auch den anderen Arm.

Abb. 9.19   Dehnung des Unterarmstreckers (Trizeps)

Dehnung des Unterarmbeugers (Bizeps)

Stellen Sie sich seitlich an eine Wand oder einen Türrahmen und heben Sie den Arm auf Schulterhöhe. Stützen Sie sich mit den Händen an der Wand oder dem Türrahmen ab. Die Finger zeigen hierbei nach hinten. Drehen Sie jetzt den Oberkörper vom Arm weg und ziehen Sie sanft die Schuler nach vorne, bis Sie deutlich die Dehnung im Bizeps verspüren (Abb. 9.20). Dehnen Sie anschließend die andere Seite.

Abb. 9.20   Dehnung des Unterarmbeugers (Bizeps)

Zur Erinnerung: Halten Sie die Spannung beim Dehnen je nach gewünschter Intensität 20 bis 30 Sekunden aufrecht.

Dehnen und Beweglichkeit

Welche Bedeutung der Gelenkigkeit nicht nur im Sport, sondern auch im Alltag zukommt, zeigt folgendes Beispiel: Wenn ein Gelenk über längere Zeit wegen eines Knochenbruchs in einem Gipsverband fixiert wurde, können nach der Abnahme des Gipses bestimmte Gelenkbewegungen nur unzureichend oder gar nicht mehr durchgeführt werden. Erst nach tagelangem Training und gewissen Reha-Maßnahmen lässt sich die normale Gelenkbeweglichkeit wieder herstellen. Wenn selbst gesunde Menschen schon in jüngeren Jahren zunehmend ungelenkiger und unbeweglicher werden, dann hängt dies mit der steigenden Bewegungsarmut (Auto, Fahrstuhl, Fernsehen) in unserer Gesellschaft zusammen. Bleiben Sie deshalb nicht nur geistig, sondern auch körperlich beweglich, indem sie regelmäßige Dehnübungen in Ihr Gesundheitssportprogramm aufnehmen! [231–233]

Meine inzwischen 90 Jahre alte Mutter hat von Ihrem Arzt ein Blatt „Aktives Rückentraining" bekommen. Darauf befinden sich zwölf Übungsvorschläge. Ihr Arzt hat sechs davon angekreuzt. Es handelt sich dabei im Wesentlichen um Dehnübungen, die teilweise auch noch einen koordinativen Aspekt haben. Diese macht sie konsequent täglich nach dem Aufstehen. Sie ist zutiefst davon überzeugt, dass Sie ohne die vorgeschlagenen Übungen morgens nicht in die Gänge käme und auch nicht ihre gewohnte Beweglichkeit hätte, die sie für ein eigenständiges Leben in ihrer Wohnung benötigt.

10
Entspannung

Ein spannender Krimi, der fesselt uns, der nimmt uns gefangen; unsere ganze Aufmerksamkeit richtet sich auf das Geschehen, welches wir gerade sehen oder lesen. Wir nehmen bewusst nahezu nichts anderes mehr wahr. Diese Spannung oder auch Anspannung dauert bei einem gut gemachten Krimi bis zur Auflösung des Falles, bis der Täter oder der Mörder schließlich gefasst ist. Dann entspannen wir uns wieder. Diesem Wechselspiel zwischen Spannung und Entspannung unterwerfen wir uns zu unserer eigenen Unterhaltung meist sehr gerne. Ich habe aber auch schon von älteren oder von gestressten Zeitgenossen gehört, dass sie auf diesen „Thrill" gut verzichten können und lieber „Heile-Welt-Geschichtchen" über sich ergehen lassen. Dann ist wahrscheinlich bereits etwas aus der Balance geraten. Hier hat sich offenbar schon ein Zuviel an Spannung beziehungsweise Anspannung breit gemacht, was sich dann anhand von Verspannungen auswirken kann. Eine zusätzliche Spannung nur zur Unterhaltung wird dann nicht mehr als angenehm empfunden. Man sehnt sich mehr zur Entspannung und bevorzugt lieber leichte Kost.

Will man ein größeres privates oder berufliches Ziel erreichen, ist jedoch eine gesunde Anspannung notwendig. Dies gehört gewissermaßen zum Erfolg. Es muss nur gewährleistet sein, dass anschließend genügend Raum für eine zugehörige Entspannungs- repsektive Erholungsphase gegeben ist. Dieser Wechsel zwischen An-  spannung und Entspannung kann sehr wohltuend und auch im Leben sehr förderlich sein. Man muss nur darauf achten, dass das System nicht aus den Fugen gerät. Der Idealfall wäre ein Gleichgewicht zwischen Spannung und Entspannung beziehungsweise zwischen Belastung und Erholung.

Dieser Idealfall zwischen Beanspruchungs- und Erholungsphase wird durch das Phasenmodell der Erholung von Allmer beschrieben. Nach dem Umschalten von der Beanspruchung auf die Erholungsphase werden drei Phasen durchlaufen, die zu einer vollständigen Erholung erforderlich sind (Abb. 10.1). [234]

W. Zägelein, *Move for Life*, DOI 10.1007/978-3-642-37643-6_10,
© Springer-Verlag Berlin Heidelberg 2013

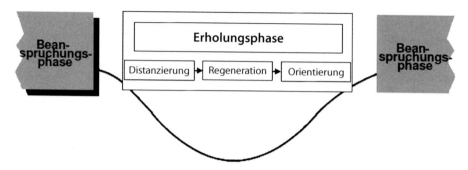

Abb. 10.1 Phasenmodell der Erholung [235]

Bei diesen drei Phasen handelt es sich um die Distanzierungsphase, die Regenerationsphase und die Orientierungsphase. Die Distanzierungsphase wird benötigt, um von den Dingen Abstand zu gewinnen. Physisch bedeutet das eine Dämpfung des Aktionspotenzials, ein Abschalten und eine Umorientierung der Gedanken. Während der Regenerationsphase entspannt sich die Muskulatur, die Energiespeicher werden aufgefüllt und physische Funktionen regenerieren sich in die Ausgangslage zurück. Die Orientierungsphase dient der Vorbereitung auf die darauf folgende neue Beanspruchungsphase. Wenn alles optimal verläuft, sollten sich während der Orientierungsphase Vorfreude und Lust auf das Bevorstehende entwickeln. Wenn aber ein angemessenes Erholungsverhalten ausbleibt, führt das nicht nur zu einem Missempfinden, sondern auch zu gesundheitsschädigenden Folgen. Man spricht dann in diesem Zusammenhang von Stress. Aber was bedeutet dieser Begriff eigentlich?

Der Begriff „Stress" wurde von Hans Selye, einem aus Österreich stammenden und nach Kanada ausgewanderten Mediziner, in den 30er-Jahren des letzten Jahrhunderts geprägt. [236] Er unterschied dabei zwischen negativem Stress (Disstress) und positivem Stress (Eustress).

Negativ sind diejenigen Reize, die man als unangenehm, bedrohlich oder überfordernd empfindet. Stress wird vor allem dann negativ interpretiert, wenn er häufig auftritt und kein erholender Ausgleich erfolgt. Ebenso können negative Auswirkungen auftreten, wenn die unter Stress leidende Person keine Möglichkeit zur Bewältigung der aktuellen Situation sieht, etwa bei einer Klausur oder einem wichtigen Wettkampf. Disstress führt zu einer stark erhöhten Anspannung des Körpers, was auf die Dauer zu einer Abnahme der Leistungsfähigkeit führt.

Als Eustress werden diejenigen Stressoren bezeichnet, die den Organismus positiv beeinflussen. Ein grundsätzliches Stress- beziehungsweise Erregungspotenzial ist für das Überleben eines Organismus unabdingbar. Positiver Stress erhöht die Aufmerksamkeit und fördert die maximale Leistungsfähigkeit des

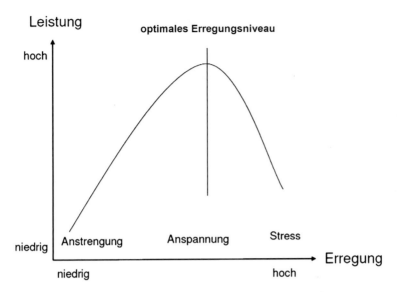

Abb. 10.2 Yerkes-Dodson-Kurve [238]

Körpers, ohne ihm zu schaden. Im Gegensatz zum Disstress wirkt sich Eustress auch bei häufigem, langfristigem Auftreten positiv auf die psychische oder physische Funktionsfähigkeit eines Organismus aus. Eustress tritt beispielsweise auf, wenn ein Mensch zu bestimmten Leistungen motiviert ist oder Glücksmomente empfindet. [237]

Für die Vermeidung oder die Bewältigung von Stress ist es von grundlegener Bedeutung, für ein ausgewogenes Verhältnis zwischen Beanspruchung und Erholung zu sorgen. Beides ist notwendig. Der Wechsel zwischen Anspannung und Entspannung ist ein wesentliches Merkmal unseres Lebens. Um ein gewisses Maß an Leistung zu erzielen, ist eine innere Anspannung unbedingt notwendig. Ohne diese Anspannung oder auch innere Erregung wäre die erzielbare Leistung deutlich niedriger. Wird dagegen die Anspannung zu groß, dann wird das Ganze nur noch als Stress empfunden und die Leistung nimmt wieder deutlich ab. Dieser Zusammenhang wird durch die sogenannte Yerkes-Dodson-Kurve dargestellt (Abb. 10.2). [238]

Der als Stress empfundene absteigende Ast der Yerkes-Dodson-Kurve ist geprägt durch zunehmende Vergesslichkeit, häufige Fehler, psychosomatische Störungen bis hin zu körperlichen Erkrankungen.

Die als Stress empfundenen Situationen akkumulieren sich ohne Entspannungsphase, werden immer mehr und können dann in einem Zusammenbruch enden. Dann hilft nur noch eine längere Auszeit, beispielsweise eine Kur. Sinnvoller wären regelmäßige Entspannungsphasen. Der jährliche Urlaub im Sommer, der die Erholung bringen soll, ist heute in der Regel nicht mehr ausreichend als alleinige Entspannungsquelle. Die beruflichen Anforderungen mit der jederzeitigen Erreichbarkeit mittels Handy, E-Mail oder den gar so gerne verwendeten sozialen Netzwerken sind inzwischen zu groß, als dass dies mit einem einzigen Jahresurlaub ausgeglichen werden könnte. Als Möglichkeit zur Erholung bleiben die Wochenenden. Aber müssen da nicht allzu oft Dinge vorbereitet oder Liegengebliebenes nachgearbeitet werden? Und was ist letztendlich mit dem Freizeitstress und den Forderungen und Wünschen, die man an das eigene Leben knüpft? Da bleibt nicht mehr viel Raum für die eigentliche Entspannung.

Man könnte daran denken, dass man zumindest extreme Stresssituationen gar nicht erst aufkommen lässt und nach einer merklichen Anspannung mehr oder weniger sofort oder zumindest sehr zeitnah die nötige Entspannung sucht. Mit anderen Worten, die täglichen Stresssituationen sollten entweder noch am gleichen Tag, vielleicht sogar mehrmals oder aber zumindest innerhalb derselben Woche, durch Entspannungsmaßnahmen abgebaut werden.

Hierzu gibt es einige unterschiedliche Entspannungsverfahren, die man nach einem anfänglichen Lernvorgang sehr gut alleine durchführen kann. Die Fähigkeit, körperlich zu entspannen und gedanklich abzuschalten, ist grundsätzlich nahezu für jeden Menschen trainierbar. Mit einem Entspannungstraining lassen sich beruflicher Stress und Alltagsbelastungen besser bewältigen. Es wird die Gesundheit gestärkt und die Lebensqualität schrittweise erhöht. Notwendig ist wie bei jedem Training eine regelmäßige Vorgehensweise. Die Ziele hierbei lauten: [234]

- die Wahrnehmung für Spannungszustände zu sensibilisieren, Spannungen wahrzunehmen, bevor sie Beschwerden verursachen;
- den Wechsel von Anspannung zu Entspannung zu erfahren;
- Entspannung zu genießen;
- Anspannung und Entspannung im Alltag selbst zu regulieren und die Entspannung gezielt in alltäglichen Situationen einzusetzen.

Entspannungstraining bedeutet nicht nur das Erlernen einer bestimmten Entspannungstechnik, sondern auch das Einbinden dieser Technik in den persönlichen Alltag. Im Folgenden sollen einige dieser Entspannungsverfahren vorgestellt werden. Alle sind erlernbar, müssen aber trainiert werden. Und nicht jeder spricht auf jedes dieser Entspannungsverfahren gleich gut an. Los geht's mit einem Klassiker der Entspannungstechnik, der progressiven Muskelentspannung.

Progressive Muskelentspannung

Die progressive Muskelentspannung wurde in den 20er-Jahren des vergangenen Jahrhunderts in den USA von Dr. Edmund Jacobson entwickelt. Es handelt sich dabei um ein körperorientiertes, an der Muskulatur ansetzendes Entspannungsverfahren, welches sehr häufig angewendet wird. Die progressive Muskelentspannung basiert auf einem systematischen Training der Anspannung und Entspannung der wichtigsten Muskelgruppen unter Beachtung der begleitenden Wahrnehmungen und Gefühle bei der Anspannung und Entspannung. Ziel ist es, über die Reduzierung des Muskeltonus mit einer Senkung der Aktivität des zentralen Nervensystems eine vertiefte allgemeine körperliche und psychische Entspannung zu erreichen. Ruhe sah Jacobson als ganz wichtiges, allgemeines Heilmittel an. [239]

Die progressive Muskelentspannung ist auch das Verfahren, welches in wissenschaftlichen Studien bisher am meisten untersucht wurde und dessen positive Wirkungen dort unbestritten belegt sind. Eine Übersicht über die neueren Forschungsergebnisse zur klinischen Wirksamkeit der progressiven Muskelentspannung wurde von Doubrawa im Januar 2006 in der Fachzeitschrift *Entspannungsverfahren* veröffentlicht. Positive Einflüsse der progressiven Muskelentspannung konnten dabei unter anderem in der Schmerztherapie, bei koronaren Herzerkrankungen, bei Hypertonie, Schlafstörungen, Angstzuständen und bei Krebspatienten festgestellt werden. [240]

Grundlage des Ganzen bildet der Zusammenhang zwischen psychischer und muskulärer Spannung. Innere Unruhe, Stress, Angst und andere seelische Belastungen gehen mit Anspannungen der Muskulatur einher. Die Folgen sind vielfältig und können zu Nacken-, Rücken- Gelenk- und Kopfschmerzen führen. Daraus können die unterschiedlichsten Krankheitsbilder, darunter auch Herzkrankheiten, Krankheiten der Verdauungsorgane und Bluthochdruck, resultieren. Dies gilt aber ebenso umgekehrt: Eine lockere Muskulatur geht in der Regel auch mit einem Ruhegefühl einher.

Durch dieses Entspannungsverfahren soll eine möglichst tiefgehende Entspannung erzielt werden. Dazu wird die Aufmerksamkeit immer auf eine bestimmte Muskelgruppe, etwa auf den linken Unterarm und die Hand gelenkt. Diese Muskelgruppe wird dann für fünf bis zehn Sekunden angespannt und eine Faust geballt. Die Anspannung sollte submaximal, also nicht mit voller Kraft, durchgeführt werden. Im Anschluss daran folgt die Entspannungsphase, die etwa 30 Sekunden dauern sollte. Während der Anspannungs- und Entspannungsphase sollte die gesamte Aufmerksamkeit auf die Körperempfindungen gerichtet werden. Durch diese Empfindungen vor allem bei der Entspannung der Muskulatur wird eine gleichsinnige Wirkung auf die

Gehirnaktivität und andere Organe des Körpers ausgeübt, sodass der Entspannungszustand sowohl körperlich als auch psychisch erreicht wird. Die Ergebnisse der Studien zeigen weiterhin positive Auswirkungen der progressiven Muskelanspannung auf das Immunsystem. Man geht davon aus, dass hierbei eine Stärkung der Selbstheilungskräfte stattfindet.

In der ursprünglichen Form wurden bei der progressiven Muskelentspannung insgesamt 16 Muskelgruppen in einer vorgegebenen Reihenfolge zunächst angespannt und anschließend wieder entspannt. Dazu gehören die Muskulatur von Hand, Arm, Kopf, Hals, Rücken, Bauch, Oberschenkel bis hin zum Unterschenkel und Fuß. Im fortgeschrittenen Stadium kann man das Verfahren auch verkürzen, indem man Muskelgruppen zusammenfasst und miteinander anspannt und entspannt. Dies führt dann zur Sieben-Gruppen- oder auch zur Vier-Gruppen-Methode. Speziell bei der Letzteren finden nur noch vier unterschiedliche Spannungs- und Entspannungszustände statt. So wird die Zeitdauer für den gesamten Entspannungsvorgang erheblich bis auf wenige Minuten verkürzt. Eine Entspannung ist dadurch gegenüber einem ebenfalls entspannenden Spaziergang in deutlich kürzerer Zeit zu erzielen. [241]

Vorgehensweise

Move for life will Ihnen einerseits die Zusammenhänge aufzeigen, andererseits aber auch einen Einstieg in die verschiedenen Entspannungsverfahren geben. Wie wir noch sehen werden, ist nicht jedes Verfahren für jeden gleichermaßen geeignet. Jeder muss für sich individuell das für sich geeignete Verfahren gewissermaßen erfühlen. Die anschließende Teilnahme an einem entsprechenden Kurs kann nur dringend empfohlen werden. Dort erhalten Sie eine detaillierte Anleitung und erfahren auch ein Feedback über Ihre Bemühungen.

Im Folgenden soll nur kurz angedeutet werden, wie so eine Übung bei der progressiven Muskelentspannung aussieht, wenn diese zum Beispiel von einem Entspannungstrainer durchgeführt wird. Das spätere Ziel ist aber, dass Sie diese Übungen an einem ruhigen Ort für sich selbst ausführen. [234]

Entspannungstraining im Sitzen

Setzen Sie sich möglichst bequem auf Ihren Stuhl. Lassen Sie Ihre Muskeln so locker wie möglich.

Schließen Sie Ihre rechte Hand zur Faust – nicht zu fest – und achten Sie auf die Spannung in Ihrem Unterarm und in der Hand. Registrieren Sie genau die Empfindungen, die bei der Anspannung entstehen (fünf bis zehn Sekunden).

Und nun lassen Sie Hand und Unterarm locker, ganz locker. Achten Sie darauf, wie sich die Muskeln Ihrer Hand und Ihres Unterarms allmählich immer mehr entspannen. Versuchen Sie auch, die Finger ganz locker zu lassen. Achten Sie darauf, dass der Daumen entspannt wird, der Zeigefinger, der Mittelfinger, der Ringfinger und der kleine Finger (ca. 30 Sekunden).

Und nun schließen Sie Ihre rechte Hand noch einmal zur Faust. Halten Sie wieder die Spannung (wieder fünf bis zehn Sekunden).

Geben Sie jetzt nach und achten Sie auf den Übergang von der Spannung zur Entspannung (wieder ca. 30 Sekunden). Beobachten Sie sehr genau die unterschiedlichen Empfindungen bei der Anspannung und bei der Entspannung.

Wiederholen Sie diese Übung mit der linken Hand.

Auf diese Weise wird eine Muskelpartie nach der anderen abgearbeitet. Wenn Sie am Schluss bei den Zehenspitzen angekommen sind, könnte das etwa so aussehen:

Pressen Sie Ihre Fersen fest gegen den Boden. Die Zehenspitzen sind nach oben gerichtet. Spannen Sie dabei Ihre Unterschenkel, die Oberschenkel und die Sitzmuskeln fest an.

Halten Sie die Spannung.

Lassen Sie jetzt locker.

Achten Sie wieder auf den Gegensatz von der Anspannung zur Entspannung, die sich allmählich ausbreitet. Lassen Sie die Muskeln immer lockerer, versuchen Sie, sich immer tiefer zu entspannen.

Wiederholen Sie diese Übung noch einmal.

Lassen Sie zum Schluss der Übung die Entspannung nun von den Füßen hinaufströmen durch die Beine, zum Rücken, in die Brust, in die Magengegend, in die Schultern, in Arme und Hände, bis in die Fingerspitzen, in den Nacken und in das Gesicht. Lassen Sie Ihren Körper locker und entspannt werden. Sie spüren jetzt, wie Sie mit Ihrem ganzen Gewicht auf dem Stuhl aufliegen.

Achten Sie noch einmal auf Ihre Atmung. Registrieren Sie nur innerlich dieses Ein- und Ausströmen Ihres Atems. Entspannen Sie sich immer noch tiefer und denken Sie an gar nichts anderes als nur an das angenehme Gefühl der Entspannung.

Spannen Sie Ihre Hände langsam wieder an. Winkeln Sie die Arme an und strecken Sie die Arme, räkeln sich und öffnen Sie allmählich die Augen.

Das war's im Prinzip!

So oder zumindest so ähnlich laufen die Übungen ab, die dann im fortgeschrittenen Fall auf insgesamt nur vier Muskelgruppen zusammengefasst werden. Bei der Vier-Gruppen-Methode kann man die Muskelgruppen beispielsweise folgendermaßen zusammenfassen:

- erste Muskelgruppe: beide Hände, Unterarme und Oberarme
- zweite Muskelgruppe: Gesicht („Zitronengesicht") und Nacken
- dritte Muskelgruppe: Brust, Schultern, Rücken und Bauch
- vierte Muskelgruppe: beide Oberschenkel, Unterschenkel und Füße

Wer diese Technik beherrscht, kann sich innerhalb kürzester Zeit, ohne dass man ihm dies groß ansieht, auf dem Bänkchen sitzend zur Ruhe bringen. Nur die Muskelanspannung zum Zitronengesicht könnte vielleicht bei anderen etwas zu Irritationen führen. Diese Kurzform bietet entscheidende Vorteile, zum Beispiel vor und während einer Prüfungssituation oder auch bei wichtigen Sitzungen und Besprechungen.

Neben der progressiven Muskelentspannung gibt es noch ein weiteres in Aufwand und Wirkung etwa vergleichbares Entspannungsverfahren. Es handelt sich dabei um das sogenannte autogene Training.

Autogenes Training

Das autogene Training stammt ebenfalls schon aus den 20er-Jahren des letzten Jahrhunderts. Es wurde von dem Berliner Psychiater und Neurologen Professor Dr. J. H. Schultz entwickelt und im Jahr 1932 in seinem Standardwerk *Das Autogene Training* veröffentlicht. [234] Im Gegensatz zur progressiven Muskelentspannung, bei der körperliche Empfindungen beim An- und Entspannen der Muskulatur eine Rolle spielen, ist das autogene Training ausschließlich „kopfgesteuert". Es arbeitet auf autosuggestivem, das heißt selbstbeeinflussendem Weg.

Zur Erläuterung der Funktionsweise des autogenen Trainings eignet sich ein altbekanntes Experiment. Machen Sie aus einem Ring und einen Faden ein kleines Pendel, so wie es in Abbildung 10.3 zu sehen ist.

Nehmen Sie das Pendel ruhig zwischen die Finger und bewegen Sie weder die Hand noch die Finger. Stellen Sie sich nun vor oder besser gesagt wünschen Sie sich nun, dass das Pendel seitlich von rechts nach links und zurück schwingt. Halten Sie dabei die Hand absolut ruhig und tragen Sie (bewusst) nichts zur Bewegung des Pendels bei.

Es wird in nahezu allen Fällen zu der gewünschten Pendelbewegung kommen. Sperren Sie sich nicht bei dem Experiment; es ist keinesfalls Hokuspokus. Es ist schlichte Autosuggestion, die da stattfindet. Stellen Sie sich als Nächstes ein Vor- und Zurückpendeln und anschließend eine kreisförmige Bewegung vor, bei der noch zwischen links- und rechtsherum unterschieden werden kann. Sie werden sehen, auch dies funktioniert in den allermeisten Fällen. Ihre Vorstellungskraft setzt die Muskulatur auch ohne Ihr bewusstes

Abb. 10.3 Pendel

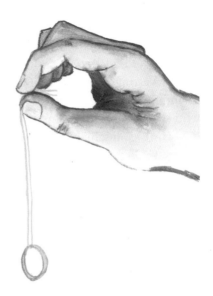

Zutun derart in Gang, dass sich die gewünschte Bewegung ergibt. Sie werden in aller Regel keine Bewegung Ihrer Finger verspüren; aber das Pendel bewegt sich trotzdem.

Das autogene Training arbeitet genau nach diesem Prinzip. Mithilfe von gedachten Selbstbeeinflussungsformeln wird über das vegetative Nervensystem Einfluss auf unseren Organismus genommen. Das autogene Training ist ein aus dem Inneren kommendes und den gesamten Organismus einbeziehendes Beeinflussungstraining mit dem Ziel der körperlichen und seelischen Entspannung. Der Anwender lernt damit, sich selbst zu finden und eine vegetative Ausgeglichenheit anzusteuern.

Das autogene Training baut auf sechs Grundübungen auf, die später je nach Bedarf weiter ausgebaut und variiert werden können. Diese sind: [242]

- Ruhe
- Schwere
- Wärme
- ruhiger Herzschlag
- ruhige Atmung
- Wärme im Oberbauch (Sonnengeflecht)

Die autosuggestiven Übungen können im Sitzen oder Liegen durchgeführt werden. Die ursprüngliche von Schultz vorgeschlagene Übungshaltung war der „Droschkenkutschersitz". Dies rührt von den damals noch in den Städten vorhandenen Pferdedroschken her. Im Prinzip ist nur eine möglichst bequeme Sitz- oder Liegehaltung in ungestörter Umgebung nötig.

Es werden dann nacheinander die Übungen der Ruhe, der Schwere, der Wärme, die Beruhigung von Herzschlag und Atmung sowie die Mehrdurchblutung der Bauchorgane mit formelhaften Vorsätzen durchgeführt.

Die Verringerung des neuromuskulären Tonus, also die muskuläre Entspannung, soll sich auf die gesamte willkürliche Muskulatur ausbreiten. Dazu wird schrittweise vorgegangen und beginnend mit dem rechten Arm werden die Schwere, anschließend die Wärme und die anderen Grundübungen einbezogen. Die formelhaften Vorsätze werden gedanklich mehrfach formuliert. Das Ganze läuft von außen gesehen in völliger Ruhe ab. Nacheinander werden die folgenden „Formeln" abgearbeitet:

- „Ich bin ganz ruhig und gelassen."
- „Mein rechter Arm ist ganz schwer."
- „Mein rechter Arm ist ganz warm."
- „Mein Atem ist ruhig und gleichmäßig."
- „Mein Herz schlägt ruhig und gleichmäßig."
- „Mein Sonnengeflecht ist strömend warm."

Vorgehensweise

Ein autogenes Training könnte somit folgendermaßen aussehen:
„Ich bin ganz ruhig und gelassen."

Die erste Formel dient zur Konzentration, und um andere „störende" Gedanken abzuschütteln. Diese Ruhestellung am Anfang ist die Voraussetzung für die weiteren Übungen. Man denkt konsequent und mehrfach den ersten Satz. Dieser übernimmt dann eine gewisse suggestive Wirkung im Hinblick auf den Denkrhythmus. Jede der obigen Formeln soll eineinhalb bis zwei Minuten konzentriert gedacht werden. Sollten andere Gedanken längere Zeit dazwischen kommen, muss man die Zeit der Konzentration entsprechend verlängern. Dann kommt die nächste Formel.
„Mein rechter Arm ist ganz schwer."

Man muss jetzt wieder konsequent für eineinhalb bis zwei Minuten diese Formel denken, sich auf den rechten Arm konzentrieren und dabei vorstellen, wie sich der rechte Arm vom Schultergelenk löst, schwer aufliegt und immer schwerer wird. Das Schwereerlebnis tritt meist relativ schnell ein. Durch Messungen mit Körperteilwaagen konnte man feststellen, dass der rechte Arm bei dieser Konzentration tatsächlich schwerer wird. Das ist auf eine stärkere Durchblutung zurückzuführen, aber auch auf eine deutlich nachweisbare Entspannung der Armmuskulatur. Man könnte jetzt fortfahren mit „beide Arme werden schwer" und „Arme und Beine werden schwer". Es hat sich aber gezeigt, dass die Konzentration auf die Schwere des rechten Armes ausreicht, um zu dem gewünschten Ziel zu kommen. Nach einiger Zeit wird automatisch der linke Arm schwer und schließlich werden neben den Armen ebenfalls die Beine schwer. Hierbei wirkt das Phänomen der Generalisierung. Das ist ein psychophysiologisches Phänomen und meint in diesem Fall die Ausbreitung des Schweregefühls auf den gesamten Körper. Das Gleiche gilt sinngemäß auch für die folgende Wärmeübung.

„Mein rechter Arm ist ganz warm."

Bei dieser Formel stellt man sich vor, dass ein warmer Strom vom rechten Schultergelenk in den Oberarm fließt, von dort in den Unterarm, dann in die Hand und in die Finger. Auch hier konnte man nachweisen, dass es sich keineswegs um Einbildung handelt. Wie Temperaturmessungen zeigten, stieg die Hauttemperatur 20 bis 30 Sekunden nach Anwendung der Wärmeformel tatsächlich um ein bis zwei Grad an. Hintergrund der Temperatursteigerung ist eine stärkere Durchblutung des Armes.

Wie bei allen anderen Formeln ist auch hierbei ein Abgleiten in andere Gedanken möglichst zu vermeiden.

„Mein Atem ist ruhig und gleichmäßig."

Die Atmung ist eine Funktion, die an der Grenze zwischen bewusst steuerbarer und unbewusst automatisch gesteuerter Tätigkeit steht. Wir können bewusst ein- und ausatmen, schneller, langsamer, tiefer und so weiter, aber auch, wenn wir nicht daran denken, zum Beispiel während des Schlafens, atmen wir weiter. Es ist eine leichte „Bauchatmung" anzustreben, sodass sich bei der Konzentration auf die Atmung der Mittelpunkt des Denkens in den Bereich des Zwerchfells verlagert. Durch diese Übung soll man den Rhythmus des eigenen Körpers spüren und seine Aufmerksamkeit auf die Körpermitte richten. Dies stellt gewissermaßen schon eine Vorbereitung auf die letzte Übung mit dem Sonnengeflecht dar.

„Mein Herz schlägt ruhig und gleichmäßig."

Die Herzübung soll die Effekte der Schwere- und der Wärmeübung noch weiter verstärken. Eine Änderung der Herzfrequenz ist nicht das Ziel dieser Übung, es zeigte sich aber bei vielen Anwendern, dass die Herzfrequenz bei diesen deutlich, genauer um mehr als fünf Schläge pro Minute, zurückging.

An dieser Stelle soll noch angemerkt werden, dass die Herzübung für einige Menschen problematisch sein kann. Zu viel Aufmerksamkeit auf diesem Körperteil ist für manche Übende ungewohnt und kann zu unangenehmen Empfindungen führen, die die Entspannung erschweren.

Bei den meisten hat sich bisher jedoch gezeigt, dass die Konzentration auf den Herzschlag eine außerordentlich günstige Wirkung auf den gesamten Kreislauf hat. Darin liegt der Grund, dass diese Formel in das ganze System mit eingebaut wurde.

„Mein Sonnengeflecht ist strömend warm."

Die Konzentration auf das Sonnengeflecht ist das Ziel des autogenen Trainings. Das Sonnengeflecht, auch Plexus solaris genannt, ist das Zentrum des vegetativen oder auch autonomen Nervensystems. Dort laufen viele wichtige innere Vorgänge des Menschen ab, die dieser nicht direkt willentlich, höchstens indirekt beeinflussen kann. Bei der Sonnengeflechtübung stellt man sich im Bereich des Oberbauchs ein Wärmegefühl vor. Damit sollen die Muskelentspannung gefördert und ein entspannendes Gefühl erzeugt werden. Durch diese Formel soll der Übende gewissermaßen dem vegetativen Nervensystem vertrauensvoll das Steuer überlassen.

Wie schon erwähnt, sollten während des ganzen Trainings die jeweiligen „Formeln" mehrfach konzentriert gedacht werden, wobei jede Übung etwa eineinhalb bis zwei Minuten dauern sollte.

Das Zurücknehmen

Nachdem das autogene Training in der beschriebenen Weise durchgeführt wurde, kommt am Schluss das Problem des Auflösens beziehungsweise des Zurücknehmens auf uns zu. Dazu gibt es die unterschiedlichsten Vorschläge. Manche mögen es langsam und sanft, wieder andere bevorzugen eine schnelle Variante, damit hinterher keine Benommenheit zurückbleibt und man wieder frisch sein Tagewerk fortsetzen kann. Ich bin mehr der Anhänger der letzteren Variante.

Gedanklich sagt man sich beispielsweise wieder vor:

„Ich bin und bleibe gelassen. Tief atmen, Arme fest, Augen auf!"

Stehen Sie anschließend sofort auf und gehen Sie hurtig und frohen Mutes wieder an Ihr Tagesgeschäft. [242]

Autogenes Training oder progressive Muskelentspannung?

Das autogene Training muss genauso wie die progressive Muskelentspannung geübt werden. Am Anfang sollte dies dreimal täglich über einen Zeitraum von zehn bis fünfzehn Minuten erfolgen. Wenn man alles verinnerlicht hat, kann man sowohl die Anzahl als auch die Dauer des autogenen Trainings reduzieren. In Vollendung ist hier ebenfalls eine Entspannung in sehr kurzer Zeit möglich, ohne dass andere anwesende Personen die Trainingseinheit bewusst bemerken.

Die progressive Muskelentspannung und das autogenes Training sind zwei gängige, häufig verwendete Entspannungstechniken. Da taucht die Frage auf, welche von den beiden sollte man für sich persönlich wählen oder sollte man gar mit beiden Methoden arbeiten? Die Erfahrung hat gezeigt, dass es individuelle Unterschiede in den Präferenzen für eines der Verfahren gibt. Hochinteressant und geradezu auffallend war dies bei dem von mir besuchten Lehrgang zum Entspannungstrainer. Wir haben dort unter anderem mit beiden Verfahren gearbeitet. Dabei ergab sich, dass jeweils rund die Hälfte der Teilnehmer das eine und die andere Hälfte das andere Verfahren für sich favorisierte. Beide Gruppen konnten mit dem jeweils anderen Entspannungsverfahren in der Regel nichts oder zumindest nicht viel anfangen.

Man muss auch deutlich sehen, dass beide Verfahren grundsätzlich verschiedene Ansatzpunkte haben. Bei der einen Variante spielen körperliche Effekte wie Muskelanspannung und Muskelentspannung eine Rolle. Bei dem anderen Verfahren spielt sich alles im Kopf ab. Von der individuellen Persönlichkeit hängt es nun ab, welcher Zugang für den Einzelnen der wirkungsvollere ist. Das kann einerseits der Weg über Körperempfindungen oder andererseits über die Eigensuggestion sein. Probieren Sie es aus. Anhand der hier kurz skizierten grundsätzlichen Arbeitsweise müssten Sie in der Lage sein, zumindest andeutungsweise in die beiden Methoden „hineinzuschnuppern", um zumindest zu erkennen, welches Verfahren für Sie mehr in Frage kommt oder mit welchem Sie überhaupt nichts anfangen können.

Erlernen sollten Sie das Ganze dann auf jeden Fall im Rahmen eines Kurses oder Seminars. Solche Lehrgänge werden heutzutage nahezu bei allen Bildungseinrichtungen, etwa Volkshochschulen, angeboten. Und dann gibt es natürlich noch die professionellen Entspannungstrainer, die Ihre Seminare anbieten. Entsprechende Angebote finden Sie ebenfalls in Praxen für Physiotherapie und Krankengymnastik oder in Rehazentren. Man wird Ihnen dort mit Sicherheit eine geeignete Literatur empfehlen, sodass Sie nach dem Kurs Ihr Entspannungstraining selbstständig weiterführen können.

Weitere Entspannungsverfahren

Dazu gehören auch sogenannte Fantasiereisen. Hierbei werden in bequemer Lage, meist im Liegen und mit geschlossenen Augen, schöne Geschichten erzählt. Dies kann von einem Vorleser oder auch über eine CD erfolgen. Aber wer hat schon seinen eigenen Vorleser? Wenn man dies nicht in einer Gruppe praktiziert, bleibt nur der Kauf einer CD übrig. Solche CDs mit Entspannungsgeschichten oder mit Entspannungsmusik oder -geräuschen wie Vogelgezwitscher, Meeresrauschen oder das Plätschern eines Baches sind im einschlägigen Handel erhältlich. Hierbei findet keine Muskelarbeit statt wie bei der progressiven Muskelentspannung und auch keine Selbstsuggestion wie beim autogenen Training. Es ist einfach nur ein angenehmes Zur-Ruhe-kommen. [234]

Gert von Kunhardt empfiehlt zur Entspannung für zwischendurch sogenannte Minutenurlaube. Dies sind natürlich keine echten Urlaube. Das sind bewusst herbeigeführte kurze Situationen, in denen wir uns entspannen, erfreuen und erholen. Dabei sollten möglichst viele Sinne zum Einsatz kommen, wie Sehen, Fühlen, Hören, Riechen und Schmecken. Beispiele wären ein Blick aus dem Fenster und das vorsätzliche Beobachten der Natur – Bäume, Blumen, Menschen, Tiere, Sonne, Wolken, Wetter. Oder denken Sie einfach nur an etwas Schönes. Entspannend wirken können auch das bewusste (nicht nebenbei) Essen und Genießen eines Apfels oder von etwas anderem, auf das man gerade Appetit hat, das Trinken einer Tasse Tee oder einer Tasse Kaffee. Schon der Genuss eines klitzekleinen Espressos kann sich wohltuend auf die Befindlichkeit auswirken. Diese kleinen, man könnte fast sagen Selbstverständlichkeiten, können, wenn man sie bewusst genießt, die Stimmungslage positiv beeinflussen und damit zur Entspannung beitragen. [164]

Wiederholend sei an dieser Stelle auf den Erholungswert von Bewegung und Sport im Allgemeinen hingewiesen. Sport und Bewegung sind ausgezeichnete Mittel zum Abbau von Stress und anderen Belastungen des Alltags. Dadurch wird das individuelle Wohlbefinden gestärkt. Bei körperlicher Betätigung werden Spannung und Entspannung direkt erlebt und psychische Spannungen abgebaut. Ausdauertraining fördert die Erholungsfähigkeit, baut Stresshormone ab, stärkt die Konzentrationsfähigkeit und lässt den Menschen gut schlafen.

Neben Entspannungstraining und Bewegung stellt auch eine gesunde Ernährung ein Mittel dar, um besser gegen die Belastungen des Alltags gewappnet zu sein. Nicht bloße Nahrungsaufnahme, sondern der Genuss eines guten Essens kann sehr wohl auch zur Entspannung beitragen. Konzentrieren Sie sich dabei bewusst auf den Geruch, die Geschmacksnuancen, die Zutaten und die optische Aufmachung. Auf diese Weise wird Essen zur Sinneserfahrung mit echter Erholungsqualität. [234]

Praxistipp: Kommen Sie zur Besinnung

Viele von uns leben oft in blinder Hektik zwischen den Anforderungen des Berufs- und des Privatlebens. Genuss, Freude und Entspannung stehen meist hintenan. Die an sich selbst gestellten Ansprüche sind häufig sehr hoch und nicht immer erfüllbar. Man sollte sich deshalb immer wieder einmal fragen: Was will ich eigentlich? Was ist mir wirklich wichtig? Um sich diese Fragen beantworten zu können, ist ein regelmäßiges Innehalten notwendig. Nur dann kann man zu sich und seinen angestrebten Zielen finden beziehungsweise diese immer wieder neu definieren. Die Ziele variieren auch ständig im Laufe eines Lebens und sind von der jeweiligen Lebenssituation abhängig. Innehalten bedeutet aber auch, den gegenwärtigen Augenblick sozusagen im „Hier und Jetzt" bewusst zu erleben und zu genießen. Denn im nächsten Augenblick ist dieser schon wieder weg und die Frage taucht auf: War es das, was ich wollte?

Dazu passt auch der Ausspruch von Bernhard von Clairvaux: [243]

„Du sollst dich nicht immer und nie ganz der äußeren Tätigkeit widmen, sondern ein Quäntchen deiner Zeit und deines Herzens für die Selbstbesinnung zurückhalten."

Manchmal lassen sich Dinge im übertragenen Sinn, zum Beispiel mit einer Metapher, besser formulieren und auch klarer und prägnanter ausdrücken. Dazu möchte ich den Brief eines alten kalifornischen Mönches zitieren. Der wirkliche Autor soll jedoch der argentinische Schriftsteller Jorge Luis Borges (1899–1987) sein. [244]

Brief eines alten kalifornischen Mönches

Könnte ich mein Leben nochmals leben,
dann würde ich das nächste Mal versuchen, mehr Fehler zu machen.
Ich würde mich entspannen, lockerer und humorvoller sein als dieses Mal.

Ich kenne nur sehr wenige Dinge, die ich ernst nehmen würde.
Ich würde mehr verreisen. Und ein bisschen verrückter sein.
Ich würde mehr Berge erklimmen, mehr Flüsse durchschwimmen
und mir mehr Sonnenuntergänge anschauen.
Ich würde mehr spazieren gehen und mir alles besser ansehen.
Ich würde öfter ein Eis essen und weniger Bohnen.
Ich hätte mehr echte Schwierigkeiten und weniger eingebildete.

Müsste ich es noch einmal machen, ich würde einfach versuchen,
immer nur einen Augenblick nach dem anderen zu leben,
anstatt jeden Tag schon viele Jahre im Voraus.

Ich gehörte immer zu denen, die nie ohne Thermometer, Wärmflasche,
Gurgelwasser, Regenmantel und Aspirin aus dem Haus gingen.
Könnte ich noch einmal von vorne anfangen,
würde ich viel herumkommen, viele Dinge tun und mit wenig Gepäck reisen.

Könnte ich mein Leben nochmals leben,
würde ich im Frühjahr früher und im Herbst länger barfuß gehen.
Und ich würde öfter die Schule schwänzen.
Ich würde mir nicht so hohe Stellungen erarbeiten,
es sei denn, ich käme zufällig daran.
Auf dem Rummelplatz würde ich viel mehr Fahrten machen,
und ich würde mehr Gänseblümchen pflücken.

Aber sehen Sie...
ich bin 85 Jahre alt und weiß, dass ich bald sterben werde...

Eine weitere bekannte Metapher ist der entspannte Bogen: [245]

Der entspannte Bogen

Es heißt, dass der alte Apostel Johannes gern mit seinem zahmen Rebhuhn spielte. Nun kam eines Tages ein Jäger zu ihm. Verwundert sah er, dass ein so angesehener Mann wie Johannes einfach nur spielte.

Konnte der Apostel seine Zeit nicht mit viel Wichtigerem als mit einem Rebhuhn verbringen? So fragte er Johannes: „Warum vertust du deine Zeit mit Spielen? Warum wendest du deine Aufmerksamkeit einem nutzlosen Tier zu?" Verwundert blickte Johannes auf. Er konnte gar nicht verstehen, warum er nicht mit dem Rebhuhn spielen sollte.

Und so sprach er: „Weshalb ist der Bogen in deiner Hand nicht gespannt?" Der Jäger antwortete: „Das darf nicht sein. Ein Bogen verliert seine Spannkraft, wenn er immer gespannt wäre. Er hätte dann, wenn ich einen Pfeil abschießen wollte, keine Kraft mehr. Und so würde ich natürlich das anvisierte Ziel nicht treffen können."

Johannes sagte daraufhin: „Siehst du, so wie du deinen Bogen immer wieder entspannst, so müssen wir alle uns immer wieder entspannen und erholen. Wenn ich mich nicht entspannen würde, indem ich zum Beispiel einfach ein wenig mit diesem – scheinbar so nutzlosen – Tier spiele, dann hätte ich bald keine Kraft mehr, all das zu tun, was notwendig ist. Nur so kann ich meine Ziele erreichen und das tun, was wirklich wichtig ist."

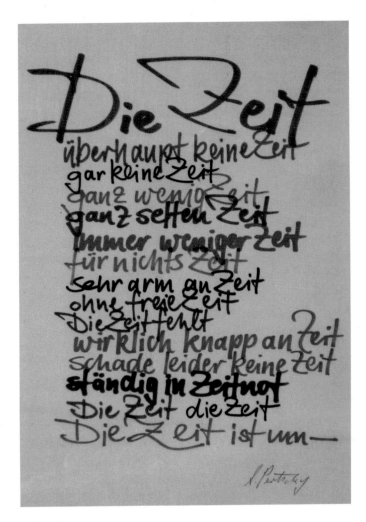

Abb. 10.4 Die Zeit

Die Zeit

Abschließend möchte ich noch ein paar Zeilen über die Zeit wiedergeben. Diese Zeilen (Abb. 10.4) hängen bei mir eingerahmt im Haus und sollen das Problem der begrenzten Lebenszeit stets in Erinnerung rufen. Der relativ einfache, aber sehr eindrucksvolle Text stammt von A. Pertschy.

11

Sanft, aber hocheffektiv

Die bisherigen Betrachtungen in dem vorliegenden Buch zeigen die Notwendigkeit der Bewegung in Form eines Ausdauertrainings und auch die Erfordernis eines Krafttrainings zur Erhaltung der Muskulatur auf. Weiterhin wäre, sei es aus Altersgründen oder zur Verbesserung im Leistungssport, noch ein Koordinationstraining wünschenswert. Hinzu kommt, dass wir in unserer von Stress, Hektik und Anspannung geprägten Zeit noch das richtige Maß an Entspannung benötigen. Die hierzu notwendigen Trainingsvarianten wurden bereits in den einzelnen Kapiteln näher diskutiert. Es gibt mindestens ein Trainingsgerät, mit dem man alle vier Dinge (Ausdauer, Kraft, Koordination und Entspannung) gleichzeitig trainieren kann. Vielleicht nicht in der gleichen Intensität wie bei einem Spezialtraining. Aber immerhin kann man durch das Training mit einem einzigen Sportgerät diese vier Problemkreise und sogar noch mehr gleichermaßen ansprechen. Es handelt sich dabei um das Trampolin, besser gesagt, um das Minitrampolin. Dieses gibt es in zwei Varianten. Der Unterschied liegt in der Federung. Die eine Variante ist mit hochelastischen Bändern und die andere mit Stahlfedern bestückt (Abb. 11.1). Daraus resul-

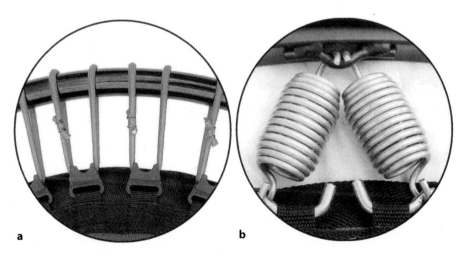

a   b

Abb. 11.1 Minitrampolin **a** mit hochelastischen Bändern beziehungsweise **b** mit Stahlfedern [247]

W. Zägelein, *Move for Life*, DOI 10.1007/978-3-642-37643-6_11,
© Springer-Verlag Berlin Heidelberg 2013

Tab. 11.1 Unterschiede zwischen den beiden Varianten von Minitrampolinen

	Schwingfrequenz pro Minute	mittlere Schwingungsamplitude
Minitrampolin mit hochelastischen Federn	70–100 Schwingungen	ca. 32 cm
Minitrampolin mit Stahlfedern	120–140 Schwingungen	ca. 15 cm

tiert ein unterschiedliches Schwingverhalten, was sich auch auf den jeweiligen Anwendungsbereich auswirkt. [246]

Das Minitrampolin mit den hochelastischen Bändern hat eine deutlich größere Schwingungsamplitude, dafür ist die Schwingfrequenz niedriger (Abb. 11.2). Es kann ungefähr von den in Tabelle 11.1 angegebenen Werten ausgegangen werden. [248]

Die Einsatzbereiche können etwa wie folgt abgegrenzt werden: [248]

Minitrampolin mit hochelastischen Bändern

- Rehabilitation
- sanftes Fitness- und Krafttraining
- Fatburning
- sanftes Lauftraining
- Rückenprobleme (Bandscheiben)
- Gelenkprobleme
- Beweglichkeit
- Entspannung, Stressbekämpfung
- Koordinationstraining

Minitrampolin mit Stahlfedern

- Fitnesstraining, Aerobic
- Fatburning
- Lauftraining
- Koordinationstraining

Wo liegt nun der Unterschied zwischen den beiden Federungsarten. Die relativ kurzen Stahlfedern erlauben nur eine geringere Schwingungsamplitude. Hinzu kommt, dass der lineare Bereich der Feder, bei dem die Federkraft proportional zur Auslenkung der Feder ist, relativ klein ist. Dieser lineare Bereich wird in der Technik auch Hooke'scher Bereich genannt. Die Auslenkung ist somit deutlich geringer als mit den hochelastischen Bändern. Speziell bei Billiggeräten erfolgt am Ende der Schwingungsamplitude eine relativ harte und

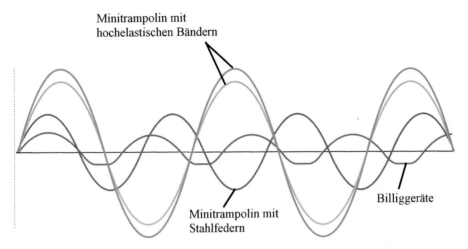

Minitrampolin mit
hochelastischen Bändern

Minitrampolin mit
Stahlfedern

Billiggeräte

Abb. 11.2 Schwingverhalten von Minitrampolinen [247]

unelastische Bremsung. Dies geht schon aus Abbildung 11.2 hervor. Dadurch werden Stöße in den Körper des Trainierenden eingeleitet, die von den Gelenken und Bandscheiben absorbiert werden müssen. Der Vorteil einer sanften Trainingsmethode geht damit aber verloren. Es hängt also sehr viel von der Federqualität ab, was sich letztendlich auch im Preis niederschlägt.

Trampoline mit hochelastischen Bändern haben einen wesentlich größeren linearen Dehnbereich, sodass man bei diesen Trampolinen erst gar nicht in die Enddehnung kommt. Dadurch ergeben sich auch keine Stöße, die vom Körper aufgefangen werden müssen. Erst damit ist das in der Überschrift des Kapitels versprochene sanfte Training möglich.

Wenn man also von dem oben angesprochenen Vierfachnutzen profitieren und seinem Rücken, Gelenken und Bandscheiben etwas Gutes tun will, ist ein Minitrampolin mit hochelastischen Bändern die allererste Wahl. Wie ein derartiges Trampolin in etwa aussieht, zeigt Abbildung 11.3. [249]

Das abgebildete Trampolin ist auch mit Haltegriffen erhältlich, sodass dieses Sportgerät auch von Senioren bis ins hohe Alter gefahrlos benutzt werden kann. Insgesamt gesehen handelt es sich dabei um ein sehr universelles Übungsgerät.

Bei dieser Form des Trampolins geht es nicht um das Trampolinturnen oder Trampolinspringen. Dies ist eine wettkampforientierte Sportart mit großen rechteckigen Trampolinen, bei denen gewisse Figuren unterschiedlicher Schwierigkeitsgrade regelrecht gesprungen werden. Hier geht es vielmehr um ein Schwingen mit relativ großer Schwingungsamplitude. Die Füße verlassen auch nach der Aufwärtsbewegung kaum oder nur geringfügig die

Abb. 11.3   Minitrampolin mit hochelastischen Bändern [249]

Sprungmatte. Die Schwingbewegung geht hierbei fast ausschließlich nach unten.

Beim Schwingen mit dem Trampolin ist die Schwerkraft der Trainingspartner. Diese muss bei der Aufwärtsbewegung überwunden werden. Man wird dabei leicht und immer leichter, bis man schließlich für kurze Zeit die Schwerelosigkeit erreicht. Dies ist im Bereich des oberen Umkehrpunktes. Dieser Umkehrpunkt ist der Höhepunkt der Flugbahn, aber auch der Höhepunkt der Gefühle für viele. Der Körper ist schwerelos und alle Muskeln entspannen sich. Anschließend geht es dann wieder nach unten. Die Geschwindigkeit nimmt zu. Dann beginnt das Abbremsen. Es wirken wieder zunehmende Gewichtskräfte auf den Körper. Alle Muskeln spannen sich reflexartig an. Am unteren Umkehrpunkt wird durch das Körpergewicht und die Erdbeschleunigung das maximale Gewicht erreicht. Je nach Intensität der Schwingung wirkt hier ein Vielfaches des eigenen Körpergewichts auf den Körper ein. Entsprechend stark ist die Anspannung der eigenen Muskulatur und dadurch natürlich auch die Trainingswirkung. Die Abwärtsbewegung ist es, welche die Muskulatur stärkt. Es handelt sich dabei um die besonders wirksame Form der exzentrischen Muskelarbeit. Man bremst dabei mit der Muskulatur ein Gewicht ab, welches man konzentrisch gar nicht heben könnte. Danach geht es wieder nach oben und der ganze Vorgang wiederholt sich. Entspannung der Muskeln und der gesamten Zellstruktur beim Aufschwung und erneute Anspannung beim Abbremsen. Dieser permanente Wechsel zwischen Anspannung und Entspannung der Muskulatur hat eine enorme Stoffwechselaktivität zur Folge. Die Bewegung wird an sich subjektiv nicht als anstrengend wahrgenommen, trainiert aber buchstäblich den ganzen Körper. Keine Körperzelle kann sich dem Rhythmus des An- und Entspannens entziehen. [248, 250, 251]

Die Vorgänge im Körper während des Trampolinschwingens sind schier unglaublich. Machen Sie einmal den folgenden Test: Schwingen Sie etwa eine Minute auf dem Trampolin. Steigen Sie anschließend vorsichtig herunter und wiederholen Sie das Schwingen auf dem harten Boden. Das dabei auftretende Gefühl kann man eigentlich nicht beschreiben. Das muss man schlicht und einfach erleben. Probieren Sie es aus!

Das Schwingen mit dem Trampolin trainiert die Muskulatur, stärkt das Herz-Kreislauf-System, fördert den Stoffwechsel, stärkt Knochen und Gelenke, ernährt die Bandscheiben, sorgt für den Abtransport der Lymphe, wirkt positiv auf alle Körperzellen, verbessert die koordinativen Fähigkeiten und wirkt entspannend auf den ganzen Körper. Das Trampolin ist ein Universalgerät, quasi ein Tausendsassa. Schauen wir uns im Folgenden die einzelnen Effekte des Trampolins auf den Körper einmal näher an.

Muskulatur, Herz-Kreislauf-System

Dem Schwingen auf dem Trampolin kann sich kein einziger Muskel entziehen. Im Bereich des oberen Umkehrpunktes entspannt sich die Muskulatur, um dann unten wieder komplett zu kontrahieren. Sie können dies gerne einmal nachprüfen. Hierzu brauchen Sie während des Schwingens auf dem Trampolin nur einmal eine beliebige Muskelgruppe anfassen. Egal welchen Muskel Sie wählen, das An- und Entspannen ist überall deutlich zu spüren. Es bleibt kein einziger Muskel unbeeinflusst. Man kann somit sagen, dass hierbei 100 Prozent der Muskulatur aktiv sind. Keine andere Sportart erreicht diesen Prozentsatz. Beim Nordic Walking, das extra für eine hohe Muskelbeteiligung konzipiert ist, sind nur maximal 90 Prozent der Muskulatur im Einsatz. Beim Laufen oder Joggen sind merkbar weniger Muskeln aktiv. Noch weniger sind es beim Radfahren, da dort im Wesentlichen nur die unteren Muskelgruppen beansprucht werden. Diese werden dann oft, wie wir schon weiter vorne gesehen haben, über Gebühr belastet, was dann zu einer erhöhten Lactatbildung führen kann.

Jede, aber auch jede Muskelzelle ist beim Trampolinschwingen betroffen und wird dadurch gekräftigt. Speziell die tief liegende Muskulatur, welche kaum durch Krafttraining, noch durch Massagen beeinflussbar ist, kann mithilfe des Trampolins angesprochen und trainiert werden. Dadurch kann die für die Koordination so wichtige Tiefensensibilität verbessert werden. Als weiterer Vorteil resultiert dadurch auch ein sehr intensiver Stoffwechsel. Myokine durchströmen unseren Körper und verteilen dort ihre heilsame Wirkung. Das regelmäßige Training mit dem Minitrampolin verbessert natürlich auch die gesamte Leistungsfähigkeit des Herz-KreislaufSystems. Es greifen hier wieder die in den vorherigen Kapiteln beschriebenen Vorteile und Auswirkungen eines moderaten Ausdauertrainings. Beim Trampolintraining gerät man üblicherweise auch nicht in den anaeroben Bereich, sodass die Fettverbrennung beim Trampolinschwingen im Vordergrund steht.

Selbst wenn das Schwingen noch so sanft zu sein scheint, ist auf jeden Fall ein nicht zu unterschätzender Trainingseffekt vorhanden. Dieser ist besonders stark in der Beinmuskulatur zu verspüren. Die Beine werden gekräftigt, was positive Auswirkungen auf einen schnelleren Antritt bei Laufsportarten und auf eine höhere Trittsicherheit bei rutschigem Untergrund hat. Speziell Letzteres ist ein wichtiger Punkt für Ältere. Dadurch kann man sich besonders im Winter viele Unannehmlichkeiten durch Stürze und dergleichen ersparen.

Den Trainingseffekt des Trampolins auf die Beinmuskulatur konnten meine Frau und ich anhand einer Levadawanderung auf der Insel Madeira am eigenen Leib erfahren. Vor einer Reihe von Jahren unternahmen wir eine Wanderung, die einen Aufstieg zur Levada, anschließende eine dreistündige Levadawanderung und schließlich einen fast einstündigen Abstieg umfasste. Und genau dieser Abstieg stellte das Problem dar. Es ging die ganze Zeit auf gepflasterten Wegen sehr sehr sehr steil nach unten. Das war für uns grausam. Wir versuchten vorwärts, rückwärts und seitwärts zu laufen. Es ging uns ziemlich an die Knochen. Als wir endlich am Ziel, dem botanischen Garten, angekommen waren, hatten wir für die dortige blühende Pracht und die wunderschöne Pflanzenwelt keinen Blick mehr. Unser Blick war röhrenmäßig sehr eingeschränkt auf eine Parkbank und eine Wasserflasche gerichtet. Wir haben uns dann auch sehr schnell mit dem Taxi zum Ausgangspunkt unserer Wanderung zurückfahren lassen, wo unser Auto stand. So weit, so schlimm. Ein Jahr später war wieder Madeira angesagt. Mehr oder weniger zufällig habe ich aber vier Monate vorher auf Anraten von Gert von Kunhardt ein Trampolin mit den hochelastischen Bändern gekauft und auch wirklich regelmäßig damit trainiert. Möglichst jeden Tag 20 Minuten Trampolin, war die Devise. Das Gleiche galt auch für meine Frau. Dann ging es wieder nach Madeira und wir machten unter anderem abermals die gleiche Wanderung. Nur mit dem kleinen Unterschied, dass wir dieses Mal den finalen Abstieg meist lachend und locker hinunter joggelten und anschließend mit sehr großem Interesse den wunderschönen botanischen Garten betrachteten. Von ermüdeten Beinen aufgrund dieser „Bergab-Tortur" war bei uns beiden überhaupt nichts zu verspüren. Wir sind zu 100 Prozent sicher, dass der Unterschied einzig und allein vom Trampolin herrührt, mit dem speziell die unteren Extremitäten auf wunderbare Weise trainiert werden.

Die Skelettmuskulatur ist selbst dann angespannt, wenn wir keine Aktionen ausführen, zum Beispiel beim Stehen oder Sitzen. Es herrscht somit immer ein gewisse Grundanspannung, ein sogenannter Muskelgrundtonus. Beim Trampolinschwingen löst sich diese Anspannung während der Aufwärtsbewegung, um hinterher bei der Abwärtsbewegung wieder anzuspannen. Durch diese permanenten Schwingungen können sich selbst hartnäckige muskuläre Verkrampfungen lösen und zu einer wohltuenden Entspannung führen.

Die NASA hat sich schon sehr frühzeitig mit dem Trampolin befasst. Man hatte seinerzeit allerdings nur die großen rechteckigen Sporttrampoline. Mit denen war wie bei den heutigen Minitrampolinen mit den hochelastischen Bändern ein tiefes Eintauchen in die Trampolinmatte möglich. Bei der NASA wird dieses Sportgerät bereits seit über 40 Jahren zum Aufbau- und Regenerationstraining für die Astronauten verwendet.

Eingesetzt wird es ebenso zur Vorbereitung von Weltraumflügen wie insbesondere dazu, nach einem längeren Aufenthalt im All die zurückgebildete Muskulatur und auch die Knochen- und Knorpelgewebe möglichst gelenkschonend wieder aufzubauen. In einer Studie, deren Ergebnisse im *Journal of Applied Physiology* (Band 49, Heft 5) im Jahr 1980 veröffentlicht wurden, sind eine Reihe von Dingen bestätigt worden, die Albert E. Carter schon vorher in seinem Buch *Miracles of Rebound Exercise* veröffentlicht hatte. In dieser von A. Bhattacharya, E. NcCutcheon, E. Shava-

riz und J. E. Greenleaf durchgeführten Studie wurde das Laufen (Joggen) auf einem Laufband mit dem Trampolinspringen verglichen. Der Vergleich erstreckte sich auf vier verschiedene Laufgeschwindigkeiten auf dem Laufband und vier verschiedene Sprungintensitäten auf dem Trampolin. Die Probanden wurden unter anderem mit Beschleunigungssensoren am Knöchel, am unteren Rücken und an der Stirn versehen.

In der Studie wurde ein 2,74 mal 4,56 Meter großes Trampolin der Marke „American Athletic Equipment" verwendet. Bezüglich der Sprungsituation ist dieses Trampolin am ehesten mit dem Minitrampolin mit hochelastischen Bändern vergleichbar. Minitrampoline mit Stahlfedern haben andere Eigenschaften, sodass sich die Aussagen der Studie nur auf die Ersteren übertragen lassen. Im Wesentlichen wurden die folgenden Ergebnisse erzielt: [252]

- Beim Joggen waren die Beschleunigungskräfte am Knöchel doppelt so groß wie am Rücken und auf der Stirn. Dies erklärt die diversen Fuß- und Knieprobleme beim Laufen. Diese unterschiedlichen Kräfte müssen schließlich im Körper absorbiert werden.
- Beim Trampolinschwingen dagegen konnte an allen drei Messpunkten die gleiche niedrigere Beschleunigung gemessen werden. Jedes Körperteil und jede Zelle wird hiermit gleich ohne übermäßigen Druck belastet und dadurch gestärkt.
- Die geleistete biomechanische Arbeit ist bei gleicher Sauerstoffaufnahme beim Trampolinspringen größer als beim Joggen auf dem Laufband. Der größte Unterschied lag bei etwa 68 Prozent. Anders herum betrachtet kann man auch sagen, dass aufgrund der Energiespeicherfähigkeit der Federung des Trampolins mehr biomechanische Arbeit mit weniger Energieaufwand geleistet wird. Das Training mit dem Trampolin ist somit deutlich sanfter.
- Obwohl mit den verwendeten Trampolinen eine höhere Beschleunigung möglich war, wurde die Studie mit einer Beschleunigung der Probanden von weniger als dem Vierfachen der Erdbeschleunigung durchgeführt. In diesem Bereich war das Trampolinschwingen bezüglich der Sauerstoffaufnahme effizienter als das Laufen auf dem Laufband.
- Erst bei höheren Beschleunigungen waren keine merkbaren Unterschiede in der Sauerstoffaufnahme mehr zu verzeichnen.

Mit anderen Worten, je weicher das Trampolin ist, desto besser sind die Verhältnisse. In der Studie wurde auch darauf hingewiesen, dass das Trampolinschwingen sowohl für ältere Personen als auch für die Rehabilitation hervorragend geeignet ist.

Bandscheiben, Knochen und Gelenke

Die Wirbelsäule dient unter anderem dazu, die Stöße, Stauchungen und Erschütterungen, die auf den Körper wirken, abzufedern. Hierfür erweist sich speziell die S-förmige Krümmung der Wirbelsäule als vorteilhaft. Die Bandscheiben wirken wie Puffer und Polster zwischen den Wirbeln der Wirbelsäule, weshalb sie auch Zwischenwirbelscheiben (Disci intervertebrales) genannt werden. Sie bestehen im Prinzip aus einem festen Außenring und einem Gallertkern. Der Gallertkern gleicht wie ein Wasserkissen die Druckunterschiede zwischen den zwei Wirbeln aus. Dadurch wird die Wirbelsäule sehr beweglich, weil nicht die starren Wirbelkörper aneinander stoßen, sondern die Zwischenwirbelscheiben sich elastisch verformen. Außerdem wirken die Bandscheiben wie Stoßdämpfer, wenn Stauchungen auf die Wirbelsäule einwirken. [253]

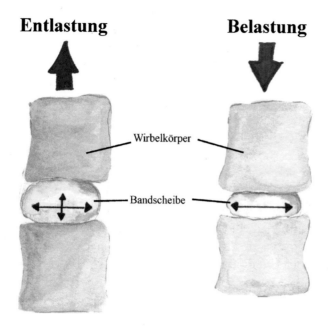

Entlastung **Belastung**

Wirbelkörper

Bandscheibe

Abb. 11.4 Stoffwechsel bei der Bandscheibe [254]

Da die Bandscheiben beim erwachsenen Menschen keine eigenen Blutgefäße mehr enthalten, werden sie vom umliegenden Gewebe der Knochen und Bänder mit Nährstoffen versorgt. Wie ein Schwamm nehmen sie bei Entlastung frische Nährflüssigkeit auf. Dabei quillt die Bandscheibe auf und der Abstand zwischen den Wirbelkörpern vergrößert sich. Bei Druckbelastung werden die Bandscheiben zusammengedrückt und geben die verbrauchte Nährflüssigkeit ab (Abb. 11.4). [254]

Der Stoffwechsel der Bandscheiben funktioniert also wie ein Pumpmechanismus über die Bewegung durch Be- und Entlastung. Eine rhythmische Belastung der Wirbelsäule, wie zum Beispiel beim Gehen, fördert den Stoffwechsel der Bandscheibe. Störend wirken dagegen eine ständige einseitige Druckbelastung wie bei langem unbeweglichen Sitzen, aber auch dauernde Unterbelastung wie durch eine zu lange Bettruhe. Andererseits ist die nächtliche Bettruhe jedoch unbedingt erforderlich, da sich hierbei die Bandscheiben regenerieren können und der Gallertkern wieder Flüssigkeit aus seiner Umgebung aufnimmt. Nach dem Schlaf ist der Gallertkern der Bandscheibe wieder prall gefüllt. Daraus resultiert auch das Phänomen, dass der Mensch am Morgen größer ist als am Abend. Der Unterschied kann durchaus einige Zentimeter ausmachen. Außer Bewegungsmangel beeinflusst auch der natürliche Alterungsprozess die Ernährung der Bandscheiben. Mit zunehmendem Alter nimmt der Flüssigkeitsgehalt des Gewebes ab, der Faserring wird spröde, der

Gallertkern ist nicht mehr so prall gefüllt. Die Bandscheiben werden dünner, können Erschütterungen nicht mehr so gut abpuffern und sind verletzlicher. [253]

Man braucht jetzt nicht viel Fantasie, um zu erkennen, dass ein Training mit dem Minitrampolin für die Bandscheiben die reinste Wohltat sein muss. Diese ständige Be- und Entlastung nährt die Bandscheiben in idealer Weise.

Wie stehen die Dinge nun bei den Gelenken? Ein Gelenk ist aus anatomischer Sicht eine bewegliche Verbindung von zwei oder mehreren Knochen. Daher befindet sich zwischen den Knochenenden ein Spalt, der Gelenkspalt. Weiterhin sind die Gelenkflächen von einem Gelenkknorpel überzogen. Um das Gelenk befindet sich eine Gelenkkapsel. Die Gelenkkapsel bildet somit einen rundherum abgeschlossenen Hohlraum, die Gelenkhöhle. Sie ist mit einer viskosen Flüssigkeit, der Synovia, einer Art Gelenkschmiere, gefüllt. Die Synovia dient der Ernährung des Gelenkknorpels, der Schmierung der Gelenkflächen und trägt gemeinsam mit dem Gelenkknorpel zur Stoßdämpfung bei den Gelenken bei. Der Ernährungsvorgang des Gelenkknorpels erfolgt ebenso wie bei den Bandscheiben durch wechselnde Be- und Entlastung. [255, 256]

Der Knorpel ist im Prinzip wie ein Schwamm aufgebaut. Wird auf eine Knorpelstelle Druck ausgeübt, dann wird die darin enthaltene Flüssigkeit herausgepresst. Lässt der Druck wieder nach, so saugt sich der Knorpel wieder mit Flüssigkeit voll. Damit also alle Schichten eines Gelenkknorpels ernährt werden können, ist es notwendig, dass der Knorpel in regelmäßigen Abständen unter Kompression gesetzt wird und sich anschließend wieder entspannen kann.

Setzt man eine Knorpelstelle permanent unter Druck, so wird die Gelenkflüssigkeit, welche gleichzeitig die Nährlösung für den Knorpel darstellt, herausgepresst. Neue Nährlösung kann nicht an die Knorpelzellen herankommen. Die Knorpelzellen verhungern. Wird dagegen ein Knorpelareal für längere Zeit überhaupt nicht unter Kompression gesetzt, ist der Knorpel dauerhaft mit Flüssigkeit vollgesaugt. Irgendwann sind die darin enthaltenen Nährstoffe verbraucht. Weiterhin reichern sich durch den Stoffwechsel zunehmend Schlackenstoffe darin an. Eine Regeneration der Flüssigkeit findet nicht mehr statt. Der Knorpel verhungert ebenfalls. Es kommt in beiden Fällen zur Arthrose. [257]

Ein Knorpel geht also zugrunde, wenn er entweder dauerhaft an derselben Stelle belastet wird oder wenn er dauerhaft nicht belastet wird. Was den Knorpel am Leben hält, ist die wechselnde Belastung. Neben regelmäßiger Bewegung ist aus dieser Sicht das Minitrampolin wieder das ideale Trainingsgerät. Durch das Schwingen mit dem Trampolin kann man sowohl seine Bandscheiben als auch die Knorpelmasse der Gelenke in wunderbarer Weise ernähren und damit am Leben erhalten.

Körperzellen

Beim Trampolinschwingen wird der Körper beschleunigt und abgebremst. Im oberen Bereich erfahren wir kurzzeitig eine Schwerelosigkeit. Und im unteren Bereich wirkt je nach Schwunghöhe ein Mehrfaches der Schwerkraft auf den Körper. Bei den gängigen Minitrampolinen nimmt diese Kraft das Zwei- bis Vierfache des Körpergewichts an. Bei einem hochwertigen Trampolin wirken diese Kräfte absolut gelenkschonend. Es werden dadurch nicht nur alle Muskeln, Knochen, Bänder und Sehnen auf äußerst sanfte Weise gestärkt. Nichts kann sich der Auf- und Abbewegung entziehen. Jede einzelne menschliche Zelle, von denen wir immerhin rund 50 bis 100 Billionen besitzen, erfährt diese Kräfte. Durch diese Bewegung wird die Versorgung jeder einzelnen Körperzelle mit Sauerstoff und Nährstoffen angeregt. [258]

Die kleinsten Zellen sind hierbei die Körnerzellen der Kleinhirnrinde, die Lymphocyten und die roten Blutkörperchen. Die größte Zelle des menschlichen Körpers ist die weibliche Eizelle. Die Lebensdauer der verschiedenen Zellen ist verschieden, aber 90 Prozent unserer Zellen werden jährlich mindestens einmal erneuert. Bei einem erwachsenen Menschen sterben in jeder Sekunde rund 50 Millionen Zellen ab. Allerdings werden in jeder Sekunde auch beinahe genau so viele Zellen neu gebildet, sodass die Bilanz nahezu ausgeglichen ist. Aber nur nahezu, denn der erwachsene Mensch baut mit der Zeit nach und nach ab. [259] Das hat mit dem Alterungsprozess zu tun und ist nun mal leider so. Zur Aufheiterung deshalb hier noch'n Gedicht von Heinz Erhardt:

Das Leben kommt auf alle Fälle
  aus einer Zelle,
doch manchmal endet's auch – bei Strolchen –
  in einer solchen. [260]

Die Lymphe

Die Versorgung mit Nährstoffen erfolgt üblicherweise über das Blut. Das gilt auch für das gesamte Gewebe und dessen Zellen. Um aber dort hinzugelangen, muss ein Teil der Flüssigkeit zusammen mit Salzen, Eiweißen, Vitaminen und Nährstoffen die Blutbahn verlassen. Umgekehrt geben die Zellen Abbauprodukte und „Zellmüll" wieder an diese Zellflüssigkeit ab. Auf diese Weise werden auch Krankheitserreger und Fremdstoffe aus der Zelle entfernt. Ein Teil dieser Flüssigkeit gelangt nicht mehr zurück in die Blutgefäße und verbleibt als sogenannte Lymphe in den Zellzwischenräumen. Bis zu zwei Liter dieser Flüssigkeit werden somit pro Tag erzeugt. Diese wird dann von den Lymphkapillaren aufgenommen. Die Lymphkapillaren vereinigen sich zu immer größeren Lymphgefäßen, die meistens parallel zu den Blutgefäßen laufen. In den Lymphgefäßen befinden sich auch die Lymphknoten. Diese sind besonders unter der Achsel und in der Leistengegend gut tastbar. In den Lymphknoten wird die Lymphe gereinigt und von Krankheitserregern, Fremdkörpern und Zelltrümmern befreit. So gereinigt wird die Lymphe über immer größer werdende Sammelbahnen zusammengeführt. Die größte Lymphbahn endet oberhalb des Herzens in der oberen Hohlvene. Von hier geht es dann zurück in die Blutbahn und der Kreislauf ist wieder geschlossen. Immer, wenn sich Flüssigkeit zwischen den Zellen anhäuft, zum Beispiel bei Verletzungen oder Entzündungen, tritt die Lymphe vermehrt in Aktion und sorgt dafür, dass diese aufgenommen und sicher beseitigt wird. [261–263]

Der Mensch verfügt somit über eine Form von Gefäßen, die vom Herzen wegführen, die Arterien, und über zwei Gefäße, nämlich die Venen und die

Lymphbahnen, die Blut und Lymphe wieder zum Herzen zurücktransportieren. [264] Man kann mit etwas Fantasie die Lymphe durchaus mit einem über die Wasserleitung aus dem Wasserkreislauf entnommenen und beim Abwasch verbrauchten Wasser vergleichen, welches anschließend über die Kanalisation zur Kläranlage geleitet, von dieser gereinigt und anschließend wieder dem Wasserkreislauf zugeführt wird.

Zurück zum menschlichen Lymphsystem. Der Flüssigkeitstransport der Lymphe erfolgt über die sogenannte Muskelpumpe. Durch die muskulären Kontraktionen während der Bewegung werden wechselnde Drücke auf die Lymphgefäße ausgeübt. Weiterhin sitzen entlang der Lymphbahnen noch Ventilklappen, welche die Lymphe nur in eine Richtung fließen lassen. Bei sportlicher Betätigung beziehungsweise bei Muskelarbeit beträgt deshalb der Lymphabfluss ein Vielfaches gegenüber dem in Ruhe. Bei körperlicher Untätigkeit, zum Beispiel während des Schlafens, muss dies aber ebenso funktionieren – wenn auch deutlich langsamer. Dazu dienen die sogenannten Lymphangonien, dies sind Abschnitte der Lymphbahn zwischen zwei der oben erwähnten Ventilklappen. Diese können, angesteuert durch das vegetative Nervensystem, kontrahieren und dadurch die Lymphe weiterbefördern. In Ruhe geschieht dies allerdings nur zwei- bis fünfmal pro Minute. Bei körperlicher Belastung kann dies bis auf 30 Kontraktionen pro Minute ansteigen. Es kommt also auch hier wieder auf die Bewegung an. Durch das Trampolinschwingen kontrahieren, wie schon erwähnt, alle Muskeln. Es wird dadurch sehr effektiv der Lymphfluss und somit der Abtransport der Schadstoffe angeregt. [265] Durch das rhythmische Schwingen auf dem Trampolin wird auch die Darmtätigkeit (Peristaltik) massiv unterstützt. Kurzzeitig notwendige Unterbrechungen während des Trampolinschwingens sind dadurch nicht ausgeschlossen.

Die Bedeutung des Lymphsystems wurde auch an einem Tierexperiment untersucht. Unterbindet man die Lymphbahnen an nur einem Bein komplett, tritt unweigerlich innerhalb von 24 Stunden der Tod ein. Ein schneller effektiver Transport der Lymphe ist deshalb von außerordentlich großer Bedeutung. [264]

Koordination

Mit dem Trampolin lassen sich insbesondere auch die koordinativen Fähigkeiten sehr gut trainieren. Speziell die Alltagsmotorik kann dadurch massiv verbessert werden. Das Training auf dem instabilen Untergrund fördert vor allem die Gleichgewichtsfähigkeit. Aber auch alle anderen koordinativen Fähigkeiten sind je nach durchgeführter Übung trainierbar. Beispiele wären ein Einbeinstand auf dem Trampolin oder leichtes einbeiniges Schwingen. Eine weitere Trainingsform wäre, dass man neben dem Trampolin stehend auf dieses springt um dann einbeinig auf dem Trampolin zu landen. [220]

Zudem gibt es noch eine Reihe von Übungen mit einem Ball. Der Trainierende steht dabei auf dem Trampolin (einbeinig oder zweibeinig) und bekommt von einem Trainer den Ball in unterschiedlichen Höhen zugeworfen. Das kann zur Partnerübung mit zwei Trampolinen umfunktioniert werden. Man kann aber auch alleine vom Trampolin aus den Ball gegen eine Wand werfen und diesen wieder auffangen. Bei einer weiteren Übung wird der Ball vom Trainer in Fußhöhe zugespielt und muss mit dem Fuß retourniert werden. [220]

Entspannung

Die abwechselnde Spannung und Entspannung der Muskulatur wirken wie eine Ganzkörpermassage, die Verspannungen und Verkrampfungen lösen sich allmählich auf und die Durchblutung steigt. Das ist Entspannung pur. Legt man zum Trampolinschwingen zusätzlich noch seine Lieblingsmusik auf, so wirkt das wie Balsam auf die Seele. Das sanfte Schwingen zusammen mit der Musik beruhigt, die Atmung wird ruhiger, gleichmäßiger und tiefer. Der Abstand zum Tagesgeschehen wird von Minute zu Minute größer. Nach dem Training fühlt man sich sowohl körperlich als auch geistig erfrischt und die Konzentrationsfähigkeit ist verbessert. Die Lust auf neue Taten ist fühlbar. Die entspannende Wirkung des Trampolinschwingens führt somit zu innerer Ausgeglichenheit und Zufriedenheit. [266]

Fazit

Das Schwingen mit dem hochelastischen Trampolin stärkt weiterhin das Bindegewebe, beugt der Osteoporose vor und macht vor allem auch Spaß, was wiederum zu einer hohen Therapietreue führt. Das Trampolin ist somit ein Universalgerät mit dem viele Dinge gleichzeitig auf sanfte Weise trainiert werden können. Überdies ist es ein Sportgerät für alle Altersklassen.

Praxistipp: Grundübungen auf dem Trampolin

Im Folgenden möchte ich einige Grundübungen vorstellen, die auch zu meinem persönlichen Repertoire gehören. [248] Dazu zählt im einfachsten Fall natürlich das schlichte Schwingen oder das Hüpfen auf dem Trampolin. Es handelt sich dabei trotz großer Ähnlichkeit um zwei verschiedene Übungen. Beim Schwingen verlässt man auch im oberen Umkehrpunkt mit den Füßen kaum die Matte. Alleine mit dieser sehr sanften Übung sind alle oben beschriebenen Vorteile weitgehend erzielbar.

Konditionell wesentlich anspruchsvoller ist das Hüpfen, bei dem man im oberen Umkehrpunkt die Matte deutlich verlässt. Dabei wird das Herz-Kreislaufsystem erheblich mehr beansprucht. Die nachstehenden Bilder zeigen einige grundlegende Trampolinübungen, die Sie sowohl moderat schwingend als auch etwas sportlicher mit größerer Amplitude, also hüpfend , durchführen können (Abb. 11.5 bis Abb. 11.12).

Einfaches Schwingen/Hüpfen auf dem Trampolin

Abb. 11.5   Einfaches Schwingen/Hüpfen auf dem Trampolin

Man sieht schon anhand der Bilder in Abbildung 11.5, dass sich sämtliche Zellen und Muskeln der Bewegung auf dem Trampolin nicht entziehen können.

Twist auf dem Trampolin

Diese Übung berücksichtigt auch eine Drehung der Hüfte. Es handelt sich dabei um eine Bewegung wie beim Twist. Die Füße bleiben eng zusammen. Beim Springen werden die Füße nach links und nach rechts gedreht. Dabei werden die Hände in die Hüfte gestemmt (Abb. 11.6). Durch die Drehbewegung wird zusätzlich die Beweglichkeit trainiert.

Abb. 11.6 Twist auf dem Trampolin

Parallelsprung auf dem Trampolin

Die nächste Übung erinnert an den Parallelschwung beim Skifahren. Halten sie gedanklich zwei Skistöcke in der Hand und springen Sie von dem einen Rand der Matte zum anderen und wieder zurück (Abb. 11.7). Diese Übung verlangt koordinative Fähigkeiten und stärkt auch in wunderbarer Weise das Herz-Kreislauf-System.

Abb. 11.7 Parallelsprung auf dem Trampolin

Überkreuzen der Füße

Wenn man einige Zeit auf dem Trampolin trainiert, versucht man schon von alleine, etwas Abwechslung in die Schwingbewegung zu bringen. Eine Möglichkeit hierzu ist das Überkreuzen der Beine. Das ist gut für die Beweglichkeit und die allgemeine Koordination. Hierbei werden die Beine abwechselnd überkreuzt, wobei dazwischen immer ein Zwischenhüpfer mit parallel aufgesetzten Füßen erfolgt (Abb. 11.8).

Abb. 11.8 Überkreuzen der Füße

Drehungen auf dem Trampolin

Die nächste Übung eignet sich hervorragend zur Schulung der Koordination. Es handelt sich um ein Springen um die Körperlängsachse. Beginnen Sie mit Drehungen von nur 90 Grad in eine Richtung und wieder zurück. Erweitern Sie die Übung derart, dass Sie vier aufeinanderfolgende Sprünge erst in die eine und anschließend in die andere Richtung ausführen (Abb. 11.9).

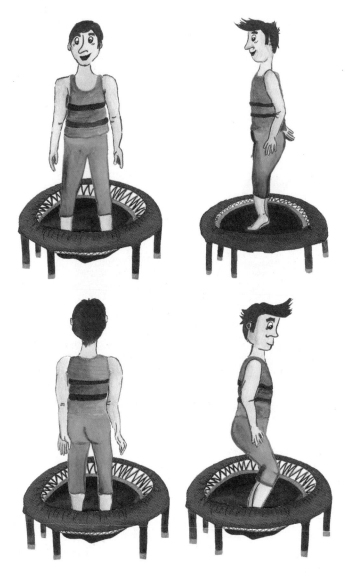

Abb. 11.9   Drehungen um die eigene Längsachse

Seitsprünge auf dem Trampolin

Eine weitere Übung ist ein Seitsprung auf dem Trampolin. Es ist quasi das Gegenteil vom Überkreuzen der Beine. Dabei verändern sich mit jedem Sprung die Fußstellung und damit auch das ganze Verhalten beim Aufkommen auf dem Trampolin (Abb. 11.10).

Abb. 11.10 Seitsprünge auf dem Trampolin

Wie oben schon erwähnt, haben Sie es mehr oder weniger selbst in der Hand, wie intensiv Sie Ihre Übungen gestalten möchten. Sie können eine ausgeprägte Hüpfbewegung machen oder auch nur leicht schwingen. Das Schwingen ist dabei deutlich weniger anstrengend. Man genießt aber trotzdem alle wichtigen Vorteile des Trampolins.

Joggen auf dem Trampolin

Man kann auf dem Minitrampolin auch Laufen oder Joggen. Ein lockeres Laufen auf der Stelle fördert das Herz-Kreislauf-System und hilft bei der Gewichtsabnahme genauso, als würde man draußen seine Runden drehen. Wobei ich hiermit niemanden vor dem Laufen in freier Natur abhalten möchte.

Abb. 11.11   Joggen auf dem Trampolin

Arbeiten mit Gewichten auf dem Trampolin

Eine weitere Möglichkeit kommt noch das Verwenden von Gewichten beziehungsweise Kurzhanteln auf dem Trampolin infrage. Nehmen Sie beispielsweise mal zwei Kilogramm in die Hand und Sie werden staunen, wie sich diese bei der Abwärtsbewegung anfühlen. Diese werden schwer und schwerer und entwickeln damit eine enorme Trainingswirkung. Je weiter Sie das Gewicht vom Körper entfernen, desto schwerer fühlt es sich an.

Abb. 11.12   Gewichte auf dem Trampolin

Weitere Übungsmöglickeiten

Es ist noch eine Vielzahl weiterer Übungen denkbar, wobei man sich auch selbst welche ausdenken kann. Es gibt spezielle Koordinationsübungen, Kräftigungsübungen, Dehnungsübungen und Entspannungsübungen. Weiterhin kann man sich noch Übungen für spezielle Muskelgruppen vorstellen. Hierzu existiert eine Reihe von Büchern, die eine gute Hilfestellung geben. Exemplarisch sollen hier nur *Kleiner Aufwand – große Wirkung* [251] und *Spring dich fit* [248] genannt werden.

Auch der zeitliche Aufwand des Trampolintrainings kann sehr flexibel gehandhabt werden. Täglich fünf Minuten auf dem Trampolin sind schon ein sehr guter Anfang. Man kann dies erweitern auf mehrmals täglich fünf Minuten oder auch alle zwei Tage 20 bis 30 Minuten Zeit auf dem Trampolin verbringen. Das Trampolin sollte einen festen Platz in der Wohnung haben, sodass man jederzeit eine kurze Trainingseinheit darauf absolvieren kann. Auf diese Weise kann man seine Tätigkeit am Schreibtisch, bei der Hausarbeit oder wo auch immer kurz unterbrechen und eine kleine Regenerationseinheit am Trampolin einschieben. Danach geht es erfrischt weiter.

Praxistipp: Grundregeln beim Trampolinschwingen

Beim Trampolinschwingen sind einige grundsätzliche Verhaltensweisen zu beachten. [248, 251] Normalerweise ist Trampolinschwingen ein sehr sanftes Training, bei dem eine Überlastung nahezu ausgeschlossen ist. Nichtdestotrotz kann sich am Anfang durch das ungewohnte Schwingen ein Schwindelgefühl einstellen, bis sich der Körper an das Schwingen gewöhnt hat. Sie sollten sich auf jeden Fall vor Beginn des Trainings von Ihrem Hausarzt auf Ihre körperliche Belastbarkeit untersuchen lassen.

Beachten Sie weiterhin:

- Trainieren Sie nur barfuß oder mit rutschfesten Socken.
- Achten Sie auf die Deckenhöhe im Zimmer.
- Vermeiden Sie hohe Sprünge und akrobatische Bewegungen.
- Trainieren Sie nicht bei aufkommenden Krankheiten wie Erkältungen, Grippe, Fieber und dergleichen. Legen Sie dann auf jeden Fall eine Trainingspause ein.

Ganz wichtig:

Springen Sie niemals von Ihrem Minitrampolin herunter, sondern steigen Sie vorsichtig davon ab!

12

Fazit des Ganzen

Liebe Leserin, lieber Leser, sollten Sie bei der aufreizenden Überschrift dieses Kapitels der Versuchung nicht widerstanden und das Buch gleich von hinten zu lesen begonnen haben, so werden sie das Folgende nicht in voller Konsequenz verinnerlichen können. Diejenigen jedoch, die sich bisher tapfer durch das Buch gekämpft haben, können und sollen nun entspannt weiterlesen. Die Ersteren bitte zurück auf Seite 1.

In der Medizin – und nicht nur dort – ist man sich inzwischen weitgehend einig, dass Sport und Bewegung einen maßgeblichen Einfluss auf unsere Gesundheit und unser Wohlbefinden haben. Das zieht sich auch wie ein roter Faden durch dieses Buch. Die dabei auftretenden Wohltaten wurden eingehend in den vorhergehenden Kapiteln angesprochen. Das gilt in erster Linie für ein Ausdauer-Bewegungstraining. Man darf aber auch ein Krafttraining nicht vergessen, um dem unaufhaltsamen altersbedingten Muskelschwund entgegenzuwirken. Mehr Muskeln geben mehr Stabilität und verbrennen auch mehr, was wiederum helfen kann, eventuell vorhandene Gewichtsprobleme besser in den Griff zu bekommen. Da auch die Koordinationsfähigkeiten und die Beweglichkeit mit der Zeit nachlassen, ist ein rechtzeitiges Koordinations- und Beweglichkeitstraining unbedingt sinnvoll. Nicht zuletzt ist in unserer schnelllebigen und von wirtschaftlichen Zwängen geprägten Zeit Stressabbau ein immer wiederkehrendes Thema.

Schauen wir uns zuerst zusammenfassend das Ausdauer-Bewegungstraining an. Dieses ist grundsätzlich von einem Krafttraining zu unterscheiden. Für unser Wohlbefinden brauchen wir jedoch beides. Beim Bewegungstraining geht es darum, dass der Organismus auf Trab kommt und wir im aeroben Bereich eine Ausdauerleistung vollbringen. Der Sauerstoff muss von der Lunge über das Herz in die entlegensten Winkel der arbeitenden Muskulatur transportiert werden und anschließend müssen die Stoffwechselprodukte entsprechend abgeführt werden. Deshalb muss eine solche Trainingseinheit auch unbedingt etwas länger dauern und sollte zumindest den Zeitraum von fünf Minuten überschreiten. Es heißt ja schließlich auch „Ausdauertraining". Das Ganze sollte in moderater Weise geschehen, damit es nicht zu einer Überlastung an

W. Zägelein, *Move for Life*, DOI 10.1007/978-3-642-37643-6_12,
© Springer-Verlag Berlin Heidelberg 2013

den Gelenken, Sehnen, Bändern, am gesamten Knochenbau und auch des Herzens kommt.

Übertreiben Sie dabei nicht und beschränken Sie sich sowohl hinsichtlich der Intensität als auch der zeitlichen Dauer lieber auf ein für Sie bekömmliches Maß. Es gibt hierbei mit Sicherheit keine allgemein gültigen Grenze, aber ich würde niemandem eine Dauerlaufbelastung von mehr als 45 bis 60 Minuten empfehlen. Damit scheidet ein Marathonlauf schon einmal aus. Keine Angst, unser Körper hält durchaus auch längere und stärkere Belastungen aus. Aber es muss doch nicht sein. Bewegen Sie sich lieber öfters und „verbraten" Sie nicht Ihre gesamte Wochenleistung an Kilokalorien an einem einzigen Stück. Der permanent andauernde Stoffwechsel in den Muskeln ist das erklärte Ziel des Ganzen. So wie einerseits eine Überlastung zu vermeiden ist, sollten Sie aber andererseits durchaus hin und wieder leicht außer Atem kommen. Das Herz und der gesamte Kreislauf müssen in regelmäßigen Abständen in Schwung gebracht werden. Ein Auto, das nicht oder nur ganz wenig bei Kurzstreckenfahrten benutzt wird, wird irgendwann seine volle Leistungsfähigkeit verlieren. Das hat dann natürlich nichts mit Muskelschwund zu tun, sondern eher mit dem Verrußen der Zündkerzen oder Ähnlichem. Auf die Technik bezogen ist ein Ausdauertraining vielleicht mit ein bisschen Fantasie mit einem Durchspülen einer Wasserleitung zu vergleichen. Genau dieser Effekt fehlt bei einem Krafttraining.

Bezüglich der Bewegungsausdauer lautet das übereinstimmende Ergebnis der Sportmedizin, dass für ein gesundes Leben zu unserem eher unbewegten Alltag das *zusätzliche* Verbrennen von 1000 bis 2000 Kilokalorien pro Woche erforderlich ist. Das Doppelte von 2000 Kilokalorien, also 4000 Kilokalorien, wird schon wieder als schädlich angesehen, denn dabei steigt, wie eine Studie belegt, die Herzinfarktrate wieder signifikant an. Hinzu kommt, dass bei einem Zuviel an sportlicher Betätigung auch Überlastungen der Gelenke nicht ausgeschlossen werden können. Die *move-for-life* Empfehlung lautet daher ebenfalls, 2000 Kilokalorien pro Woche mit möglichst moderater Bewegung zu verbrennen. Der Minimalumfang der wöchentlichen Betätigung sollte jedoch 1000 Kilokalorien nicht unterschreiten. Auch ein Mehr als die erwähnten 2000 Kilokalorien ist nicht unbedingt erstrebenswert. Der Spruch „viel hilft viel" ist im Bereich der Medizin nicht angemessen.

Die allgemeinen Empfehlungen sprechen auch von 10.000 Schritten pro Tag, die zur Gesunderhaltung notwendig seien. Geht man weiter davon aus, dass der Durchschnittsdeutsche täglich sowieso eine Bewegungsleistung von etwa 2500 Schritten aufbringt, so sind zusätzlich pro Tag 7500 Schritte vonnöten. Rechnet man diese auf eine Sieben-Tage-Woche hoch, so ergeben sich auch hier in etwa 2000 Kilokalorien je Woche. Insoweit passt alles zusammen.

Aber was müssen oder können wir tun, um dieses Ziel zu erreichen? Die üblichen Empfehlungen, dreimal in der Woche eine halbe Stunde leichter Dauerlauf (z. B. Joggeln mit acht Stundenkilometern) führen zu einem „Mehrverbrauch" von nur etwa 1000 Kilokalorien. Das ist erst die untere Grenze des unbedingt Erforderlichen, es bedarf also noch weiterer Anstrengungen, um die 2000er-Marke zu knacken. Unter diesem Gesichtspunkt müsste man dreimal wöchentlich eine Stunde Joggeln, um dieses Soll zu erfüllen.

Schauen wir uns als Nächstes erst einmal einige unserer sportlichen oder zumindest sportlicheren Zeitgenossen an. Nehmen wir zum Beispiel einen Radsportler, der mit seinem Rennrad mit durchschnittlich 25 Stundenkilometern durch die Lande fährt. Hierzu muss man sagen, dass diese Geschwindigkeit in der Regel sehr, sehr niedrig gegriffen ist. Aber für diese Geschwindigkeiten gibt es zumindest Tabellen. Unser Radsportler soll weiterhin das auch bei Personenaufzügen übliche Durchschnittsgewicht von 75 Kilogramm haben. Fährt dieser Radler beispielsweise eine Strecke von 75 Kilometern, was bei Radsportfreunden eher eine überschaubare Distanz ist, so benötigt er bei der oben erwähnten Geschwindigkeit gerade eben drei Stunden. Sieht man in die im Internet verfügbaren Tabellen, liegt bei einer Geschwindigkeit von 25 Kilometern pro Stunde der Kalorienverbrauch je nach Tabelle zwischen 764 und 1170 Kilokalorien pro Stunde. Nehmen wir daraus den Durchschnittswert von 967 Kilokalorien, so ergibt sich für die angesprochene Radtour ein Kalorienverbrauch von 2901 Kilokalorien. Damit haben Sie ihre wöchentliche Bewegung mehr als erfüllt. Da ich auch einige radsportelnde Freunde habe, weiß ich, dass diese, sobald es das Wetter halbwegs erlaubt, in der Woche oft mehrere solcher Touren fahren. Bei zwei gleichartigen Fahrten liegt der Kalorienverbrauch schon bei fast 6000 kcal und damit steigt schon wieder die Herzinfarktrate. Das Ganze wird aus dieser Sicht schlagartig wieder höchst ungesund.

Weiteres Beispiel. Hierzu rechnen wir den Kalorienverbrauch eines Teilnehmers der heute modern gewordenen Städtemarathons aus. Nimmt man einen Läufer, der die über 42 Kilometer lange Strecke mit einer durchschnittlichen Geschwindigkeit von etwa zwölf Stundenkilometern absolviert, so ergibt sich daraus eine Laufzeit von etwa dreieinhalb Stunden. Für eine Person mit einem Gewicht von wieder 75 Kilogramm resultiert daraus gemäß den Internettabellen ein ungefährer  Energieverbrauch von 3500 Kilokalorien. Um nicht wieder in den „roten Bereich" zu kommen, darf dieser Läufer in der betreffenden Woche keinesfalls eine weitere sportliche Betätigung durchführen. Da sich unser Freund sicher auf den Marathon vorbereitet hat, wird er mit großer Wahrscheinlichkeit schon bei den Vorbereitungen sein wöchentliches Soll überschritten haben. Solche übermäßigen sportlichen Betätigungen bringen uns letztendlich in Leistungsbereiche, bei denen sich die gesundheitlichen Effekte leicht wieder ins Negative umdrehen können.

Jörg Blech berichtet in *SPIEGEL-Online* im September 2012 von einigen tragischen Schicksalen. Da ist die Rede von dem amerikanischen Ultramarathonläufer Micah True, der während eines Laufes im Frühjahr 2012 in den Bergen von New Mexico an Herzversagen starb. Ein italienischer Fußballprofi kollabierte während eines Ligaspiels tödlich und ein norwegischer Schwimmweltmeister verschied im Höhentrainingslager unter der Dusche. Von solchen Todesursachen, nicht nur von Spitzensportlern, ist immer wieder zu hören. Dabei ist die durch Sport und die körperlichen Anpassungsvorgänge normale Vergrößerung des Herzens weder krankhaft noch Schuld an diesen mysteriösen Todesfällen. In einer Studie wird von 40 Sportlern berichtet, die an Marathonläufen, Triathlonwettbewerben und Fahrradrennen in den Bergen teilgenommen haben. Eine Kernspinuntersuchung bei diesen ergab, dass fünf davon auffällige Narben in der rechten Herzkammer aufwiesen. Auch die Entstehung der sogenannten freien Radikale ist bei Überanstrengung gegeben. Diese können dann die eigenen Zellen schädigen, was letztendlich eine moderne Form der Selbstzerstörung darstellt. Diese Gefahr droht jedoch nur Menschen, die tagtäglich viele Stunden trainieren und somit weit über dem Pensum liegen, was Ärzte und auch *move for life* als gesundheitlich wertvoll empfehlen. [267] Nur moderater Sport bringt uns all die in Kapitel 6 beschriebenen Wohltaten. Man muss immer wieder darauf hinweisen, dass es auch ein Zuviel auf diesem Gebiet gibt. Wie schon mehrfach gesagt: Die Dosis macht's.

Für den gesundheitsorientierten Sportler ist also ein deutlich niedrigerer Aufwand erforderlich. Aber wer hat trotz allem schon Lust, dreimal wöchentlich eine Stunde Laufen zu gehen, um die erforderlichen 2000 Kilokalorien zu verbraten? Hinzu kommt, dass es noch eine weitere Empfehlung zu einem Krafttraining gibt, was auch noch zweimal in der Woche gemacht werden sollte. Wer hat schon so viel Zeit? Nach einer Anfangseuphorie legt sich vieles wieder. Das ist wie mit allen guten Vorsätzen. Damit etwas nachhaltig ist, müssen die Hürden tief liegen und es muss langfristig Spaß machen.

Vergleichen wir einmal die folgenden Tätigkeiten bezüglich ihres Kalorienverbrauchs. Grundlage ist hierbei eine 80 Kilogramm schwere Person. Man kann aber die angegebenen Zahlen auch auf sein persönliches Gewicht umrechnen. Es muss nur die Zahl, welche für 80 Kilogramm Gültigkeit hat, durch 80 geteilt und anschließend mit dem aktuellen Gewicht multipliziert werden.

Bei 80 Kilogramm Körpergewicht ergibt sich bei den angegebenen Tätigkeiten folgender stündlicher Energieverbrauch:

• Wandern	508 Kilokalorien pro Stunde
• Joggeln	676 Kilokalorien pro Stunde
• Walking	558 Kilokalorien pro Stunde
• Radfahren (19–22 km/h)	676 Kilokalorien pro Stunde
• Skilanglauf (langsam)	652 Kilokalorien pro Stunde
• Gehen	338 Kilokalorien pro Stunde
• Treppensteigen	552 Kilokalorien pro Stunde
• Tanzen, klassisch	584 Kilokalorien pro Stunde
• Gartenarbeit	404 Kilokalorien pro Stunde
• Tennisspielen	592 Kilokalorien pro Stunde

So furchtbar weit liegen die obigen Werte nicht auseinander, sodass Sie sich ruhig Ihre persönliche Lieblingsbeschäftigung aussuchen können. Schlimm wird es erst, wenn für Sie gar nichts dabei ist und Ihr liebster Ort auf dem Sofa vor dem Fernseher ist. Aber dann würden Sie dieses Buch nicht lesen und wären auch nie beim letzten Kapitel angelangt.

Wie wäre es am Wochenende mit einer Wanderung mit Ihrem Partner oder Ihrer Partnerin und vielleicht noch ein paar Freunden? Zwei Stunden sind doch dabei eigentlich gar nichts und schon haben Sie Ihren halben wöchentlichen Kalorienverbrauch verbraten. Mit vier Stunden Wanderung wären Sie für die Woche bereits fertig. Hilfreich wäre auch ein Hund. Der sorgt immerhin dafür, dass Sie mindestens siebenmal in der Woche eine halbe Stunde rauskommen. Auch das wäre schon über die Hälfte des wöchentlichen Verbrauchs. Es gibt sicher viele Möglichkeiten, sich in Bewegung zu setzen. Man braucht nur ein bisschen Kreativität dazu. Es ist mit Sicherheit zeitsparender, die notwendige Bewegung in den Alltag einzubauen, anstelle dann abends zusätzliche Runden zu drehen. Man könnte beispielsweise auf dem Weg zur Arbeit eine Station vorher aussteigen oder extra weiter entfernt parken. Damit kann man schon große Teile der gesundheitlich notwendigen täglichen Bewegung hinter sich bringen.

Lassen Sie einfach Rolltreppen und Aufzüge links liegen und sammeln Sie lieber Kilokalorien. Das Zeichen des Fluchtweges zeigt Ihnen den Weg zum Treppenhaus. Eine Benutzung der Treppen ist ja heutzutage normalerweise nicht mehr vorgesehen. Wie schaut es denn mit dem Garten aus (falls vorhanden)? Da muss ohnehin regelmäßig etwas gemacht werden. Vielleicht fällt dies unter dem Gesichtspunkt des dabei anfallenden Kalorienverbrauchs dann etwas leichter. Meine Herren, jetzt wird es ganz krass. Wie wäre es hin und wieder mit Tanzen? Ich halte mich eigentlich nicht für abartig, aber ich mache das wirklich sehr gerne. Dadurch können Sie auch einiges der wöchentlichen Bewegung abhaken. Den unvermeidlichen Kalorienverbrauch beim Sex schauen Sie in der Tabelle lieber selbst nach. [268] Da möchte ich keinen Wert pro Stunde vorgeben. Und inwieweit man dies zum Ausdauertraining zählen kann, überlasse ich vorsichtshalber jedem selbst.

Die Moral von der Geschicht: Eigentlich brauchen wir die Sportschuhe nicht. Die hatten unsere ach so bewegten Vorfahren auch nicht. Die joggten auch nicht mit zwölf Stundenkilometern durch das Unterholz. Die bewegten sich eigentlich nur. Ihr „Vorteil" war, dass Sie all die Bequemlichkeiten der Fortbewegung und auch die sonstigen Hilfsmittel einfach noch nicht hatten. Muss es denn wirklich für jede Kleinigkeit das Auto sein? Geht es denn nicht auch einmal zu Fuß oder mit dem Fahrrad? Im Prinzip kann jeder sein empfohlenes wöchentliches Quantum völlig ohne Sport, einfach nur mit alltäglicher Bewegung bewältigen. Warum machen wir das eigentlich nicht? Es ist doch so einfach. Man sollte bei seiner sportlichen Tätigkeit sicherlich hin und wieder zum Schnaufen kommen. Aber das gelingt doch auch beim Laufen, Fahrradfahren, bei Gartenarbeiten, bei Treppensteigen, Wandern und Tanzen. Es geht doch nur um die Myokine, die jeder aus sich heraus kitzelnsollte, und um eine gesunde Grundbelastung für das Herz-Kreislauf-System. Ein funktionierender Körper muss artgerecht bewegt und belastet werden. Nur dann arbeitet die Homöostase ordnungsgemäß und regelt alles Weitere für Sie in wunderbarer Weise. Geben Sie Ihrem Organismus eine Chance, aber dazu müssen Sie sich bewegen. Ich weiß, der Vergleich hinkt grässlich, aber aus einem Fahrraddynamo erhalten Sie auch nur dann Licht, wenn Sie in die Pedale treten. Bitte keine Diskussionen über die moderne Fahrradbeleuchtung. Da wird Ihnen schon wieder etwas abgenommen. Unter diesem Gesichtspunkt sind eigentlich diese neuen batteriebetriebenen LED-Leuchten schon wieder kontraproduktiv.

Sollten Sie regelmäßig Fußball oder Tennis spielen oder auch eine ganz andere Sportart betreiben, die eine ausdauernde Bewegung zulässt, so können Sie diese auch Ihrem wöchentlichen Kalorienkonto zuordnen. Sie müssen es nur tun, aber bitte regelmäßig, bis zum bitteren Ende. Und, ganz wichtig, übertreiben Sie dabei nicht. Ich gehöre seit etwa 25 Jahren einem Tennisdoppel an, welches jeden Donnerstag in Aktion tritt. Gemäß obiger Tabelle sorgt diese Aktivität in zwei Stunden für einen Kalorienverbrauch von etwa 1200 Kilokalorien. Genau diesen Wert haben wir bei einer Testmessung mit einer entsprechenden Pulsuhr auch gemessen. Diese Art von Messung ist zwar nicht sonderlich genau, aber man erhält immerhin einen Richtwert, der auch noch überraschend gut mit den verfügbaren Tabellen zusammenpasst.

Die Notwendigkeit eines Krafttrainings *zusätzlich* zur Bewegung geht deutlich aus Kapitel 7 hervor. Die übliche Empfehlung lautet, zweimal pro Woche in ein Fitnessstudio zu gehen. Ein dreimaliges Training ist wegen der unbedingt notwendigen Regenerationszeit meist zu viel. Nichtsdestotrotz gibt es Zeitgenossen, die nahezu täglich im Studio sind. Dazu zählen die bereits vorne erwähnten Bodybuilder. Sie müssen ja schließlich ihre Nahrungsflut in die richtige Richtung kanalisieren. Aber die Sache mit der Superkompensation ist auch in diesen Kreisen wohlbekannt. Deshalb werden auch jeden Tag andere Muskelgruppen ins Visier genommen. Erst drei Tage später kommt wieder die gleiche Muskelgruppe dran.

Ein einmaliges Krafttraining pro Woche wird von den meisten als das absolute Minimum empfunden. Für einen schnellen, optimalen Muskelaufbau dürfte dies allein zu wenig sein. Aber dem altersbedingten Muskelschwund kann man damit zumindest Paroli bieten. Pro Woche dreimal Ausdauertraining und zweimal Krafttraining ist dagegen wohl nur etwas für Freaks. Die meisten von uns werden das Pensum zeitlich nicht schaffen. Da fragt man sich dann zu Recht: Lebt man für das Training oder trainiert man für das Leben. Gerade *move for life* soll ja das für das Leben notwendige und gerade richtige Maß an Bewegung ausdrücken. Nicht mehr, aber auch nicht weniger. Genauso wollen wir es auch mit den Muskeln halten. Das Leben ist so schön und vielfältig und die Interessen der Menschen sind so unterschiedlich. Ein fünfmaliges Training pro Woche ist da zeitlich kaum zu bewältigen. Gert von Kunhardt hat mir vor Jahren beigebracht, Respekt vor der Zahnbürste zu zeigen. Deswegen gehe ich seitdem nicht vor ihr, aber mit ihr in die Knie. Zähneputzen in der Abfahrtshaltung ist bei mir inzwischen in Fleisch und Blut übergegangen. Das stärkt ungemein die Beinmuskulatur. Mindestens morgens und abends je eine zweiminütige Abfahrt. Denken Sie dabei einfach an unsere Weltklasseläufer. Diese brauchen für die Kitzbühler Streif auch nur etwa zwei Minuten. Zurück zum Zähneputzen. Bei sieben Tagen in der Woche und täglich nur zweimaligem Putzen summiert sich das Ganze immerhin auf 28 Minuten. Das ist doch schon mal was.

Die maxxF-Übungen bieten zusammen mit den isometrischen Übungen einen Fundus von Kraftübungen, die sich überall durchführen lassen. Jede Übung dauert maximal eine Minute. Man muss auch nicht alle auf einmal machen. Das geht bei einer Geschäftsreise sogar im Hotelzimmer. Da liegt es dann nicht mehr an der Zeit, sondern am guten Willen. Und nicht vergessen, konsequent und richtig durchgeführt handelt es sich hierbei auch um ein muskelaufbauendes Hypertrophietraining.

Hinzu kommt, dass Kraftübungen ebenfalls mit einem Kalorienverbrauch verbunden sind. Auch der Nachbrenneffekt EPOC ist speziell beim Krafttraining nicht zu unterschätzen und bei hohen Trainingsintensitäten zum Teil größer als beim Ausdauertraining. Kraftsportler weisen deshalb gerne darauf hin, dass durch Gewichte in kürzerer Zeit mehr Kalorien verbrannt werden als durch ein Ausdauertraining, und bezeichnen letzteres oft als überflüssig. Das ist aber keinesfalls zutreffend. Der oben bildlich angesprochene Effekt des „Durchspülens" des Blutkreislaufs ist nur mit einem Ausdauertraining erzielbar. Das gilt auch für die positiven Effekte für das ganze Herz-Kreislauf-System und vieles andere mehr.

Ein mehrmaliges Ausdauer- und Krafttraining pro Woche ist bei den meist knappen zeitlichen Ressourcen schwierig zu realisieren. Das ist jedoch bei jedem Menschen unterschiedlich und hängt von der Art der Berufstätigkeit, den persönlichen Interessen und vielen anderen Faktoren ab. Da taucht dann immerhin die Frage auf, wie hält es der Schreiber der vorliegenden schlauen Zeilen mit seinem eigenen Training. Trainiert er regelmäßig in der Woche? Die Antwort lautet, dass ich aufgehört habe, mich von irgendwelchen Sportterminen terrorisieren zu lassen. Auch bei unserem wöchentlichen Tennisdoppel sind wir inzwischen zu sechst, sodass jede Woche zwei Leute pausieren müssen. Wie gesagt, es gibt auch noch andere Dinge im Leben. Ich habe jedenfalls weder Zeit noch Lust, dreimal wöchentlich zu laufen und zusätzlich noch zweimal in der Woche ins Fitnessstudio zu gehen. Wobei Letzteres für mich als Opfer eines Bandscheibenvorfalls aber durchaus von Bedeutung ist. Inzwischen hat sich dies aber wieder halbwegs normalisiert. Ich nehme mir ganz locker zwei Dinge vor, nämlich wöchentlich einmal das Fitnessstudio zu besuchen und einmal eine Runde zu joggeln, die der Einfachheit halber bei mir direkt vor dem Haus beginnt und nur eine halbe Stunde dauert. Ich muss gestehen, dass ich sehr gerne laufe, denn hinterher ist man grundsätzlich besser drauf. Auch das Schreiben an diesem Buch ging nach einer solchen „Sauerstoffdusche" plötzlich leichter von der Hand. Für das Fitnessstudio nutze ich keine Monatskarte mehr, sondern verwende die dort erhältliche Zehnerkarte. Flexible Studios bieten eine solche auch an.

Im Fitnessstudio minimiere ich dann das Krafttraining derart, dass ich nicht viele Wiederholungen und viele Sätze mit mittlerem Gewicht mache, sondern wenige Wiederholungen mit höherem Gewicht. Es handelt sich dabei um ein Hypertrophietraining. Das Ziel ist dabei, wie schon oben erwähnt, bis zur Ausbelastung des Muskels zu gehen. Man kommt dadurch ziemlich an seine persönlichen Grenzen. Deswegen muss ein solches Training im Vorfeld unbedingt mit dem Arzt abgesprochen werden und zumindest am Anfang von einem Fitnesstrainer im Studio begleitet werden. Das Krafttraining lässt sich auf diese Weise auf 45 Minuten, maximal eine Stunde begrenzen. Und es bringt am Ende auch noch einen sichtbaren Muskelzuwachs. Anschließend mache ich noch eine etwa halbstündige Kardioeinheit auf dem Standfahrrad oder dem Crosstrainer. Damit wären in etwa 90 Minuten zwei „Fliegen" (einmal Kraft- und einmal Ausdauertraining) mit einer Klappe geschlagen. Auf das meist übliche fünf- bis zehnminütige Aufwärmen verzichte ich; bei Kieser geht es schließlich auch gleich zur Sache. In dessen Studios finden Sie überhaupt keine Kardiogeräte. Damit habe ich etwa die Hälfte sowohl des wöchentlichen Kraft- als auch des Ausdauertrainings hinter mich gebracht, was letztendlich auch den Mindestumfang darstellt. Den Rest hole ich mir im täglichen Leben. Meine Frau und ich unternehmen am Wochenende gerne eine Wanderung in die direkte Umgebung. Diese dauert meist um die zwei Stunden oder auch länger. Da sie nicht gerne joggt, mache ich hin und wieder mit ihr zusätzlich zu meinem Joggeln oder auch stattdessen, eine Runde Walking, die dann meistens eine Stunde dauert. Weiterhin versuche ich, viele Wege zu Fuß oder mit dem Rad zurückzulegen. Das Fahrrad steht allseits fahrbereit in der Garage. Rolltreppen und Aufzüge werden von mir strikt ignoriert. Und dann ist da ja noch das nicht mehr ganz so regelmäßige Tennisdoppel. Schließlich steht in meinem zweiten Arbeitszimmer, in dem sich zwischenzeitlich meine Frau mit ihrem Computer eingenistet hat, noch das Minitrampolin. Das wird von allen Familienmitgliedern gleichermaßen genutzt. Ich schwinge dort meist 20 Minuten bei Musik. Dies trainiert und entspannt. In der dortigen Audioanlage befindet sich seit Menschengedenken eine CD von Wolfgang „Wolle" Petry. Der Rhythmus der Musik und des Schwingens passen wunderbar zusammen. Erst neuerdings liegt da zusätzlich noch eine CD von den Jetpack Elephants, die einen schönen rhythmischen Indie-Rock spielen.

Auf diese Weise muss ich sogar darauf achten, dass die obere Grenze von 4000 Kilokalorien pro Woche nicht überschritten wird. Und was ist mit dem zweiten Krafttraining in der Woche? Ganz einfach, hierzu absolviere ich im Laufe der Woche immer mal die eine oder andere maxxF- oder auch isometrische Übung.

Meine Frau und ich halten uns häufig und durchaus auch länger auf der schönen Atlantikinsel Madeira auf. Auch dort wird trainiert. Es gibt auf der Insel zwar Fitnessstudios, aber ich halte es dabei wieder einfach. Das Krafttraining erfolgt mehrmals wöchentlich auf dem Wohnzimmerteppich mit den maxxF- und den isometrischen Übungen. Da Madeira mit seinen Levadas ideal zum Wandern ist, geschieht das Ausdauertraining dort anhand von mehrstündigen Wanderungen. Da kommen pro Woche locker deutlich mehr als vier Stunden zusammen. Weiterhin werden viele Dinge einfach zu Fuß erledigt.

Man kann durchaus mit einem kleinen, begrenzten Zeitaufwand die erforderlichen Maßnahmen für seine Gesundheit treffen. Glauben Sie mir, es geht! Es kommt beim Ausdauertraining nicht auf eine hohe Leistung, sondern nur auf die Bewegung an. Und wenn man beim Krafttraining nicht die Zeit für einen massiven Muskelzuwachs hat, so ist es doch schon mal ein Erfolg, wenn man den unausbleiblichen Muskelschwund zumindest stoppt. Es soll Spaß machen und nicht zum Stress ausarten. Sie müssen es nur verinnerlichen.

Auch das Koordinationstraining können Sie in ihr tägliches Leben einbinden. Braucht man denn zum Schuhebinden wirklich einen Stuhl? Versuchen Sie mal, auf einen Bein stehend den anderen Schuh zuzubinden. Das ist eine extrem wacklige Angelegenheit. Für den einen oder anderen ist da Üben angesagt. Oder verrichten Sie als Rechtshänder Dinge einfach mit der linken Hand. Scheuen Sie sich auch nicht vor feinmotorischen Aufgaben, etwa beim Basteln oder anderen handwerklichen Arbeiten. Schauen Sie sich hierzu nochmals die paar Übungsvorschläge im Kapitel vorne an. Man braucht hierzu keinen Extratermin.

Da war doch noch die Sache mit der Beweglichkeit. In jungen Jahren hält sich der Bedarf, dafür etwas zu tun, durchaus in engen Grenzen. Ich würde einmal den folgenden Test vorschlagen: Machen Sie zum Beispiel die Dehnübung für den M. iliopsoas (Hüftbeuger) oder den M. gluteus maximus (Großer Gesäßmuskel) einmal abends vor dem Zu-Bett-gehen und einmal morgens nach dem Aufstehen. Sollten Sie keinen Unterschied bemerken, sind Sie entweder noch jung oder zumindest gut sportlich trainiert. Wenn Sie jedoch einen Unterschied bemerken, wäre es angebracht, langsam ein entsprechendes Training ins Auge zu fassen. Das sollte gleich morgens nach dem Aufstehen stattfinden und dauert keinesfalls länger als eine Viertelstunde. Es geht hier um die Dehnübungen. Damit gilt es, seinen ursprünglichen Bewegungsradius, der sich im Laufe der Jahre etwas einschränkt, wieder einigermaßen herzustellen. Viele Muskeln verkürzen sich, wenn man sie nicht permanent voll nutzt. Da kann man mit dem Dehnen etwas entgegenwirken. Leistungssportler dehnen sich vor dem Wettkampf, um auf den vollen Bewegungsumfang der hierfür wichtigen Muskelgruppen zurückgreifen zu können. Beim Otto Normalverbraucher geht es eher darum, die Beweglichkeit bis ins hohe Alter zu sichern, um möglichst lange ein eigenständiges Leben zu gewährleisten. Ich persönlich gönne mir das Viertelstündchen gleich nach dem Aufstehen. Als bekennender Morgenmuffel sitzt man anschließend viel frischer und vor allem viel freundlicher am Frühstückstisch. Und natürlich auch beweglicher.

Das Entspannungstraining letztendlich hängt vom persönlichen Bedarf ab. Die beruflichen Anforderungen sind heute so hoch, dass der für die Entspannung vorgesehene Feierabend oder das Wochenende kaum mehr ausreichend sind. Dann muss man individuell etwas tun. Sie sollten anhand von Kapitel 10 immerhin feststellen können, welches der beiden bekanntesten westlichen Entspannungsverfahren für Sie das richtige ist. Das ist interessanterweise individuell sehr verschieden. Wenn Sie dies für sich erkannt haben, ist der Besuch eines Kurses ratsam. Man erhält dort zumindest eine Einführung, sodass man sehr schnell selbst damit arbeiten kann.

So, liebe Leserinnen und Leser, das war's! Bewegen Sie sich, aber hängen Sie die Hürden hierzu ganz, ganz tief. Nehmen Sie sich nichts vor, was Sie nicht über einen längeren Zeitraum halten können. Lassen Sie sich durchaus von Ihrem inneren Gefühl leiten und übertreiben Sie nichts. Es muss jedem für sich Spaß machen, sonst wird der Erfolg langfristig ausbleiben. Integrieren Sie die notwendigen Trainingseinheiten unbedingt in Ihr tägliches Leben. Nur dann hat die Nachhaltigkeit eine Chance.

Mit einem *„move for life"* grüßt Sie herzlichst

Ihr Dr. Walter Zägelein

Literatur

[1] Hollmann W. *Gesund und leistungsfähig bis ins hohe Alter.* Kaufmann, Lahr 2006

[2] Wikipedia. Ältester Mensch. http://de.wikipedia.org/wiki/Ältester_Mensch

[3] Wikipedia. Lebenserwartung. http://de.wikipedia.org/wiki/Lebenserwartung

[4] Luy M. Mortalitätsdifferenzen der Geschlechter. www.klosterstudie.de

[5] Schweizer B. 44. DDG-Tagung: Lebenserwartung sinkt durch starkes Übergewicht, 8.5.2009 in Leipzig. http://idw-online.de/pages/de/news314221

[6] Lütke A. Sinkende Lebenserwartung durch Übergewicht. http://www.diabetesdeutschland.de/archiv/archiv_2119.htm

[7] Statistisches Bundesamt. *Bevölkerung Deutschlands bis 2060.* Begleitmaterial zur Pressekonferenz am 18. November 2009 in Berlin. 12. koordinierte Bevölkerungsvorausberechnung

[8] Bundesministerium für Arbeit und Soziales. In die Zukunft gedacht. Bilder und Dokumente der Deutschen Sozialgeschichte www.google.de/imgres?hl=de&biw=1680&bih=912&tbm=isch&tbnid=LsWrdsI1EnNU9M:&imgrefurl=http://www.in-die-zukunft-gedacht.de/de/page/84/thema/145/dokument/692/themen.html&docid=SvJ0WgtRqGmckM&imgurl=https://www.in-die-zukunft-gedacht.de/icoaster/files/01_infografik_alterspyramide.jpg&w=1606&h=978&ei=uRY6UfiUK8feswallYCoBg&zoom=1&iact=hc&vpx=527&vpy=474&dur=2641&hovh=175&hovw=288&tx=172&ty=84&page=1&tbnh=140&tbnw=245&start=0&ndsp=41&ved=1t:429,r:19,s:0,i:200

[9] Statistisches Bundesamt. Anteile der Altersgruppen unter 20, ab 65 und ab 80 Jahre in Deutschland, 1871 bis 2060. 12. koordinierte Bevölkerungsvorausberechnung. www.bib-demografie.de/DE/ZahlenundFakten/02/Abbildungen/a_02_12_ag_20_65_80_d_1871_2060_saeulen.html

[10] Statistisches Bundesamt Deutschland. 47 % der Krankheitskosten entstehen im Alter. Pressemitteilung Nr. 280 vom 05.08.2008. www.destatis.de/jetspeed/portal/cms/Sites/destatis/Internet/DE/Presse/pm/2008/08/PD08__280__23631,templateId=renderPrint.psml

[11] Wikipedia. Weltbevölkerung. http://de.wikipedia.org/wiki/Weltbevölkerung.

W. Zägelein, *Move for Life*, DOI 10.1007/978-3-642-37643-6,
© Springer-Verlag Berlin Heidelberg 2013

[12] Hollmann W. Der Geist formt den Körper – und der Körper formt den Geist. *Barmer – Das aktuelle Gesundheitsmagazin* 2006. www.dslv-bayern.de/cms/front_content.php?idcat=7&idart=18

[13] Hollmann W. Gesundheitserhaltung und Leistungsförderung in der heutigen Gesellschaft. *Prevent – Ihre Gesundheit* 1998, 1–12

[14] Deutsche Gesellschaft für Prävention und Rehabilitation von Herz-Kreislauferkrankungen e. V. (DGPR). Die Herzgruppen Deutschlands. www.dgpr.de/herzgruppen.html

[15] Rost R. Sport und Gesundheit. Gesund durch Sport. Gesund trotz Sport. Springer, Berlin 1994

[16] Hambrecht R. Sportmedizin: Wie viel Sport braucht der Mensch? www.mediport-online.de/queries/infos/query.php3?zn=72

[17] Europäischer Kardiologen-Kongress. Chancen und Risiken des Sports. www.medknowledge.de/abstract/med/med2005/09-2005-47-esc-sport-da.htm

[18] Blech J. Selbstheilende Herzen. Neue Therapien gegen den Infarkt. *Der Spiegel* 2012

[19] Thomas B. Mit Sport gegen Bluthochdruck. www.br-online.de/bayerisches-fernsehen/gesundheit/sport-bei-krankheiten-DID1244471373576/gesundheit-medizin-sport-bluthochdruck-ID1244976412149.xml

[20] Chevreux W. Hypertonie und Sport. Dissertation, Universität Münster 2007

[21] Schubert K. Sport bei Diabetes. www.br-online.de/bayerisches-fernsehen/gesundheit/sport-bei-krankheiten-DID1244471373576/gesundheit-medizin-diabetes-sport-ID1243928126104.xml

[22] Hofbauer A. Sport und Diabetes vertragen sich. www.br-online.de/b5aktuell/das-fitnessmagazin/fitnessmagazin-achim-hofbauer-diabetes-ID1289313895856.xml

[23] Jänz H. Diabetes. www.welt.de/print-welt/article677762/Diabetes.html

[24] Jänz H. Diabetes verschlingt 27 Milliarden Euro zuviel. *Die Welt* 2005.

[25] Thurm, U., Gehr, B. Diabetes- und Sportfibel. Mit Diabetes weiter laufen. Kirchheim, Mainz 2001

[26] Lütke A. Arteriosklerose: Diabetiker müssen besonders aufpassen. www.diabetes-deutschland.de/archiv/5584.htm

[27] Langbein K, Skalnik C. Gesundheit aktiv. Therapien, Selbsthilfe, Medikamente, Diäten, Fitness, Wellness, Anti-Aging. Was wirklich hilft. Ueberreuter, Wien 2005

[28] Lenzen-Schulte M. Diabetiker sind nicht nur zuckerkrank. *FAZ* Nr. 289 vom 12.12.2007, S. N2

[29] Zänker KS et al. Diabetes Typ 2 mellitus und Krebs. *Deutsche Zeitschrift für Onkologie* 2005, 37, 114–121

[30] Kaelin CM, Coltrera F, Dunne B. *Living through breast cancer*. [what a Harvard doctor and survivor wants you to know about getting the best care while preserving your self-image]. Abridged. HealthText Audio, Fremont, CA 2005

[31] Schlieske I. Sport als Heilmittel. www.gesundheit-das-portal.de/gesund-durch-bewegung-und-sport/sport-als-heilmittel/

[32] Blech J. Fit wie in der Steinzeit. *Der Spiegel* 5/2006

[33] Bördlein I. Sport hilft im Kampf gegen den Krebs. www.welt.de/gesundheit/article3571711/Sport-hilft-im-Kampf-gegen-den-Krebs.html

[34] Kiechle M. Mit Joggen gegen Krebs. www.br-online.de/bayerisches-fernsehen/gesundheit/sport-bei-krankheiten-DID1244471373576/gesundheit-medizin-krebs-sport-ID1240999387730.xml

[35] SpringerMedizin.at. Sauerstoff bremst das Wachstum von Krebszellen. www.springermedizin.at/artikel/6655-sauerstoff-bremst-das-wachstum-von-krebszellen

[36] Blech J. *Heilen mit Bewegung. Wie Sie Krankheiten besiegen und Ihr Leben verlängern*. Fischer, Frankfurt am Main 2007

[37] AP. Infarkt durch Schneeschippen. www.welt.de/print-welt/article282517/Infarkt_durch_Schneeschippen.html

[38] Pollmer U, Frank G, Warmuth S. Lexikon der Fitneß-Irrtümer. Mißverständnisse, Fehlinterpretationen und Halbwahrheiten von Aerobic bis Zerrung. Ungekürzte Taschenbuchausg., Piper, München 2006

[39] Larson EB. Schützt viel Bewegung alte Menschen vor einer Demenz? www.aerztezeitung.de/medizin/krankheiten/demenz/article/391403/schuetzt-bewegung-alte-menschen-demenz.html?sh=1&h=727652219

[40] Sisodia S. Auch fürs Gehirn ist Bewegung sehr nützlich. www.aerztezeitung.de/medizin/krankheiten/neuro-psychiatrische_krankheiten/article/348307/fuers-gehirn-bewegung-sehr-nuetzlich.html?sh=1&h=1576979268

[41] Hollmann W. Medizin – Sport – Neuland. 40 Jahre mit der Deutschen Sporthochschule Köln. Erinnerungen – Erlebnisse – Ansichten. Academia-Verl., Sankt Augustin 1992

[42] Wikipedia. Endorphine. http://de.wikipedia.org/wiki/Endorphine

[43] Bischofberger J, Schmidt-Hieber C. Adulte Neurogenese im Hippokampus. http://nwg.glia.mdc-berlin.de/media/pdf/neuroforum/2006-3.pdf

[44] Sauer B. Im Alter einen klaren Geist behalten. www.pharmazeutische-zeitung.de/index.php?id=3832

[45] Becker A, Feichter M. Rückenschmerzen – Bewegung statt Bettruhe. www.netdoktor.de/Krankheiten/Rueckenschmerzen/Therapie/Rueckenschmerzen-Bewegung-stat-9522.html

[46] Lederer E. Rückenschmerzen – Mehr Bewegung im Alltag. www.netdoktor.de/Krankheiten/Rueckenschmerzen/Tipps/Rueckenschmerzen-Mehr-Bewegung-9555.html

[47] Hildebrand J. Für Ihre Gesundheit – Informationen zum Thema Rückenschmerzen. Broschüre der Gothaer Krankenversicherung AG, Köln. www.wohlfuehlen-in-wersten.de/infobroschuere.pdf

[48] Hildebrand J. Die Muskulatur als Ursache für Rückenschmerzen. *Schmerz* 2003, 17, 412–418

[49] Repschläger U. 10 Tipps gegen Rückenschmerzen. www.gesundheit.de/fitness/fitness-uebungen/rueckenuebungen/10-tipps-gegen-rueckenschmerzen-ohne-bewegung-geht-es-nicht

[50] Mannion AF et al. Lumbale Rückenschmerzen. Vergleich von drei aktiven Therapieverfahren *Manuelle Medizin* 2001

[51] Onmeda-Redaktion. Sport und Bewegung. www.onmeda.de/krankheiten/osteoporose-therapie-sport-und-bewegung-1490-10.html

[52] Begerow B. et al. Sport und Bewegungstherapie in der Rehabilitation der Osteoporose. Teil 1 und Teil 2. *Deutsche Zeitschrift für Sportmedizin* 2004

[53] Larisch K, Zimmermann MI Osteoporose (Knochenschwund). www.netdoktor.de/Krankheiten/Osteoporose/

[54] Neumann E. Gezielte Bewegung kann bei Arthrose helfen. www.welt.de/gesundheit/article4352017

[55] Schäfer M. Arthrose – Vorbeugen. www.netdoktor.de/Krankheiten/Arthrose/Vorbeugen/

[56] Onmeda-Redaktion. Arthrose (Gelenkverschleiß). www.onmeda.de/krankheiten/arthrose.html

[57] Gödde S. Rheumatoide Arthritis: Kondition und Sport. *Deutsche Zeitschrift für Sportmedizin* 2004, 137

[58] Onmeda-Redaktion. Rheumatoide Arthritis, Rheuma. www.onmeda.de/krankheiten/rheumatoide_arthritis.html

[59] Fischer B. Bewegung, geistige Leistungsfähigkeit und Morbus Parkinson. www.wissiomed.de/mediapool/99/991570/data/Parkinson_Ueberblick_Kognition_Bewegungstherapie.pdf

[60] Onmeda-Redaktion. Parkinson (Morbus Parkinson, Parkinson-Krankheit). www.onmeda.de/krankheiten/parkinson.html

[61] Pfadenhauer K. Morbus Parkinson, Andere Behandlungsansätze: Bewegung wichtig. www.br-online.de/bayern2/gesundheitsgespraech/morbus-parkinson-DID1207840819995/gesundheitsgespraech-parkinson-bewegung-ID1207841276216.xml

[62] Hirsch MA et al. The effects of balance training and high-intensity resistance training on persons with idiopathic Parkinsons disease. *Arch. Phys. Med. Rehabil.* 2003, 1109–1117

[63] Shulman L. Regelmäßige Bewegung fördert Mobilität von Parkinson-Patienten. *The Epoch Times* 2011

[64] Reuter I, Engelhardt M. Sport und M. Parkinson. *Deutsche Zeitschrift für Sportmedizin* 2007, 122

[65] Schnack D. Mit dem Maßband dem Diabetes auf der Spur. www.springermedizin.de/mit-dem-massband-dem-diabetes-auf-der-spur/221988.html

[66] Onmeda-Redaktion. Adipositas (Fettsucht, Fettleibigkeit), Übergewicht. www.onmeda.de/krankheiten/adipositas.html?tid=2

[67] Steinacker JM. Übergewicht, Adipositas, Gesundheit und Prävention. *Deutsche Zeitschrift für Sportmedizin* 2006, 57, 213

[68] Wabitsch M, Steinacker JM Prävention der Adipositas. *Deutsche Zeitschrift für Sportmedizin* 2004, 55, 277

[69] Hauner H, Berg A. Körperliche Bewegung zur Prävention und Behandlung der Adipositas. *Deutsches Ärzteblatt* 2000, 97

[70] Markworth P. *Sportmedizin. Physiologische Grundlagen.* Orig.-Ausg., Rowohlt-Taschenbuch-Verlag, Reinbek bei Hamburg 2009

[71] Kantara JA. Bizeps, Trizeps & Co. Wie unsere Muskeln unser Leben beeinflussen. 2011. www.3sat.de/mediathek/index.php?display=1&mode=play&obj=18727

[72] Göddeke B. *Bodybuilding, Kraft- und Fitnesstraining.* Der umfassende Bodybuilding-Ratgeber für optimale Fitness und Körperentwicklung durch umfangreiches Wissen über: optimale Ernährung, Aufbau der Muskulatur, Vorgänge und Veränderungen im Körper durch Krafttraining und Bodybuilding, richtige Übungsausführung, alle wichtigen Übungen. Orig.-Ausg. Athletik-Sportverlag, Nachrodt 2000

[73] Haber P, Tomasits J. *Leistungsphysiologie.* Springer, Wien 2005

[74] Wikipedia. Kalorie. http://de.wikipedia.org/wiki/Kalorie

[75] Moosburger KA. Die muskuläre Energiebereitstellung im Sport. *Sportmagazin* 1995

[76] Wikipedia. ATP-Synthase. http://de.wikipedia.org/wiki/ATP-Synthase

[77] Netzer R. Herz. www.herz-praxis.ch/cms/index.php?option=com_content&task=view&id=13&Itemid=27

[78] Wikibooks. Mensch in Zahlen. http://de.wikibooks.org/wiki/Mensch_in_Zahlen

[79] Newsholme EA, Start C. *Regulation des Stoffwechsels. Homöostase im menschlichen und tierischen Organismus.* Verlag Chemie, Weinheim, New York 1977

[80] Wikipedia. Mitochondrium. http://de.wikipedia.org/wiki/Mitochondrium

[81] Rost R. *Lehrbuch der Sportmedizin.* Deutscher Ärzte-Verlag, Köln 2001

[82] Jumk.de. Kalorienverbrauch berechnen. http://jumk.de/bmi/kalorienverbrauch.php

[83] NN. So geht im Marathon nichts schief. Wie schlägt man dem Hammermann ein Schnippchen? www.runnersworld.de/der-tag-x/so-geht-im-marathon-nichts-schief.171247.htm

[84] Heibel M. V$_{O2max}$ als Gradmesser für die Ausdauerleistung? www.netzathleten.de/Sportmagazin/Richtig-trainieren/VO2max-als-Gradmesser-fuer-die-Ausdauerleistung/8916835136245392304/head

[85] Romijn JA, Coyle EF, Sidossis LS, Rosenblatt J, Wolfe RR. Substrate metabolism during different exercise intensities in endurance-trained women. *J Appl Physiol* 2000, 88, 1707–1714

[86] Knechtle B. *Aktuelle Sportphysiologie. Leistung und Ernährung im Sport*. Karger, Basel 2002

[87] Romijn JA, Coyle EF, Sidossis LS, Gastaldelli A,Horowitz JF, Endert E, Wolfe RR. Regulation of endogenous fat and carbohydrate metabolism in relation to exercise intensity and duration. *J Appl Physiol* 1993, E380-E391

[88] Jeukendrup AE. Fettverbrennung und körperliche Aktivität. *Deutsche Zeitschrift für Sportmedizin* 2005, 56

[89] Geiß K-R. Leserbrief A. E. Jeukendrup: Fettverbrennung und körperliche Aktivität. *Deutsche Zeitschrift für Sportmedizin* 2005, 56, 395

[90] Imkenberg U, Mauch T. Umrechnung %HF$_{max}$ in %V$_{O2max}$. http://gesuender-abnehmen.com/sport/umrechnung-hfmax-vo2max.html

[91] Tanaka H, Monahan KD, Seals DR. Age-predicted maximal heart rate revisited. *Journal of the American College of Cardiology* 2001, 37, 153–156

[92] Wikipedia. Aerobe Schwelle. http://de.wikipedia.org/wiki/Aerobe_Schwelle

[93] Wikipedia. Anaerobe Schwelle. http://de.wikipedia.org/wiki/Anaerobe_Schwelle

[94] Beneke R, Hüttler M, Leithäuser R. Maximal lactate-steady-state independent of performance. *Medicine & Science in Sports & Exercise* 2000, 32, 1135–1139

[95] Wikipedia. Laktatleistungskurve. http://de.wikipedia.org/wiki/Laktatleistungskurve

[96] Hollmann W. *Sportmedizin. Grundlagen für Arbeit, Training und Präventivmedizin*. 4., neubearb. & erw. Aufl. Schattauer, Stuttgart 2000

[97] Wikipedia. Datei:Excess post-exercise oxygen consumption.png. http://de.wikipedia.org/wiki/Datei:Excess_post-exercise_oxygen_consumption.png

[98] Geißler D. Der Nachbrenneffekt als geeignetes Mittel zur Gewichtsregulation? Kraft- vs. Ausdauertraining. Magisterarbeit, Wien 2010

[99] Lauterbach M, Schlepütz C. *Trainings- und Bewegungslehre*. IST-Studieninstitut 2006

[100] Stemper T, Wastl P. *Lehrbuch lizenzierter Fitness-Trainer DSSV. Gerätegestütztes Krafttraining. Trainingslehre zum gesundheitsorientierten Muskeltraining an Fitnessgerä-*

ten. 5., überarb. u. korr. Aufl. Bildungs-Institut Deutscher Sportstudio Verband e. V., Hamburg 2006

[101] Grosser M, Starischka S, Zimmermann E. *Das neue Konditionstraining. Sportwissenschaftliche Grundlagen, Leistungssteuerung und Trainingsmethoden, Übungen und Trainingsprogramme*. 10., überarb. Aufl., Neuausg. BLV, München 2008

[102] Wikipedia. Blutdoping. http://de.wikipedia.org/wiki/Blutdoping

[103] Martin W et al. Volkswirtschaftlicher Nutzen der Gesundheitseffekte der körperlichen Aktivität: erste Schätzungen für die Schweiz. *Schweizerische Zeitung für Sportmedizin und Sporttraumalogie* 2001, 49, 84–86

[104] ARAG Allgemeine Versicherungs-AG. Sportunfälle – Häufigkeit, Kosten, Prävention, Düsseldorf 2002

[105] Halter H. Kehrseite des Vergnügens. *Der Spiegel*, 2001, 68–70

[106] Stuckmann G. Die heiteren Invaliden oder vom Risiko der Fitness, Teil 2 http://www.uni-bonn.de/~umm705/Sport2.htm

[107] Bundesärztekammer (Hrsg.). *Verletzungen und deren Folgen – Prävention als ärztliche Aufgabe*, Köln 2001

[108] Hegewald G. Ganganalytische Bestimmung und Bewertung der Druckverteilung unterm Fuß und von Gelenkwinkelverläufen – eine Methode für Diagnose und Therapie im medizinischen Alltag und für die Qualitätssicherung in der rehabilitationstechnischen Versorgung. http://edoc.hu-berlin.de/dissertationen/hegewald-guenther-2000-05-17/HTML/hegewald-ch2.html#iREF440349166

[109] Gumbert N. Jogging, http://www.dr-gumpert.de/html/jogging.html, 2011

[110] Wikipedia. Jogging. http://de.wikipedia.org/wiki/Jogging

[111] Herrmann S. Hornhaut statt Turnschuh. *Süddeutsche Zeitung* 2010

[112] Mayer F. et al. Verletzungen und Beschwerden im Laufsport. *Deutsches Ärzteblatt* 2001. 98. A1254–A1259

[113] Natter A. Jogging und die optimale Lauftechnik. http://www.fitappeal.de/jogging/jogging-und-die-optimale-lauftechnik-100517

[114] Heinrich M. Risiken beim Joggen. *Laufzeit* 1993, 4

[115] Kleindienst F, Michel KJ, Wedel F, Campe S, Krabbe B. Vergleich der Gelenkbelastung der unteren Extremitäten zwischen den Bewegungsformen Nordic Walking, Walking und Laufen mittels Inverser Dynamik. *Deutsche Zeitschrift für Sportmedizin* 2007, 58, 106–111

[116] Schulz H, Horn A, Heck H. Validierung der Herzfrequenzvorgabe der OwnZone-Funktion anhand von Laktatmessungen. *Deutsche Zeitschrift für Sportmedizin* 2007, 58, 86–91

[117] Health G. Exercise and the incidence of upper respiratory tract infects. *Sports & Exercise* 1991, 23, 155 ff

[118] Schneider W. *Praktische Regelungstechnik. Ein Lehr- und Übungsbuch für Nicht-Elektrotechniker.* 3., vollst. überarb. und erw. Aufl. Vieweg + Teubner, Wiesbaden 2008

[119] Schick R. Fieber. Meine-Gesundheit.de, http://www.meine-gesundheit.de/fieber, 2011

[120] Gräber R. Wie die Blutdruckregulation funktioniert. http://naturheilt.com/Inhalt/Blutdruckregelung.htm

[121] Antwerpes F. Blutdruck. http://flexikon.doccheck.com/Blutdruck

[122] Zeilberger K. Renin. www.netdoktor.de/Diagnostik+Behandlungen/Laborwerte/Renin-1458.html

[123] Antwerpes F. Atriales natriuretisches Peptid. http://flexikon.doccheck.com/ANP?PHPSESSID=7f1099e23cca1c99e34d0bc794846828

[124] Wikipedia. Antidiuretisches Hormon. http://de.wikipedia.org/wiki/Antidiuretisches_Hormon

[125] Antwerpes F. ADH. http://flexikon.doccheck.com/ADH?PHPSESSID=7f1099e23cca1c99e34d0bc794846828

[126] Lenzen S. Grundlagen des Stoffwechsels. www.mh-hannover.de/fileadmin/institute/klinische_biochemie/downloads/vorlesungen/Stoffwechsel-Unterricht.pdf

[127] Stegemann T. *Klapp-Karten Biochemie.* Urban und Fischer, München; Jena 2002

[128] Ulmer H-V. Zum Konstanthalten biologischer Meßgrößen (so genannte Homöostase) durch körpereigene Regelsysteme: Fiktion oder Realität? www.uni-mainz.de/FB/Sport/physio/pdffiles/324freiburg.pdf

[129] Podbregar N. Lungenkrebs durch „Raucher-Vitamin". Verwirrspiel um das Beta-Carotin. www.scinexx.de/dossier-detail-386-6.html

[130] XworkNET Group Europe. Homöostase. Die selbstheilende Kompetenz unseres Körpers berücksichtigen. www.lebenimoptimum.info/human/homoeostase.htm

[131] Richter P, Hebgen E. *Triggerpunkte und Muskelfunktionsketten in der Osteopathie und manuellen Therapie.* 3., überarb. u. erw. Aufl. Haug, Stuttgart 2011

[132] Coleman V. *Bodypower. Das Geheimnis der Selbstheilungskräfte.* Kopp, Rottenburg 2006

[133] Merkle R. Die Heilkraft des inneren Arztes. www.psychotipps.com/Selbstheilungskraefte.html

[134] Wikipedia. Émile Coué. http://de.wikipedia.org/wiki/Émile_Coué

[135] Rubin F. Die Macht der Selbstheilungskräfte 2011, Fernsehsendung MDR, 29.11.2011

[136] Pedersen BK. Muscles and their myokines. *The Journal of Experimental Biology* 2011, 337–346

[137] Olsen RH, Krogh-Madsen R, Thomsen C, Booth FW, Pedersen BK. Metabolic responses to reduced daily steps in healthy nonexercising men. *JAMA: Journal of the American Medical Association* 2008, 299, 1261–1263

[138] Pajonk FG et al. Hippocampal Plasticity in Response to Exercise in Schizophrenia. *Arch. Gen. Psychiatry* 2010, 67, 133–143

[139] Steensberg A et al. Production of Interleukin-6 in contracting human skeletal muscles can account for the exercise-induced increase in plasma interleukin-6. *Journal of Physiology* 2000, 529, 237–242

[140] Brandt C, Pedersen BK. The Role of Exercise-Induced Myokines in Muscle Homeostatis and the Defense against Chronic Diseases. *Journal of Biomedicine and Biotechnology* 2010

[141] Pedersen BK, Febbraio M. Muscle as an Endocrine Organ: Focus on Muscle-Derived Interleukin-6. *Physiol. REV* 2008, 88, 1379–1406

[142] Febbraio M, Pedersen BK. Contraction-Induced Myokine Production and Release: Is Skeletal Muscle an Endocrine Organ? *Exercise and Sport Sciences Reviews* 2005, 33, 114–119

[143] Wikipedia. Interleukin-6. http://en.wikipedia.org/wiki/Interleukin_6

[144] Miketta G. Richtig laufen – richtig. Sport auf Rezept. *FOCUS Magazin* 2004

[145] Pedersen BK, Fischer C. Beneficial health effects of exercise – the role of IL-6 as a myokine. *Trends in Pharmacological Sciences* 2007, 28, 152–156

[146] Pedersen BK, Akerstrom T, Nielsen A, Fischer C. Role of myokines in exercise and metabolism. *Journal of Applied Physiology* 2007, 28, 1093–1098

[147] Quinn LS et al. Oversecretion of interleukin-15 from skeletal muscle reduces adiposity. *Am. J. Physiol. Endocrinol. Metab.* 2009, 296, E191–E202

[148] Wikipedia. Neutrophin. http://de.wikipedia.org/wiki/Neurotrophin

[149] Wikipedia. Wachstumsfaktor BDNF. http://de.wikipedia.org/wiki/Wachstumsfaktor_BDNF

[150] Krieft K. Quarks & Co. Die Lust am Laufen. Wunderwerk Muskel 2011, Fernsehsendung, WDR, 29.3.2011

[151] Rode R. Muskeln machen glücklich. http://blog.rorocoach.de/muskelaufbau-personal-trainer-berlin/muskeln-machen-glucklich/

[152] Stoll O. Endogene Opiate, "Runners High" und "Laufsucht" – Aufstieg und Niedergang eines "Mythos". http://www.ilug.uni-halle.de/Dateien/runners-high.pdf

[153] Wikipedia. Blut-Hirn-Schranke. http://de.wikipedia.org/wiki/Blut-Hirn-Schranke

[154] Boecker H, Sprenger T, Spilker ME, Koppenhoefer M, Wagner KJ, Valet M, Berthele A, Tolle TR. The Runners High: Opioidergic Mechanisms in the Human Brain. *Cerbral Cortex* 2008, 18, 2523–2531

[155] Boecker H, Tölle TR. Joggen macht high – und schmerzfrei. http://www3.uni-bonn.de/Pressemitteilungen/joggen-macht-high-und-schmerzfrei

[156] Säuberlich J. Mit Sport den Krebs besiegen. *Fürther Nachrichten* 2012, 16

[157] NN. 11 bis 24 Minuten Sport pro Tag sind genug. *FOCUS Magazin* 1997

[158] Frank G. *Gesundheitscheck für Führungskräfte. Ihr persönlicher Weg zu mehr Leistungsfähigkeit jenseits aller Moden.* Campus, Frankfurt/Main, New York 2001

[159] Keuthage W. Kalorienverbrauch für Aktivitäten. www.kalorien.de/Rechner/aktivitnverbrauch.html

[160] Nieß A. Lässt sich der Kalorienverbrauch berechnen? www.runnersworld.de/print/einsteiger/ratgeber_kalorien_laesst_sich_der_kalorienverbrauch_berechnen.53171.htm

[161] Meißner T. 10.000 Schritte sollst du gehn – so schwer ist Bewegung im Alltag gar nicht. *Ärzte-Zeitung* 2010

[162] Rütten A, Abu-Omar K. 10.000 Schritte am Tag – ein Ansatz zur Bewegungsförderung im Alltag. http://sport.uni-erlangen.de/lehrstuehle-und-fachgebiete/public-health-und-bewegung/img/10000_schritte.pdf

[163] Sukopp T. Schritt für Schritt zu mehr Bewegung – Motivation durch Schrittzähler. www.healthconception.de/pdffiles/Schritt_fuer_Schritt.pdf

[164] Kunhardt G von, Kunhardt M von. *Keine Zeit und trotzdem fit. Minutentraining für Vielbeschäftigte.* Campus, Frankfurt/M., New York 2007

[165] Diverse Autoren. Ausdauertraining und Gesundheit. www.sportunterricht.de/lksport/ausdgesund.html

[166] Pratschko M, Siefer W. Die neue Wohlfühl-Fitness. *FOCUS Magazin* 2002

[167] NN. Ausdauertraining. www.spitta.de/fileadmin/tt_news/shop/pdf/V004502182/Ausdauertraining_Fit_im_Schulsport.pdf

[168] Strassacker S. Sport. Warum ist Sport eigentlich so gesund? www.cysticus.de/sport.htm

[169] NN. Auswirkungen des Ausdauertrainings. www.vereinsmeier.at/real/48655/doku/Trainerkurs_Ausdauer.pdf

[170] Arndt S. Vorteile Ausdauertraining. www.bodytrainer.tv/de/page/1/19-57-Vorteile

[171] Stemper T. Alter, Altern, Alterssport. Zur Bedeutung des körperlichen Trainings für Ältere aus sportwissenschaftlicher Sicht 2001. www.fitness-tropic.de/assets/applets/alterssport.pdf

[172] Moosburger K. Was sind „freie Radikale". www.dr-moosburger.at/pub/pub047.pdf

[173] Manhard N. Freie Radikale und Antioxidantien. www.dr-moosburger.at/pub/pub057.pdf

[174] Haslauer A, Jutzi S, Latos M, Witt C. Gesund und erfolgreich laufen. Top-Manager Deutschlands verraten ihre Laufgeheimnisse. *FOCUS Magazin* 2012

[175] Bös K, Brehm W. Schwerpunktthema: Gesundheitssport. Gesundheitssport – Abgrenzungen und Ziele. *dvs-Informationen* 1999, 14, 9–18

[176] Weiss K. Muskel und Alter. http://solartium-dietetics.com/?q=node/353

[177] Wikipedia. Sarkopenie. http://de.wikipedia.org/wiki/Sarkopenie

[178] Faller A, Schünke M. *Der Körper des Menschen. Einführung in Bau und Funktion.* 13., komplett überarb. und neu gestaltete Aufl. Thieme, Stuttgart 1999

[179] Wikipedia. Ursprung und Ansatz. http://de.wikipedia.org/wiki/Ursprung_und_Ansatz

[180] Dober R. Zusammenspiel von Agonisten und Antagonisten. www.sportunterricht.de/lksport/anta.html

[181] Dober R. Arbeitsweisen der Muskulatur - Kontraktionsformen. www.sportunterricht.de/lksport/arbweis.html

[182] Wagner A. Erfolgsfaktor Trainingsmittel: Maschinen vs. freie Gewichte. www.ehrlich-trainieren.de/iq-athletik/pdf/Maschinen_vs_Hanteln.pdf

[183] Boeckh-Behrens W. *maxxF – Der Megatrainer.* Gräfe und Unzer, München 2010

[184] Kurbjuweit A. Krafttraining mit dem eigenen Körpergewicht. www.abnehmen-sport-fitness.de/krafttraining/krafttraining-ohne-hanteln.html

[185] Packi W. Muskeltraining. www.biokinematik.de/html/Inhalt/Verschiedenes/Muskel-Training.html

[186] Werdenigg N. Die Muskulatur: Der Muskel tut, was der Kopf sich vorstellt. www.kunstpiste.com/2011/05/die-muskulatur-iv/

[187] Lauterbach M, Schlepütz C. Trainings- und Bewegungslehre 2006 IST-Studieninstitut, 2006

[188] Wikipedia. Muskelhypertrophie. http://de.wikipedia.org/wiki/Muskelaufbau#Muskelhypertrophie

[189] Kauerhoff B. Kieser-Training. www.kieser-training.de/de/kieser-training/

[190] Becker S. Der neue Kraft-Zirkel. www.fitforfun.de/workout/fitness/maxxf/workout-video_aid_3583.html

[191] NN. Die "maxxFMethode. Effektives Figur-Workout. www.vital.de/galerie/effektives-figur-workout#0

[192] Hettinger T. *Isometrisches Muskeltraining.* Thieme, Stuttgart 1964

[193] Thibaudeau C. Isometrics for Mass! How to get bigger by not moving a muscle. www.t-nation.com/free_online_article/sports_body_training_performance/isometrics_for_mass

[194] Hettinger T. *Fit sein – fit bleiben. Isometrisches Muskeltraining für den Alltag. Mit 10-Minuten-Trainingsprogrammen.* 8. überarb. Auf. TRIAS Thieme Hippokrates Enke, Stuttgart 1989

[195] Schön C. FitnessweltNews: Immer gut informiert. Mehr als jeder Zweite in Deutschland hat Übergewicht. www.fitnesswelt.de/news/22562

[196] NN. Die Top 10 der fettesten Länder der Welt. Deutschland gehört zu den Spitzenreitern. www.bild.de/ratgeber/gesund-fit/deutschland/deutschland-in-europa-auf-platz-eins-10626788.bild.html#

[197] NN. Deutschland ist in der EU am fettesten. www.stern.de/wissen/mensch/uebergewicht-deutschland-ist-in-der-eu-am-fettesten-587495.html

[198] Wikipedia. Diät. http://de.wikipedia.org/wiki/Diät

[199] Wikipedia. Low-Carb. http://de.wikipedia.org/wiki/Low-Carb

[200] Wikipedia. Low-Fat. http://de.wikipedia.org/wiki/Low-Fat

[201] Wikipedia. Kreta-Diät. http://de.wikipedia.org/wiki/Kreta-Diät

[202] Wikipedia. Trennkost. http://de.wikipedia.org/wiki/Trennkost

[203] Wikipedia. Glyx-Diät. http://de.wikipedia.org/wiki/Glyx-Diät

[204] NN. 50 Diäten im Check. www.focus.de/gesundheit/ernaehrung/abnehmen/diaetencheck/

[205] Wikipedia. Jo-Jo-Effekt. http://de.wikipedia.org/wiki/Jo-Jo-Effekt

[206] Imkenberg U, Mauch T. Das Weight Watchers Ernährungssystem. http://gesuender-abnehmen.com/abnehmen/weight-watchers.html

[207] DelMonte V. Effektiver Muskelaufbau. Der Schlüssel für dünne Spargel zum Muskelberg. E-book 2009 Vince Delmonte Fitness, 2009

[208] Wikipedia. Grundumsatz. http://de.wikipedia.org/wiki/Grundumsatz

[209] NN. Grundumsatz. www.novafeel.de/ernaehrung/grundumsatz.htm

[210] Dieckmann F. Energiebedarf. www.derdieckmann.de/einfuhrung-in-grundlagen-der-ernahrung-und-des-trainings/energiestoffwechsel/energiebedarf

[211] Wikipedia. Leistungsumsatz. http://de.wikipedia.org/wiki/Leistungsumsatz

[212] Lynker A. Physical Activity level (Aktivitätsfaktor). www.webslim.de/physical-activity-level/

[213] NN. PAL = Physical Activity Level = Aktivitätsfaktor. www.novafeel.de/ernaehrung/pal-aktivitaetsfaktoren.htm

[214] NN. Kalorientabelle. www.fitnessletter.de/kalorien

[215] Wikipedia. Bodybuilding. http://de.wikipedia.org/wiki/Bodybuilding

[216] Ulrich S. Wie viel Kalorien brauche ich am Tag? http://ilovebodybuilding.de/der-kalorienbedarf.html

[217] NN. Ein kleiner Ratgeber zum Erstellen eines Ernährungsplans. www.muskelfreaks.de/ernaehrung-f6/ein-kleiner-ratgeber-zum-erstellen-eines-ernaehrun-t922.html

[218] Chwilkowski C. *Medizinisches Koordinationstraining. Verbesserung der Haltungs-und Bewegungskoordination durch Propriozeption.* Deutscher Trainer-Verlag, Köln 2006

[219] Rieger M. Koordinative Fähigkeiten. Was ist Das? Wozu braucht man das? Wie trainiert man das? www.djk.de/3_sport/lehrbriefe/lehrbeil.pdf

[220] Anders S, Focke K. Grundlagen des koordinativen und propriozeptiven Trainings 2011 IST-Studieninstitut, 2011

[221] Häfelinger U, Schuba V. *Koordinationstherapie. Propriozeptives Training*. 3. überarb. Aufl. Meyer und Meyer, Aachen 2007

[222] Wikipedia. Propriozeptor. http://de.wikipedia.org/wiki/Propriozeptor

[223] Wikipedia. Körperschema. http://de.wikipedia.org/wiki/Körperschema

[224] Wikipedia. Afferenz. http://de.wikipedia.org/wiki/Afferenz

[225] Wikipedia. Efferenz. http://de.wikipedia.org/wiki/Efferenz

[226] Bertram A, Laube W. Koordinationstraining als Prävention. Das sensomotorische System im Alterungsprozess. *Physiopraxis* 2006, 4. Jahrgang

[227] Bluhm U. Grundsätzliches zum Training mit der Koordinationsleiter. www.soccerdrills.de/Warm%20Up%20Training%20Fussball/warm%20up%20seiten/warmup-107.html

[228] Schönegge H. Schwing dich topfit. www.fitforfun.de/workout/fitness/flexibar_aid_5039.html

[229] Hillebrecht M. Entwicklung der Gleichgewichtsfähigkeit mit dem Pezziball. http://spt0010a.sport.uni-oldenburg.de/PDF/BS598PEZZIBALLGLEICHGEWICHT.PDF

[230] NN. Bodyteamwork® – das intelligente Koordinationstraining. www.mft-company.com/

[231] Wastl P. Thema: Beweglichkeitstraining. www.sportwissenschaft.uni-wuppertal.de/personal/wastl/Materialien/p_pics/09%20Beweglichkeitstraining.pdf

[232] Dober R. Beweglichkeit. www.sportunterricht.de/lksport/beweglich1.html

[233] Wassinides K. Gesundheitslexikon/Medizinlexikon. Beweglichkeitstraining. www.healthy48.com/deu/d/beweglichkeitstraining/beweglichkeitstraining.htm

[234] Niehues C, Robben C. Entspannungs- und Konzentrationsmethoden 2011 IST-Studieninstitut, 2008

[235] Allmer H. Stressmanagement durch Bewegung. Ein Programm zur Gesundheitsförderung im Sportunterricht 2008. www.sport.uni-karlsruhe.de/kongress/download/DP5.pdf

[236] Wikipedia. Hans Selye. http://de.wikipedia.org/wiki/Hans_Selye

[237] Wikipedia. Stressor. http://de.wikipedia.org/wiki/Stressor

[238] Koepchen J. Mentales Stressmanagement. Neue Wege zu mehr Gelassenheit, weniger Stress und mehr Gesundheit, Haltern 2007. www.dr-koepchen.de/downloads/Stress-und-Leistung_Folien.pdf

[239] Wikipedia. Progressive Muskelentspannung. http://de.wikipedia.org/wiki/Progressive_Muskelentspannung

[240] Doubrawa R. Progressive Relaxation – neuere Forschungsergebnisse zur klinischen Wirksamkeit. *Entspannungsverfahren* 2006, 23, 6–18

[241] Ohm D. Progressive Relaxation. Tiefmuskelentspannung nach Jacobson Berufsverband Deutscher Psychologinnen und Psychologen, Merkblätter der Psychologischen Fachgruppe Entspannungsverfahren.

[242] Dogs W. Konzentrative Entspannungstherapie. Das autogene Training nach Prof. Dr. Dr. h.c. J. H. Schultz. 10. erw. Aufl., Braun, Duisburg 1983

[243] Clairvaux B von. Zitate. www.zitate.eu/beruehmte-personen/zitate/detail/bernhard-von-clairvaux-hl/du-sollst-dich-nicht-immer-und-nie-ganz-der-aeusseren-taetigkeit-widmen-sondern-ein-quentchen-deiner-zeit-und-deines_/616/118502

[244] Borges L. Brief eines alten kalifornischen Mönches. www.kombu.de/moench.htm

[245] NN. Der entspannte Bogen. www.leadion.de/artikel.php?artikel=0357

[246] NN. Welches Trampolin ist das Richtige? www.trampoline-kaufen.de/de/Kaufberatung-4042

[247] Bellicon AG. prodynamisch und wolkenweich. Bewegungsprodukte bellicon.ag 2007

[248] Roschinsky J. Spring dich fit. Gesund und schlank mit dem Minitramp. Meyer und Meyer, Aachen 2005

[249] Bellicon AG. Bellicon Trampoline. www.bellicon.com/de/produkt/produkthistorie/

[250] Petermann M, Marten L. Schwerelos auf einem Trampolin. www.trampolin-spezialist.de/allgemein/schwerelos-auf-einem-trampolin/

[251] Kunhardt G von. Kleiner Aufwand, große Wirkung. Phänomen Trampolin. Vivavital, Köln 1998

[252] NN. Albert E. Carter Said It; NASA Confirmed It! www.healthbounce.com/NASA_rebounder_report.htm

[253] Schröder M, Kestlmeier R, Marek J. Die Wirbelsäule – bewegliche Stütze des Körpers. www.neurochirurgie-innenstadt.de/html/wirbelsaeule.html

[254] Trimilin. Bandscheiben und Gelenke. www.trimilin.com/jung-und-alt.html

[255] Wikipedia. Gelenk. http://de.wikipedia.org/wiki/Gelenk

[256] Wikipedia. Synovia. http://de.wikipedia.org/wiki/Synovia

[257] Packi W. Die Logik der Schmerzen. Arthrose 2. Gelenkknorpel.www.biokinematik.de/html/Inhalt/Verschiedenes/Arthrose%202.html

[258] Wikibooks. Mensch in Zahlen. http://de.wikibooks.org/wiki/Mensch_in_Zahlen

[259] Schüring J. Wie viele Zellen hat der Mensch? www.spektrum.de/alias/naklar/wie-viele-zellen-hat-der-mensch/620672

[260] Wikiquote. Heinz Erhardt. http://de.wikiquote.org/wiki/Heinz_Erhardt

[261] Wikipedia. Lymphatisches System. http://de.wikipedia.org/wiki/Lymphatisches_System

[262] Wehner J. Das Lymphsystem. www.medizinfo.de/immunsystem/lymphsystem/lymphsystem.shtml

[263] Funk C. Lymphsystem – Lymphe – das unbekannte Transportmittel. www.gesundheit.de/krankheiten/gefaesserkrankungen/lymphsystem/lymphsystem-lymphe-das-unbekannte-transportmittel

[264] Weiss T. Wozu überhaupt ein Lymphsystem? www.weiss.de/krankheiten/lymph-lipoedem/grundlagen/wozu-lymphe/

[265] NN. Das Lymphgefäßsystem. www.lymphverein.de/lymphsystem.html

[266] NN. Entspannung durch Entspannungsübungen zuhause auf dem Trampolin, dem hochelastischen Minitrampolin. www.gesundheit-mit-sport.de/entspannungsuebungen_entspannungstraining_entspannung_uebungen_ruecken.htm

[267] Blech J. Stärke im Alltag: Krank auf der Strecke. www.spiegel.de/spiegelwissen/herz-schaeden-extremer-ausdauersport-kann-lebensgefaehrlich-sein-a-851026.html

[268] NN. Berechnen Sie Ihren Kalorienverbrauch. www.novafeel.de/fitness/kalorienverbrauch.htm

Printing and Binding: Stürtz GmbH, Würzburg